冰雪景观智慧建造培训教材

冰雪景观建筑施工技术

主编　石海涛　王　钢　边喜龙
主审　李若冰　阴雨夫

中国建筑工业出版社

图书在版编目（CIP）数据

冰雪景观建筑施工技术 / 石海涛，王钢，边喜龙主编. —北京：中国建筑工业出版社，2023.2
冰雪景观智慧建造培训教材
ISBN 978-7-112-28140-4

Ⅰ. ①冰… Ⅱ. ①石…②王…③边… Ⅲ. ①冰—景观设计—建筑施工—技术培训—教材②雪—景观设计—建筑施工—技术培训—教材 Ⅳ. ①TU744

中国版本图书馆CIP数据核字（2022）第209567号

本书全面系统阐述了冰雪景观建筑原材料制备及运输、景观施工技术、景观计价、安全环保等内容。本书可作为土建类相关专业教材用书，也可作为从事冰雪景观工作的技术人员培训及相关工程技术人员参考用书。

为了更好地支持相应课程的教学，我们向采用本书作为教材的教师提供课件，有需要者可与出版社联系。建工书院：http：//edu.cabplink.com，邮箱：jckj@cabp.com.cn，2917266507@qq.com，电话：（010）58337285。

责任编辑：聂 伟 王美玲 吕 娜
责任校对：董 楠

冰雪景观智慧建造培训教材
冰雪景观建筑施工技术
主编 石海涛 王 钢 边喜龙
主审 李若冰 阴雨夫
*
中国建筑工业出版社出版、发行（北京海淀三里河路9号）
各地新华书店、建筑书店经销
北京雅盈中佳图文设计公司制版
北京圣夫亚美印刷有限公司印刷
*
开本：787毫米×1092毫米 1/16 印张：16½ 字数：314千字
2023年5月第一版 2023年5月第一次印刷
定价：**49.00**元（赠教师课件）
ISBN 978-7-112-28140-4
（40223）

前　言

习近平总书记在参加十二届全国人大四次会议黑龙江代表团审议时说："绿水青山是金山银山，黑龙江的冰天雪地也是金山银山。"随着市场经济的发展和人民生活水平的不断提高，人们对精神生活的追求愈发显著，其中旅游消费占据人们日常消费的比例越来越大。旅游业是依赖性、综合性、季节性、带动性非常强的综合型产业，而冰雪旅游对季节、环境、地域要求更加严格。哈尔滨的知名冰雪景观较多，如冰雪大世界、冰雪雕博览会、冰灯游园会、雪雕游园会等，这些都成为冰雪旅游产业的重点项目。然而要进一步发展这些品牌项目，把它们做大、做精、做强，成为具有标志性的产业，还有很长的路要走。通过对城市冰雪景观的研究，以冰雪文化研究为起点，逐步完善城市的冰雪景观设计制作体系。我国冰雪文化的推进发展，不仅在国际上有了突出的体现，同时也顺应了时代的发展与潮流，促进冰雪景观的系统化发展，将景观、文化与艺术三者有机地结合起来，体现冰雪元素在其间的发展成果。《冰雪景观建筑施工技术》是集冰雪雕塑文化的发展史、制作过程、选材、制作技巧、行业标准等为一体的冰雪雕工程教材。

本书由黑龙江省住房和城乡建设厅指导，黑龙江省寒地建筑科学研究院组织编写，黑龙江建筑职业技术学院、黑龙江省建设教育协会、黑龙江省城镇科学研究所、

黑龙江省北安市城市建设服务中心等单位参加编写。

本书由黑龙江建筑职业技术学院石海涛、黑龙江省建设教育协会王钢、黑龙江建筑职业技术学院边喜龙担任主编，石海涛负责统稿。编写分工为：石海涛、赵曦辉（第1~3章）；边喜龙、左文学、杨庆峰、沈义（第4、5章）；王钢、崔晓明、李明君、郭巍（第6、7章）；边喜龙、刘仁涛（第8、9章）；杨春辉、田野（第10章）。本书由黑龙江省寒地建筑科学研究院李若冰、阴雨夫担任主审。

本书编写过程中，得到了很多专家的指导，也引用了大量工程资料，在此一并感谢！由于编者的水平有限，难免出错，恳请读者批评指正。

目 录

01

CHAPTER

1 概述

冰雪文化与冰雪景观的历史

冰雪景观BIM技术简介

1.1 冰雪文化与冰雪景观的历史

1.1.1 冰雪文化

中国五千年的文化源远流长，在我国古代就有咏雪诗篇，也有冰雪文化，随着社会的发展，我们对于冰雪文化的认知有了进一步加深。中国的“冰雪文化”一词最早出现于20世纪80年代末，是在中国现代冰雪文化的肇兴之地——哈尔滨首先提出来的。

冰雪文化的概念有广义与狭义之分。广义的冰雪文化，是指人类在冰天雪地的自然环境中从事社会实践过程中所获得的物质、精神的生产能力和以冰雪为内容创造的物质财富与精神财富的总和，其中包括饮食、服饰、建筑、交通、渔猎、体育、艺术、民俗、经贸、文学、旅游、文化教育、文化研究、文化展览、新闻报道等。狭义的冰雪文化特指体育、艺术、文学、旅游、科技等精神财富。

哈尔滨之所以能在中国率先发展起现代冰雪文化，是因为其有着优越的自然条件（图1–1）、特殊的城市历史及由此形成的独特的冰雪文化积淀。

图1–1　自然雪景

1. 自然条件优越

（1）气候寒冷，冬季漫长。哈尔滨日平均气温低于0℃的天数约占全年的45%以上，1月份平均气温为–19.4℃，冬季长达180d左右。

（2）冰雪丰富，山岭起伏。哈尔滨的冬季坚冰锁寒江，瑞雪铺大地，为开展冰雪运动、制作冰灯雪雕创造了条件；周边山地连绵起伏，过去是冬季狩猎的好去处，如今是建设滑雪场的理想地点。

（3）区位优越，交通便利。哈尔滨是欧亚大陆桥和空中走廊的枢纽，铁路、公路、航空交通方便，是我国东北北部最大的人流、物流、信息流的中心，是与俄罗斯经济贸易交流的窗口和前沿，是中国与东北亚地区交流的重要门户。

（4）工业基地，实力雄厚。哈尔滨是我国老工业基地，有着雄厚的工业基础，是黑龙江省科技、文化、教育中心，人才和科技竞争力较强。

2. 文化积淀丰厚

哈尔滨历史上是一座移民的城市、开放的城市、国际性的城市，对外经济贸易

联系密切，经济区域化程度、人文国际化程度较高，是多种文化的交汇地。生活在这里的各族人民彼此包容，和睦相处，互相学习，携手并肩，用聪明的才智和勤劳的双手，充分利用已有条件，不断创造新的条件，并虚心学习外地甚至外国先进的冰雪文化，积极改善自己的生存环境和劳动环境，由畏冰雪、厌冰雪、避冰雪逐步转变为喜冰雪、恋冰雪、用冰雪，在逐渐适应冰雪自然环境的过程中，创造出了南北兼收并蓄、中外水乳交融的多元化冰雪文化。

从商周时代到隋唐时代，生活在哈尔滨地区及黑龙江的满族先世——肃慎人、挹娄人、靺鞨人，为了在风雪严寒的环境中求得生存和发展，将取食方法由单纯的渔猎发展到渔猎农耕，创造了古老的冰雪文化。

10 世纪中叶，在哈尔滨地区阿什河流域定居的女真人开始在地上建房屋，屋中砌火炕，冰雪建筑文化有了发展。

12 世纪初叶，女真人在会宁府建立金国后从中原地区向黑龙江移民，使哈尔滨地区的女真冰雪文化与中原地区的汉族冰雪文化有了第一次碰撞。出生于阿什河流域的金国第四代皇帝完颜亮从小受到了良好的汉文化教育。清康熙二十二年（1683 年）以后的 140 年间，清朝政府组织“移旗就垦”于黑龙江，哈尔滨及周边县建起许多旗民屯落；1860 年清朝政府解除对东北的封禁政策，关内大批汉族流民来黑龙江谋生，山东、河北的许多难民“跑关东”来到哈尔滨。清代的这两次移民潮将北京满族的冰雪文化、关内汉族的冰雪文化带到哈尔滨，汉族、满族和其他少数民族的冰雪文化进一步在此融合。

1898 年中东铁路建设后，哈尔滨出现了外国移民潮，先后有 33 个国家的侨民移居哈尔滨，19 个国家在哈尔滨设立领事馆，连续十几年外国人口的比例超过城市总人口的一半，其中尤以俄国人最多。国外的移民潮又将以俄罗斯为主的欧洲的滑冰、滑雪、冰橇、冰帆等冰雪运动传到哈尔滨，欧洲的冰雪建筑文化、冰雪服饰文化等也融入哈尔滨的冰雪文化之中，如图 1–2 所示。

图 1–2　冰雪服饰

1.1.2　冰雪景观发展历史

冰雪景观是指冰、人工雪，以及以冰、人工雪为主要材料建造的具有冰雪艺术

特色的冰景建筑、冰雪艺术景观、冰雪游乐活动设施及景区配套设施。冰灯是利用盆、桶等简单模具自然冷冻，自然雪堆积发展而成，由冰块砌筑，人工雪垒建，造型大气磅礴、艺术性强、体积恢宏壮阔、结构复杂的冰雪建筑和雕塑。冰雪景观在改革开放以后，迎来了发展的高峰期。最为典型的哈尔滨冰雪大世界、哈尔滨冰雪博览会，成为了黑龙江乃至全国最为骄傲的冰雪景观。现在的冰雪景观是一种集雕刻、建筑、园林、机械、光电等学科为一体的多元系统工程，如图 1–3 所示。

图 1–3　冰雪景观

（1）冰灯

冰灯是流行于中国北方的一种古老的民间艺术形式，就其定义讲，分为广义和狭义两种，广义的冰灯是以冰雪为材料制作的艺术造型，是冰雪艺术造型和灯光效果的总称，具体可分为：冷冻冰灯，是较原始的冰灯；雕刻灯，是用天然冰雕刻而成，因而精巧灵活，不拘一格，如万寿灯、荷花灯等，古色古香，光彩照人。有中国人民喜闻乐见的雄狮、猛虎、苍鹰、巨龙，冰雪大世界中也有欧式风格的教堂、楼阁等大型冰雕作品。这些作品晶莹剔透，令人赏心悦目。到了夜晚，造型多样的冰灯中透出五颜六色的灯光，置身其间，如同进入仙境。因为独特的地域优势，黑龙江省可以说是制作冰灯最早的地方。传说在很早以前，每到冬季的夜晚，在松嫩平原上，人们总会看到三五成群的农夫和渔民在悠然自得地喂马和捕鱼，他们所使用的照明工具就是用冰做成的灯笼。这便是最早的冰灯。当时制作冰灯的工艺也很简单，把水放进木桶里冻成冰坨，凿出空心，放个油灯在里面，用以照明，冰罩挡住了凛冽的寒风，黑夜里便有了不灭的灯盏，冰灯成了人们生活中不可缺少的帮手。后来，每逢新春佳节和上元之夜，人们又把它加以装饰，使之成为供人观赏的独特的艺术表现形式。哈尔滨是中国冰雪艺术的摇篮，哈尔滨冰灯驰名中外，饮誉华夏。

说起哈尔滨的冰灯，过去松嫩平原上喂马的农夫和松花江沿岸捕鱼的渔民，在冬季的夜间为了坚持生产，常制作冰灯作为照明用具。那时的冰灯，制作方法十分简单：把水倒入桶中进行冷冻，水未冻实之前把桶拿入屋中略微加热，使桶与冰坨自然分离，拔出冰坨，凿开顶心，倒出中间未冻的清水，成为中空的冰罩，将灯盏放入其间，便不会被寒风吹灭。这就是冰灯的最早起源。后来，穷苦人在新春佳节和上元之夜，买不起灯笼又不甘寂寞，也做点冰灯摆在门前，或烫孔穿绳让孩子提着玩，用以增加节日气氛。冰灯的景观流变，其实源于百姓生活，并发生于民间，而延伸到士大夫一级，然后一点点蔓延开来。从这些史料中，我们不难看出冰雪文化的起源，是随着我们的冰雪景观而自然形成的。它是一种文明的生活方式，也是哈尔滨人生活中的一抹亮色。据悉，哈尔滨在1963年便有了冰灯游园会，人们利用盆、桶等简单模具自然冷冻了千余盏冰灯和数十个冰花，于元宵佳节在兆麟公园展出，轰动全城，形成了万人空巷看冰灯的盛大场面。至今许多老哈尔滨人回想起来仍然记忆犹新，感慨万千。这也是我国第一个有组织的冰灯游园会。当时就有人即兴作词来形容这“万人空巷，盛极一时”的今古奇观：“灯节，灯节，玉树冰灯明月。人山人海兴浓，园北园南烛红。红烛，红烛，普照万民同乐。”那时的冰雪带给哈尔滨人的是一种简单而温情的快乐。

（2）冰雕

冰雕，是一种以冰为主要材料来雕刻的艺术形式。同其他材料的雕塑一样，冰雕也分为圆雕、浮雕和透雕三种，讲究工具使用、表面处理、刀刻痕迹，但由于其材质无色、透明，具有折射光线的作用，因此雕刻出的形象立体感不强，形象不够

鲜明。为了弥补这一缺陷，造型时采用石雕和木雕手法，强调体面关系，突出形体基本特征，力求轮廓鲜明，在此基础上，精雕细刻，或者实行两面雕刻，使线条相交，雕痕纵横交错，在光线反射作用下，尤显玲珑剔透，从而取得远观、近看俱佳的观赏效果，如图 1–4 所示。

图 1–4　冰雕

（3）冰花

冰花是将鲜花、翠竹、硕果、游鱼冻在一定体积、不同形状的冰块中的冰雪艺术品。

（4）雪雕

图 1–5　雪雕

雪雕，如图 1–5 所示，是哈尔滨国际冰雪节的重头戏之一。哈尔滨太阳岛国际雪雕艺术博览会（简称雪博会）展出大量雪雕。由于每年雪博会的展出周期长（60~70d）、质量高、内容新、规模大、趣味强，因此号称“世界上最大的冰雪狂欢嘉年华”。雪博会以“和平、友谊、发展”为主题，以打造雪塑精品、发展冰雪旅游、繁荣冰雪文化为目的，力求多方面体现特色。本着“市场化运作，专业化运营，品位化展示”的原则，淋漓尽致地挖掘和展示冰雪文化活动的艺术性、奇特性、参与性、人文性、亲和性、知识性和娱乐性，全力打造一个“大、奇、美、精”的冰雪园林景观，如图 1–6 所示。

图 1–6　太阳岛雪博会

（5）冰景致

冰景致又称水晶冰艺术，这是以山、树或河床为凭借，根据需要用木杆搭成架子，架上绑草帘，捆草绳，系树枝，然后在 –20℃的严寒气候里用清水喷浇，低的用人端着水龙头浇，高的还要动用消防队架云梯。浇时不能操之过急，而应徐徐喷浇，边浇边冻，边冻边浇，才能使乳白色的冰挂如条条钟乳悬垂，似根根银锥倒挂。用这种办法可浇成雄伟壮观的冰山雪岭、气势磅礴的冰雪瀑布、独具特色的冰雪洞窟等，为冰灯会增加优美的景观。

1.2 冰雪景观 BIM 技术简介

1.2.1 BIM 技术简介

BIM 技术是指建筑信息模型（Building Information Modeling），是以建筑工程项目的各项相关信息数据为基础，通过数字信息仿真模拟建筑物所具有的真实信息，通过三维建筑模型，实现工程监理、物业管理、设备管理、数字化加工、工程化管理等功能。

1. 建造模型虚拟模拟

传统的建筑设计只能在图纸上进行，这种平面式的设计无法完成对建筑工程的受力分析、材料用量计算、抗震分析等。BIM 技术通过建立建筑模型，以三维形态展示在电脑画面上，这种建模不仅是对建筑工程简单的模型演示，还是通过建立三维模型进行以下方面的虚拟模拟，如图 1–7 所示。

图 1–7　三维模型

（1）模拟模型的正确性，正确计算建筑的受力平衡，包括建筑对地面的压力、地面对建筑物的支撑力，特别对于高层建筑、复杂建筑，如具有深基坑、地下室等建筑，在这种复杂的建筑设计中，利用 BIM 技术做好地基对建筑的支撑程度，就需要用计算机模拟其受力。再通过建筑模型演示，验证其正确性和建筑受力情况；

（2）BIM 技术能肢解每一个建筑构造部位，计算机不仅能把建筑模型以三维形态展示给大家，还可以把三维图像一一进行拆解，从而把建筑的每一个环节提出模型画面，让设计者和建筑者从每一个建造环节入手，进行建筑结构分析。利用 BIM 技术进行肢解特别有利于建筑工程中的机电安装、给水排水管道安装、燃气管道安装，而且各类安装工程后期错误程度也大为降低。即使以后出现运转问题，通过三维模型演示计算也能准确找到出现问题的位置，否则高层建筑中哪个位置出现问题很难查找到；

（3）利用 BIM 技术分析抗震程度，提高现代建筑抗震程度，是工程设计必须考虑的问题。解决这一问题，BIM 技术更加优越。通过建筑模型模拟分析，就能清楚地看到外加力对建筑的损害程度，包括物体对整座建筑的碰撞、振动波对建筑的冲击等，而平面图形是无法完成演示模拟的。

2. 计算工程材料用量

计算工程材料用量是建筑设计中重要的环节。平面图纸的设计只能从面积上计算建筑材料用量，而 BIM 技术可以从立体上计算每一个建筑环节材料的用量，包括浇筑混凝土的用量、钢筋用量、水泥用量以及砌块用量等，还可以进行人工用量计算等。BIM 技术量化每一个建筑环节的各类材料用量，这样提高了材料用量的计算速度和准确性。否则人工进行各类用量的计算，不但耗费大量时间，而且计算不准确，使材料采购者盲目购买，造成材料的巨大浪费，增加工程成本。

3. 提高工程管理的有效性和科学性

既然 BIM 技术可以准确计算材料用量，那么其也可以准确管理整个工程建筑，使管理的手段信息化，如图 1–8 所示。例如，对于各工种的配置、施工者的调配等，通过 BIM 技术可以快速进行相应的管理，特别对于成百上千人的施工团队，若人工进行管理是不太现实的。利用 BIM 技术进行信息化管理，才能做到使每一位施工人员的调配更加合理，使工程建筑更加有序。建筑材料的管理，建筑材料的入库、出库、清点，剩余材料量的计算，通过计算机管理就可以一目了然，清点材料方便、准确、及时，避免了人工清点的错误性。

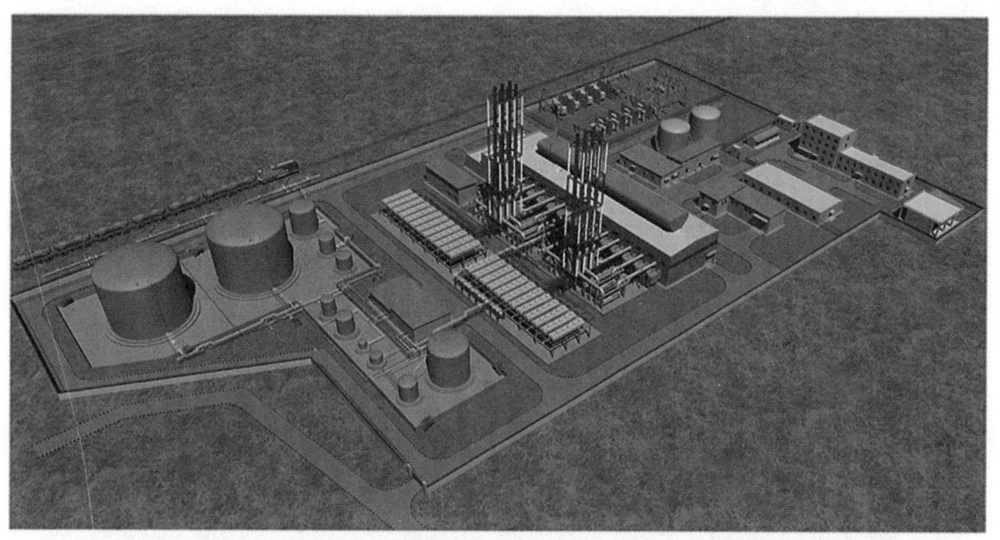

图 1-8 BIM 全景

4. 提高工程建筑的监督作用

因为工程建设从设计到施工再到投入使用都是通过 BIM 技术进行的，所以所有 BIM 技术参数是既定的，不可更改的，因此避免了人为更改，所有的工程监督职能发挥得淋漓尽致，提高了工程质量，加强了监督作用。特别是进行互联网管理，每一座工程建筑设计、施工、材料用量将会输入计算机 BIM 虚拟模型，这样工程监督部门可以实现远程监控，而且还可进行每一个建筑环节的监督分析，实现了数据共享和协同管理，有利于督促施工单位提高工程建筑的施工质量。

5.BIM 技术在绿色设计中的应用

随着生态环境破坏问题日益严重，国家对建筑行业的低碳式设计有越来越高的要求。BIM 技术在建筑工程设计中的应用，能够满足建筑行业绿色发展的需求。在应用实践中，利用 BIM 技术，能够对建筑的采光、通风、日照等条件加以分析，并在结合人体舒适性需求的基础上，将建筑工程进行最优化的设计，以减少居住者对供暖设备、空调等家电的使用需求。在此过程中，利用 BIM 技术，能够对风环境等加以模拟，以达到绿色设计的目的。BIM 技术能够为绿色设计提供服务，可见将 BIM 技术应用于绿色设计中，是国内建筑行业未来发展的必然趋势。

1.2.2 冰雪景观 BIM 设计示例

冰雪景观 BIM 设计示例，如图 1-9 所示。

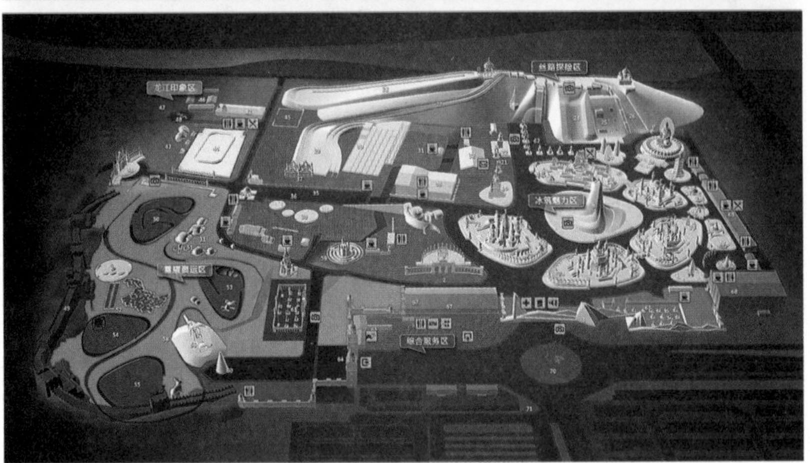

图 1–9　冰雪景观 BIM 全景图

02

CHAPTER

2 冰雪材料的选用

冰材料的选用

雪材料的选择

采冰

造雪

2.1 冰材料的选用

2.1.1 冰材料计算

冰景观的用冰量是按立方米计算的，用冰量分为毛冰量和净冰量。

毛冰：是指从冰场刚采出来的没有细加工的冰，但是冰的尺寸规格大致相同，如图 2–1 所示。

净冰：是指冰经过切割，去掉边角废料，并经过砌筑完成的冰，如图 2–2 所示。

图 2–1　毛冰

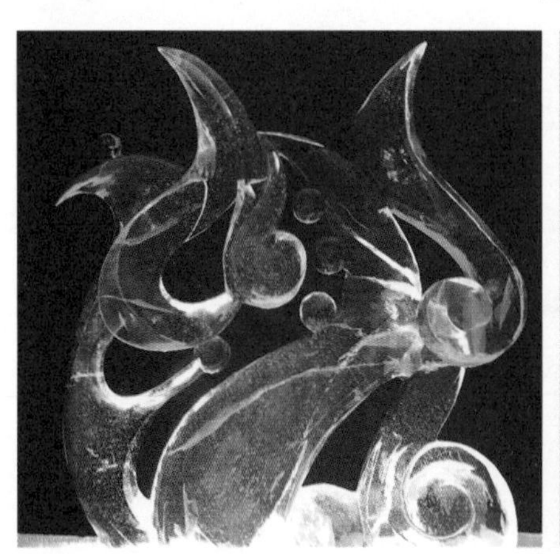

图 2–2　净冰

2.1.2 冰材料选择

大型冰雪游乐园和冰建筑的建设需要大量的冰材料，在这种情况下，只有采用

天然冰源。一般选择背风，上冻较早，泥沙含量低，冰量充足，便于施工，交通方便，有一定水深的大型水库、江河或湖泊作为冰材料的供应基地。制作冰灯的毛冰（天然冰和人造冰，不包括彩色冰）应透光性良好，冰胚内气泡、裂缝、泥沙等杂质较少。当天然冰冻层厚度大于 250mm 时，可进行采冰作业，采出的毛冰应搁置 20h 以上（困冰），以提高毛冰强度。

天然毛冰一般采用的几何尺寸为 900mm × 900mm × 冰厚度（大于 250mm）和 1200mm × 1200mm × 冰厚度（大于 250mm）；人造冰几何尺寸可采用 600mm × 300mm × 200mm；冰雕比赛宜使用整块毛冰，几何尺寸可采用 2000mm × 1200mm × 冰厚度（大于 500mm）。

人工冻制普通冰，应向水中充氧或使水缓慢流动，降低水中含气量，减少结冰过程中产生的气泡，使冰质透明。

人工冻制彩色冰，应选择易溶于水、无污染、悬浮性好、透光性强的高效颜料作染色剂，可适当加入扩散剂或活化剂。彩色冰的色相和饱和度，应按照设计要求，通过冻制试验，找出合适的配合比。

冰及冰砌体的抗压、抗拉和抗剪强度极限值（标准值）应按表 2-1、表 2-2 的规定取值。

冰的抗压、抗拉和抗剪强度极限值（MPa）　　表 2-1

强度类型	冰块温度分级（℃）					
	-5	-10	-15	-20	-25	-30
抗压强度	2.790	3.090	3.510	4.050	4.710	5.490
抗拉强度	0.108	0.109	0.111	0.114	0.119	0.125
抗剪强度	0.360	0.450	0.550	0.640	0.740	0.830

冰砌体的抗压、抗拉和抗剪强度标准值（MPa）　　表 2-2

强度类型	冰砌体温度分级（℃）					
	-5	-10	-15	-20	-25	-30
抗压强度	0.854	0.946	1.075	1.240	1.442	1.681
抗拉强度	0.047	0.047	0.047	0.048	0.049	0.050
抗剪强度	0.078	0.088	0.097	0.105	0.112	0.119

2.2 雪材料的选择

2.2.1 雪材料计算

雪的体积单位是立方米（m^3）。雪密度是单位体积积雪的质量（g/cm^3），其与雪深(cm)的乘积为雪压。雪密度也指单位雪盖体积中干雪、融化水和水汽质量之和。

比较常用的测量雪密度的方法有称重法和融化雪水量测体积法两种。积雪层作为高度非线性动力系统，影响其变化的要素很多，相互关系复杂。积雪密度自身的变化也较复杂，很难用简单的线性方程来描述和观测现象来表达。但由于积雪密度的重要性，又需要清楚其变化过程，探讨其变化的内在原因。因此，利用国际通用积雪观测仪，通过观测和分析，为积雪预测和模型参数化以及积雪利用提供基础研究资料和方法。天然雪如图 2–3 所示，人造雪如图 2–4 所示。

图 2–3　天然雪

图 2–4　人造雪

2.2.2 雪材料选择

天然降雪只有经过长时间的堆积，达到一定强度，才能够在雪雕中使用，当年的降雪只能用于滑雪等活动。雪雕和大型雪建筑用雪，只能用制雪机制造。雪雕和雪建筑用雪坯需要在模具内填雪夯实。为满足大型雪建筑的结构要求，根据设计要求，有时需要预先在雪坯内绑扎木架或钢架，增加雪建筑的稳定性和承重能力。人工制雪对水质要求较高，避免对制雪机造成破坏，使用的水不得带有杂质和颜色。人工制雪应在 –5℃以下，温度偏高时，雪中含水量相对较高，使用效果不好，人工制出的雪，最好随造随用，堆积时间不宜过长。

雪体的密度值应按表 2–3 的规定取值。

雪体密度值（kg/m³）　表 2-3

雪型	松散状态	成型压力（MPa）		
		0.05	0.10	0.15
人造雪	455	510	530	550
天然雪	190	350	390	410

注：在其他压力下成型的雪体的密度值可依据表中数值采用内插法求得。

雪体抗压强度极限值、抗压强度标准值和抗压强度设计值应按表 2-4 的规定取值。

雪体抗压强度极限值、抗压强度标准值和抗压强度设计值（MPa）　表 2-4

雪型	密度（kg/m³）	抗压强度取值类别	温度分级（℃）				
			−10	−15	−20	−25	−30
人造雪	510	极限值	0.369	0.405	0.441	0.487	0.534
		标准值	0.199	0.218	0.238	0.263	0.288
		设计值	0.105	0.115	0.125	0.138	0.151
	530	极限值	0.535	0.578	0.621	0.729	0.838
		标准值	0.289	0.312	0.335	0.393	0.452
		设计值	0.152	0.164	0.176	0.207	0.238
	550	极限值	0.701	0.751	0.801	0.971	1.142
		标准值	0.378	0.405	0.432	0.524	0.616
		设计值	0.199	0.213	0.227	0.276	0.324
天然雪	350	极限值	0.189	0.236	0.284	0.304	0.324
		标准值	0.102	0.128	0.153	0.164	0.175
		设计值	0.054	0.067	0.081	0.086	0.092
	390	极限值	0.349	0.402	0.456	0.548	0.640
		标准值	0.188	0.217	0.246	0.295	0.345
		设计值	0.099	0.114	0.129	0.156	0.182
	410	极限值	0.429	0.485	0.542	0.670	0.798
		标准值	0.231	0.262	0.292	0.361	0.430
		设计值	0.122	0.138	0.154	0.190	0.226

2.3 采冰

2.3.1 采冰工艺与采冰方法

1. 采冰工艺

（1）采冰工具：传统的采冰工具比较简单，现代化程度不高，由于是冰面作业，无法使用大型机械设备进行作业，如图 2–5 所示。

图 2–5 采冰工具

（2）采冰场的选择：采冰场适合选择具有流动净水的区域，这样的冰质量较好，晶莹剔透。天然采冰场选择在冰面开阔、封冻期相对较早、冰层厚度均匀、冰量充足、交通便利、运输距离短、作业方便、对周围环境没有影响的区域，如图 2–6 所示。

图 2–6 采冰场

（3）冰块的切割：一般采用的几何尺寸为 900mm × 900mm × 冰厚度（大于 250mm）和 1200mm × 1200mm × 冰厚度（大于 250mm），如图 2–7 所示。

（4）捞冰程序：天然冰厚度大于 250mm 时，可进行采冰作业，先进行试采，检验冰材料质量。毛冰采出后，搁置时间不少于 20h（困冰）。在冰面上设置的蓄冰场与采冰作业现场的距离不应小于 100m，如图 2–8 所示。

图 2-7 冰块切割现场

图 2-8 捞冰现场

（5）采冰作业：由专业队伍承担，使用专业切割设备和取冰工具进行采冰。冰面作业做好防护措施，如图 2-9 所示。

图 2-9　工作人员进行采冰作业

2. 天然冰采制规定

（1）天然冰采制的环境温度宜在 -10℃以下。

（2）当天然冰冻结厚度大于或等于 200mm 且冰材料应满足下列条件时，方可进行采冰作业。

1）强度达到设计要求。

2）透光性良好，无明显气泡、泥沙、杂物及明显裂缝和断层。

（3）毛冰在自然条件下，应搁置 12h 以上，方可采用。

（4）冰宜选用下列尺寸规格：长度为 1000mm、宽度为 700mm 且冰厚度大于 200mm 或长度为 1300mm、宽度为 1200mm 且冰厚度应大于或等于 300mm。冰雕宜采用整块毛冰，尺寸规格宜采用长度为 2000mm、宽度为 1200mm 且冰厚度应大于或等于 400mm。砌筑用冰块尺寸规格宜采用长度为 600mm、宽度为 300mm 且冰厚度应大于或等于 200mm。

3. 毛冰采制规定

毛冰应采用齿锯分割，并加工成设计要求规格的冰砌块。

4. 人造冰冻制规定

（1）人造冰的环境温度应在 -10℃以下。

（2）制作透明人造冰时，应采取充气或使水缓慢流动等防止产生气泡的措施。

（3）制作彩色冰时，所用彩色染料应易溶于水、无污染、悬浮性好、透光性强、符合环保要求，且彩色冰的色相和饱和度应符合设计要求。

（4）人造冰的尺寸规格可采用 600mm × 300mm × 200mm。

2.3.2　冰料运输

毛冰运输、装卸采取保护措施。毛冰卸车时，使用叉车、滑板等机械设备。

毛冰运输流程为装车、运输、卸车及排放，如图 2-10 所示。

（a）

（b）

（c）

（d）

（e）

图 2–10 毛冰运输流程图

2.3.3 彩冰制作

室内冰雕作品一般采用彩冰制作，如图 2–11 所示。彩色冰雕制冰很讲究，技术含量很高。其采用食品级颜料，既美观又环保。为了保证这些冰块的晶莹度，采取天然冷冻法，而不是放在冷库

图 2–11 彩冰制作

中冻制而成，冷库冻出来的冰块类似“大冰糕”，缺少光泽，不灵动。而在户外进行低温冰冻，对工作人员的挑战性很大。如何保持色彩均匀，使颜料在低温下不变色，在配制时都要考虑到。除此之外，工人还要在冰块凝结过程中不停地搅拌，在冰水转换的临界点停止搅拌，才能成功制成漂亮的彩冰，如图 2-12 所示。

（a）

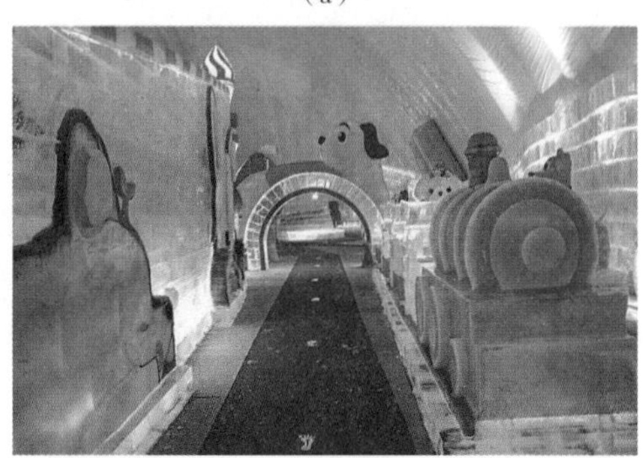
（b）

（c）

图 2-12　彩冰效果

2.4 造雪

由于天然雪具有灰质、疏松等特点，在现代的雪雕景观中较少应用，不建议使用。本节重点介绍“人造雪”。

“人造雪”是利用雪花降落的原理，将水和空气混合，在适宜的条件下制造出雪花，用于各种未能下雪又需要雪的地方。人们通过造雪机来实现人工造雪，造雪机的原理是：将水注入一个专用喷嘴或喷枪，在那里接触到高压空气，高压空气将水流分割成微小的粒子并喷入寒冷的外部空气中，在落到地面以前这些小水滴凝固成冰晶，也就是人们看到的雪花。气温必须达到 0℃或 0℃以下，才可以造雪。

2.4.1 人造雪的性质

人造雪是通过非自然性降温，利用人工换热技术实现水变成雪。无论哪种形式的造雪设备，造出来的雪的形状都无法与自然雪的形状相似，无法实现六面菱形的自然雪。

自然雪花轻盈，可以缓慢地从天而降，美感十足。而所有的人工造雪设备造出的雪花，更类似于雪珠，因此更类似于冰晶，不能做到六面体雪花。自然雪花密度约为 328kg/m³。而人造雪密度约为 856kg/m³。

人造雪一般应用于滑雪场、人造自然飘雪景观、娱乐舞台造景、影视拍摄飘雪景观、实验室飘雪及汽车低温耐寒性能测试。

2.4.2 人造雪的发展

1950 年 3 月，美国人韦恩·皮尔斯（Wayne Pierce）利用一个油漆喷雾压缩机、喷嘴和一些用来给花木浇水的软管造出了世界上第一台造雪机，这也是枪式（炮筒式）造雪机的祖先，如图 2–13 所示。

图 2–13 造雪机

1972 年 8 月，德国柯琳德（Külinda）公司利用其领先的制冷技术，在水转化为冰后，通过完善机械、传动、液压、流体等技术，将冰片现行储存，然后粉碎，通过高速的冷风机吹出，实现阶段性的类似雪花的造雪设备，此举在当时独树一帜。

2002 年，上海弗格森制冷设备有限公司（FOCUSUNTM），作为德国柯琳德（Külinda）公司的子公司，改进了人造雪系统的关键冷却和传动工艺，实现了密闭式干状雪花夏天造雪的功能。

2014 年，上海弗格森制冷设备有限公司（FOCUSUNTM）作为俄罗斯索契冬奥会冰雪项目设备的供应商之一，为冬奥会提供了 7 套日产 300m³ 的人工造雪系统。

2.4.3 人造雪的方式

1. 炮筒式

目前国内滑雪场都采用 0℃以下温度造雪的雪炮方式降雪。因受气温及湿度的影响很大，暖冬现象严重，冬季造出来的雪量有限，满足不了滑雪场的正常营业。人工降雪机受环境的影响太大，大气温度大于 –3℃、湿度小于 60% 就造不出雪。

其工作流程是，来自高压水泵的高压水与来自空气压缩机的高压空气在双进口喷嘴处混合，利用自然蒸发和空气出喷嘴后的体积膨胀带走热量而使雾滴凝结成冰晶。但其存在的问题是雾滴越小，其蒸发量越大，水的损失越多，造雪效率越低；此外，只能在冰点以下工作，对外界环境温度的依赖性很强，造雪效率低，炮筒式人工造雪设备如图 2–14 所示。

图 2–14　炮筒式人工造雪设备

2. 冰片粉碎式

随着温室效应逐渐加剧，冬天气温升高，只靠人工造雪机造雪已达到了极限，部分地区滑雪场甚至已无法继续营业。如何克服雪量的不足，成为各滑雪场最大的难题。

冰片粉碎式造雪机的工作流程是，先将水制成片状的冰（1.5~2.0mm），储存于带有制冷系统的容器中，在需要使用雪花时，通过高压的密闭风机，经粉碎腔体快速输送到指定需雪区域。与炮筒式造雪机相比较，其有以下优点：

（1）制雪量大，效率高，可达到 1000m^3/d 的制冰量。

（2）雪形更类似自然雪，美感超过炮筒式。

（3）超远距离输送，能达到 200m 以上。

（4）夜间无人状态下，自动制冰，自动蓄积。

（5）无气温、水温、湿度的限制，全年 360d 常态化造雪。

（6）减少水的浪费。

（7）减少人工成本。

（8）无任何污染。

2.4.4　常用设备

1. 常用造雪机参数

（1）造雪量：45~100m^3/h。

（2）风扇转数：2900r/min。

（3）射程范围：20~70m。

（4）风机电机：11kW；压缩机 4kW；加热装置 4kW。

2. 常用造雪机品牌

（1）美国 SMI 公司，是全球规模最大的炮筒式造雪机制造商之一。

（2）德国 FOCUSUNTM 公司，是全球领先的人造雪制造商。

（3）德国 INNOVAG 公司，是全球室内造雪先驱。

（4）奥地利 Technoalpin 公司，是枪式造雪机领先企业。

造雪现场如图 2–15 所示。

（a）　（b）　（c）　（d）

图 2–15　造雪现场

2.4.5　造雪场地要求

（1）选择场地：单台造雪以 50m × 15m 的平整地面范围为适宜，切记不能在冰面造雪（由于雪覆盖冰面有“棉被效应”，会使冰面融化坍塌）。

（2）电源：利用发电机或附近电源发电。

（3）水源供应：附近水源、江河湖泊水或者养鱼池水，如果用自来水，必须有蓄水池进行物理降温。人工制雪对水质要求较高，为避免对制雪机造成破坏，使用的水不得带有杂质。

03

CHAPTER

3 冰雪施工常用设备与工具

常用冰雪施工设备

冰雪施工工具

3.1 常用冰雪施工设备

常用冰雪施工设备有塔式起重机、汽车式起重机、叉车、铲车等，塔式起重机是建筑工地上最常用的一种起重设备，用来吊装施工用的钢管、冰块、人造雪等施工原材料。塔式起重机是大型冰雪施工工地上一种必不可少的设备。一般塔式起重机参数如表 3-1 所示。

一般塔式起重机参数　　表 3-1

型号 主要参数	单位	QTG25（3008）	QTG25（3307）	QTG25（3506）	QTZ25（3506）
额定起重力矩	kN · m	250	250	250	250
最大起重量	t	2.5	2.5	2.5	2.5
最大幅度额定起重量	t	0.8	0.7	0.62	0.62
最大工作幅度	m	2.5~30	2.5~33	2.5~35	3~35
最大起升高度	m	25	25	25	25~90
起升速度	m/min	27/13.5	27/13.5	27/13.5	27/13.5
变幅速度	m/min	23	23	23	23
回转速度	r/min	0.76/0.5	0.76/0.5	0.76/0.5	0.76/0.5
顶升速度	m/min	0.4	0.4	0.4	0.4
塔式起重机自重	t	10.2	10.75	11.25	13.75
平衡重量	t	3.6	4.2	4.2	4.2
工作电压	V	380 ± 19（50Hz）			
装机总容量	kW	14.7	14.7	14.7	19.02

塔式起重机的功能是承受臂架拉绳及平衡臂拉绳传来的上部荷载，并通过回转塔架、转台、承座等结构部件直接通过转台传递给塔身结构。自升塔顶分为截锥柱式、前倾或后倾截锥柱式、人字架式及斜撑架式。凡是上回转塔式起重机均需设平衡重，其功能是支承平衡重，用以构成设计上所要求的与起重力矩方向相反的平衡力矩。除平衡重外，还常在其尾部装设起升机构。起升机构之所以同平衡重一起安放在平衡臂尾端，一则可发挥部分配重作用，二则增大绳卷筒与塔尖导轮间的距离，以利于钢丝绳的排绕并避免发生乱绳现象。平衡重的用量与平衡臂的长度成反比关系，而平衡臂长度与起重臂长度之间又存在一定的比例关系。平衡重量相当可观，轻型塔式起重机一般至少要 3~4t，重型的要近 30t。吊装施工现场如图 3-1 所示。

（a）

（b）

（c）

图 3-1　吊装施工现场

叉车是工业搬运车辆，是指对成件托盘货物进行装卸、堆垛和短距离运输作业的各种轮式搬运车辆。叉车广泛应用于港口、车站、机场、货场、工厂车间、仓库、流通中心和配送中心等，进行托盘货物的装卸、搬运作业，是托盘运输、集装箱运输中必不可少的设备。常用叉车参数见表 3-2。

常用叉车参数　　表 3-2

<table>
<tr><th>叉车型号
性能名称</th><th>FD100-3HEX</th><th>FD115-3EX</th><th>FD120-3EX</th><th>FD135-4</th><th>FD150S-4</th><th>FD160S-4</th></tr>
<tr><td>负载能力（kg）</td><td>10000</td><td>11500</td><td>12000</td><td>13500</td><td>15000</td><td>16000</td></tr>
<tr><td>载荷中心（mm）</td><td colspan="6">600</td></tr>
<tr><td>标准起升高度（mm）</td><td colspan="6">3000</td></tr>
<tr><td>起升速度（负荷）(mm/s)</td><td colspan="3">420</td><td colspan="2">340</td><td>330</td></tr>
<tr><td>走行速度（km/h）</td><td>33</td><td>34</td><td>34</td><td>33</td><td>33</td><td>33</td></tr>
<tr><td>最小转弯半径（mm）</td><td colspan="3">4000</td><td colspan="2">4300</td><td>4450</td></tr>
<tr><td>全长（mm）</td><td>5490</td><td colspan="2">5505</td><td colspan="2">5775</td><td>5930</td></tr>
<tr><td>全宽（mm）</td><td>2240</td><td colspan="2">2280</td><td colspan="3">2360</td></tr>
<tr><td>全高（门架）(mm）</td><td>2895</td><td colspan="2">2915</td><td colspan="3">3150</td></tr>
<tr><td>整车质量（kg）</td><td>13520</td><td>14640</td><td>14950</td><td>16620</td><td>17340</td><td>17730</td></tr>
<tr><td>可配发动机</td><td colspan="3">五十铃 4HK1 柴油机</td><td colspan="3">五十铃 6HK1 柴油机</td></tr>
<tr><td>排气量（L）</td><td colspan="3">5.193</td><td colspan="3">7.790</td></tr>
<tr><td>额定功率 [kW（PS）/rpm]</td><td colspan="3">125（170）/2000</td><td colspan="3">132（180）/2000</td></tr>
</table>

叉车在冰雪施工现场扮演着非常重要的角色，是冰块物料搬运设备中的主力军，起运输和装卸冰块的作用，如图 3-2 所示。

图 3-2　叉车冰雪施工

铲车，也就是常说的装载机，是一种广泛用于公路、铁路、建筑、水电、港口、矿山等建设工程的土石方施工机械，主要用于铲装土壤、砂石、石灰、煤炭等散状物料，也可对矿石、硬土等做轻度铲挖作业。铲车配备不同的辅助工作装置，还可进行推土、起重和其他物料如木材的装卸作业。常用铲车参数见表 3–3。

常用铲车参数　　表 3–3

项目		单位	参数
额定载荷		t	3.0
铲斗容量		m^3	1.8
卸载高度		mm	2892
卸载距离		mm	1000
最大掘起力		kN	≥ 120
最大牵引力		kN	≥ 90
整机外形尺寸（长 × 宽 × 高）		mm	6900 × 2470 × 3025
整机质量		t	10.0
动臂提升时间		s	5.65
三项和时间		s	10.3
轴距		mm	2600
最小转弯半径（铲斗外缘）		mm	6060
发动机型号		—	YC6B125–T21
额定功率		kW	92/2300
行驶速度	一档（前进 / 后退）	km/h	0~10/14
	二档（前进 / 后退）	km/h	0~16/25
	三档（前进）	km/h	0~21
	四档（前进）	km/h	0~35

在冰雪施工中，特别是在进行人工造雪装载运输施工中，装载机用于装卸人工雪、平整路面和雪料场的集料与装料等作业，此外，还可进行推运残冰和雪块、刮平地面和牵引其他机械等作业。由于装载机具有作业速度快、效率高、机动性好、操作轻便等优点，因此成为冰雪工程建设中冰雪物料施工的主要机种之一，如图 3–3 所示。

图 3–3　铲车冰雪施工现场

3.2 冰雪施工工具

冰雪施工中，常用的冰雪施工工具有冰铲、冰锥、电锯、电钻等。这些常用的工具虽然属于传统工具，但是近些年经过新工艺的改良，已经满足了现代化的冰雪施工要求，特别是电动冰雪施工工具的使用，在冰雕的制作上使作品更加细腻，表现方式上更具独特性和高难度，让民众更能体验冰雪作品的无穷魅力。常用冰雪施工工具如图 3–4 所示。

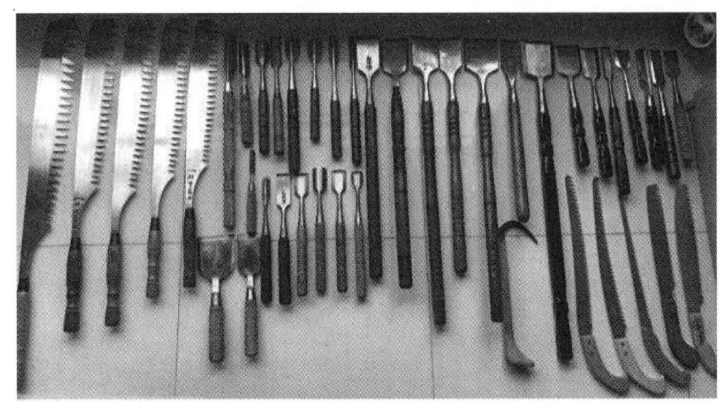

图 3–4　常用冰雪施工工具

3.2.1　冰铲

现代的冰雪施工中常用的冰铲几乎都是齿形冰铲，材质一般为高级合成钢，冰铲的把柄一般为木质材质，和铁质材料相比减少了重量，更有利于施工者减轻重量负担。根据冰雪物料材质的不同以及雕刻形式的不同，可选择冰铲的宽度一般为 100mm、120mm、140mm、200mm 等，最常用的为 120mm 冰铲，如图 3–5 所示。

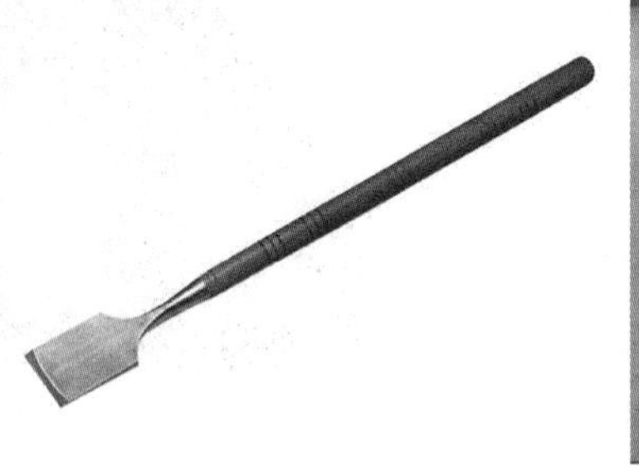

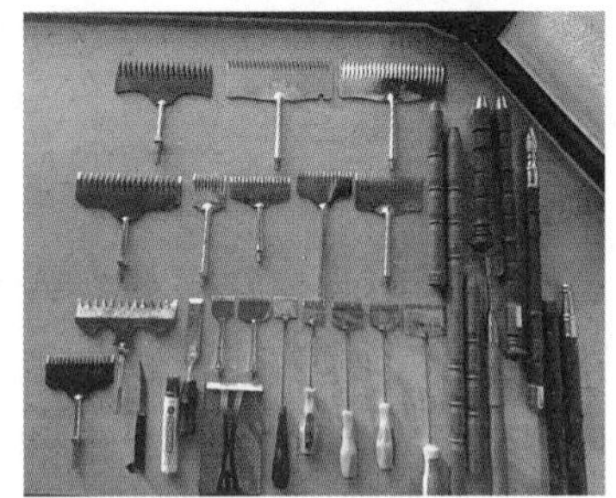

图 3–5　冰铲工具

3.2.2 冰锥

冰锥一般在冰雕作品的塑形中使用，具有下冰快、操作简单的优点，可以根据冰雕作品实际需要以及不同的角度和方向，进行冰体物料的去除工作，如图 3–6 所示。

图 3–6 冰锥的使用

3.2.3 电锯

由于冰雪雕塑是一个减法的过程，在冰雪雕塑的过程中，初级去除物料工作最先使用的就是电锯，电锯具有下料快、使用简单、易于操作等特点，如图 3–7 所示。

图 3–7 冰雪雕塑中电锯的使用

3.2.4 电钻

一般在冰雕造型较烦琐的区域使用电钻工具，以及在进行细致刻画的过程中会使用细小钻头进行细节刻画，对冰雕进行打磨抛光，应用也比较广泛，如图 3–8 所示。

图 3-8　冰雪雕塑中电钻的使用

CHAPTER 04

4 冰景观施工

施工测量仪器设备

施工测量要求与方法

冰景观建筑基础施工

冰景观脚手架施工

冰砌体砌筑施工

4.1 施工测量仪器设备

冰雪景观建筑施工应按规划要求对场地进行总体放线，对单体景观进行定位，并经检查合格后，做好建筑控制点桩位保护，并应按照冰雪景观建筑线桩或控制点测定外廓线，经闭合校测合格后，确定细部轴线及有关边界线，其允许偏差应符合表4–1的规定。

测量允许偏差　　表4–1

项目		允许偏差
细部轴线		± 10mm
标高	层高	± 15mm
	总高	± 30mm
总高垂直度（m）	$H \leqslant 5$	± 20mm
	$H>15$	$H/750$ 与 50mm 的较小值
外廓线边长（m）	$L（B）\leqslant 30$	± 20mm
	$L（B）>30$	± 30mm
对角线（m）	$L（B）\leqslant 30$	± 30mm
	$L（B）>30$	± 40mm
轴线角度（″）	$L（B）\leqslant 30$	± 20″
	$L（B）>30$	± 30″

4.1.1 DS3 型微倾式水准仪

水准仪和水准标尺是水准测量的主要仪器和设备。水准仪有微倾水准仪、自动安平水准仪、激光水准仪和数字水准仪等。水准标尺有普通水准标尺和精密水准标尺等。国产的水准仪系列有 DS05、DS1、DS3、DS10 等型号，其中，“D” 和 “S” 分别为“大地测量” 和 “水准仪” 的汉语拼音第一个字母；05、1、3、10 等是以毫米为单位的每千米高差中数偶然中误差，表示水准仪的精度等级。通常在书写时省略字母“D”，直接写为 S05、S1、S3、S10 等。

1. DS3 型微倾式水准仪的构造

DS3 型微倾式水准仪（图 4–1），主要由望远镜、水准器和基座组成，如图 4–2 所示。水准仪的望远镜可以绕仪器竖轴在水平方向旋转，为了能精确地提供水平视线，在仪器上安置了一个能使望远镜上下做微小运动的微倾螺旋，所以称为微倾式水准仪。使用仪器时，中心连接螺旋通过基座将仪器与三脚架头连接起来支承在三脚架上，通过旋转基座上的脚螺旋，使圆水准器气泡居中，仪器大致水平。三脚架可以伸缩、收张，为观测员架设仪器提供方便。

图 4–1　DS3 型微倾式水准仪

（1）望远镜

望远镜由物镜、目镜、十字丝分划板、调焦（对光）螺旋、镜筒、照准器等组成。望远镜的作用是照准目标、提供一条瞄准目标的视线，并将远处的目标放大，提高瞄准和读数的精度，国产 DS3 型微倾式水准仪望远镜的放大率一般约为 30 倍，图 4–3 为目前常用的内对光望远镜。

为使仪器精确读数，十字丝分划板是在玻璃片上刻线后，装在十字丝环上，用 3 个或 4 个可转动的螺旋固定在望远镜筒上，如图 4–4 所示，其上相互垂直的两条细

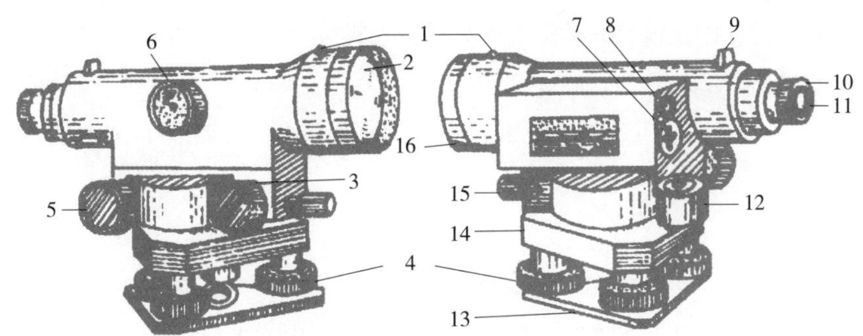

图 4–2　微倾式水准仪的构造

1—准星；2—物镜；3—微动螺旋；4—脚螺旋；5—微倾螺旋；6—物镜对光螺旋；7—校正螺钉；8—符合水准器观测镜；9—照门；10—目镜对光螺旋；11—目镜；12—圆水准器；13—连接板；14—基座；15—制动螺旋；16—水准管

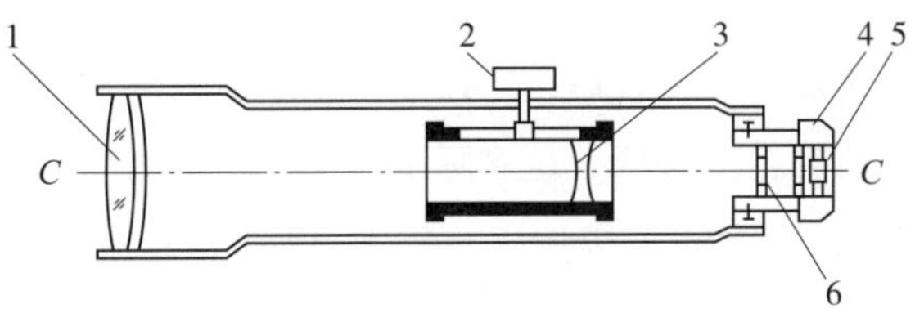

图 4–3　内对光望远镜

1—物镜；2—物镜调焦螺旋；3—物镜调焦透镜；4—目镜调焦螺旋；5—目镜；6—十字丝分划板

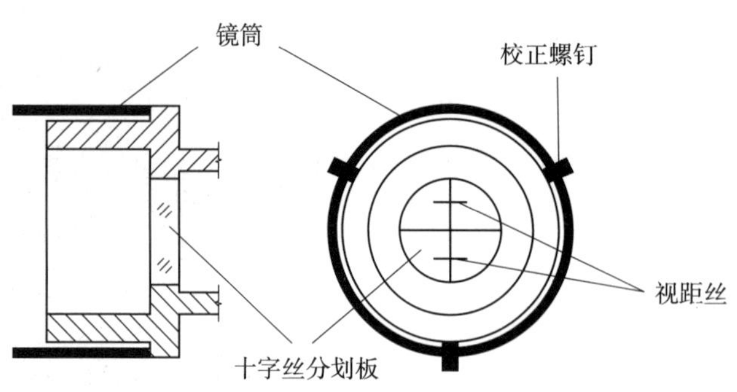

图 4-4　十字丝分划板平面图

线即为十字丝，其中竖直的一根称为纵丝（又称为竖丝），水平的一根称为横丝（又称为中丝、水平丝），上下两条短线称为视距丝，上面的短线称为上丝，下面的短线称为下丝。由上丝和下丝在标尺上的读数可求得仪器到标尺间的距离，十字丝的交点与物镜光心的连线称为视准轴，是水准仪进行水准测量的关键轴线，是用来瞄准和读数的视线。

为了控制望远镜的水平转动幅度，在水准仪上装有一套制动螺旋和微动螺旋。当拧紧制动螺旋时，望远镜被固定，此时可转动微动螺旋，使望远镜在水平方向上做微小转动来精确照准目标，当松开制动螺旋时，微动螺旋就失去作用。有些仪器是靠摩擦制动的，因此没有制动螺旋而只有微动螺旋。

（2）水准器

水准器的作用是把望远镜的视准轴安置到水平位置。水准器有圆水准器和管水准器两种。

1）圆水准器

圆水准器是一个玻璃圆盒，圆盒内装有化学液体，加热密封时留有气泡，如图 4-5 所示。圆水准器内表面是圆球面，中央有一小圆，其圆心称为圆水准器的零点，过此零点的法线称为圆水准器轴。当气泡中心与零点重合时，即为气泡居中。此时，圆水准轴线位于铅垂位置，也就是说水准仪竖轴处于铅垂位置。

图 4-5　圆水准器

由于圆水准器内表面的半径较短，所以用圆水准器来确定水平（或垂直）位置的精度较低。在实际工作中，常将圆水准器作为概略整平之用；精度要求较高的整平，则采用管水准器。

2）管水准器

管水准器简称水准管，其是把玻璃管的纵向内壁磨成曲率半径很大的圆弧面，

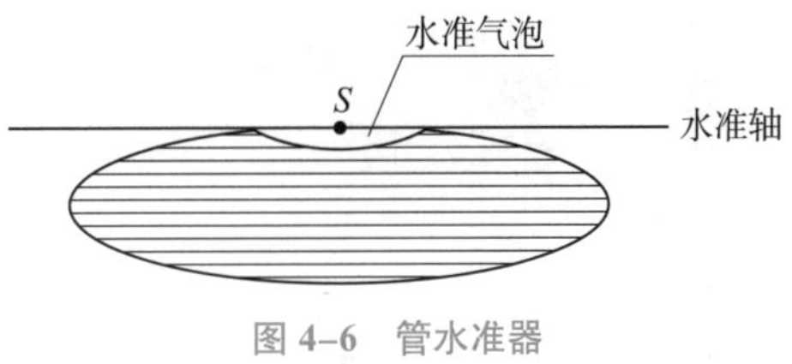

图 4–6 管水准器

然后在管内装上酒精与乙醚的混合液，加热密封时留有气泡，如图 4–6 所示，在管壁上刻上分划线，管水准器的中点 *S* 点称为水准管的零点，零点附近无分划，零点与圆弧相切的切线称为水准管的水准轴。当气泡中点位于水准管的零点位置时，称气泡居中，水准轴处于水平位置，也就是水准仪的视准轴处于水平位置。在管水准器上刻有 2mm 间隔的分划线。分划线与中间的 *S* 点成对称状态，气泡中点的精确位置由气泡两端相对称的分划线位置确定。

符合式水准器是提高管水准器置平精度的一种装置。在水准管上方装有一组符合棱镜组，气泡两端的半影像经过折光反射后反映在望远镜旁的观测窗内，使观测者不移动位置便能看到水准的影像。如果两端半影像重合,则表示水准管气泡已居中，否则就表示气泡没有居中。由于符合式水准器通过符合棱镜组的折光反射把气泡偏移零点的距离放大一倍，因此较小的偏移也能被充分地反映出来，从而提高了置平精度。

3）基座

基座的作用是承托整个仪器，仪器用连接螺旋与三脚架连接。其主要由轴座、脚螺旋、底板和三角压板组成。

2. 水准尺与尺垫

（1）水准尺

水准标尺简称水准尺，是水准测量的标尺，与水准仪配合使用，是在测量时进行读数的重要工具。水准尺按材质分为木制、铝合金、玻璃钢塔尺；按构造分为直尺、折尺和塔尺。塔尺和折尺由于接头处（或转折处）容易磨损而产生测量的系统误差，常用于精度要求较低的图根水准测量；直尺则可用于更高等级的水准测量。

1）双面尺

双面尺如图 4–7（b）所示，多用于三、四等水准测量，其长度有 2m 和 3m 两种，且两根尺为一对。尺的两面均有刻划，一面为红白相间，称红面尺（辅助尺）；另一面为黑白相间，称黑面尺（主尺）。两面的最小刻划均为 1cm，并在分米处注字。每对双面尺的黑面起始数均为零，而红面尺底部的起始数分别为 4.687m 和 4.787m（两者的零点差为 0.1m）。为了使水准尺更精确地处于竖直位置，多数水准尺的侧面装有圆水准器（注意：双面尺必须成对使用，用以检核读数；观测时，特别是在读取中丝读数时应使水准标尺的圆水准器气泡居中；使用前一定要认清分划特点）。

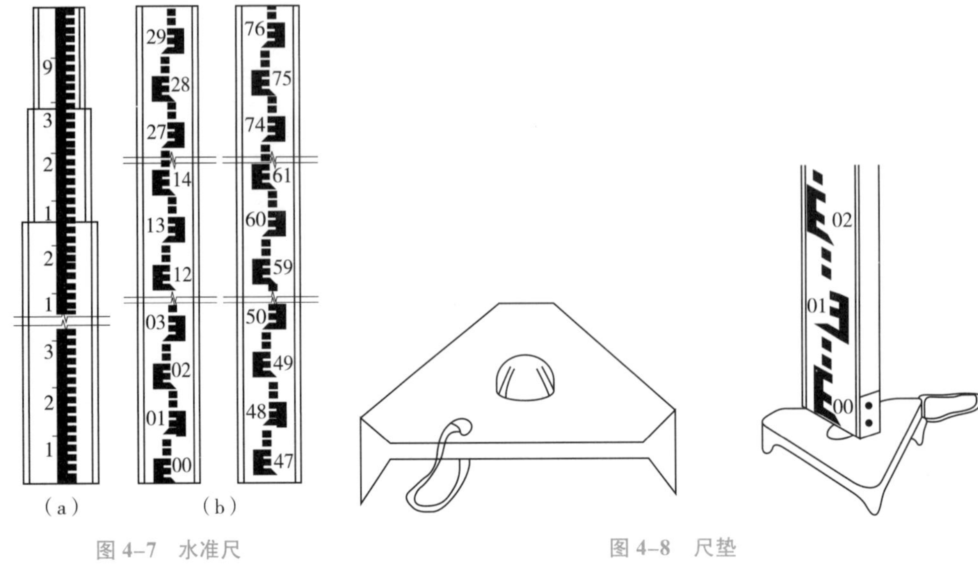

图 4–7　水准尺
（a）塔尺；（b）双面尺

图 4–8　尺垫

2）塔尺

塔尺的尺身由几段可伸缩的尺段组成，如图 4–7（a）所示，多用于等外水准测量，其长度有 2m、3m 和 5m 等，用两节或多节套接在一起，尺的底部为零点，尺上黑白格相间，每格宽度为 1cm，有的为 0.5cm，每米和每分米处均有注记。

（2）尺垫

在进行水准测量时，为了减小水准尺下沉，保证测量精度，每根水准尺都附有一个尺垫，如图 4–8 所示。尺垫一般制成三角形铸铁块，下面有三个尖脚，中央有一凸起的半圆球体，使用时先将尺垫牢固地踩入土中，再将水准尺直立在尺垫的半球形的顶部，根据水准测量等级高低，尺垫的大小和重量有所不同（注意：尺垫只用在转点上，已知点或待定点不能放尺垫。土质特别松软的地区应用尺桩进行测量）。

3. 水准仪的使用

水准仪的使用包括安置水准仪、粗略整平、瞄准和调焦、精确整平和读数五个步骤。

（1）安置水准仪

安置水准仪是将水准仪安装在可以伸缩的三脚架上，并置于两个观测点之间。其步骤如下：首先，选择距离两个测点之间大致等距离且土质坚实的位置，便于安置三脚架；再打开三脚架并使高度适中，将三脚架的伸缩螺旋拧紧，用目估法使架头大致水平并检查三脚架是否牢固；然后打开仪器箱取出水准仪至架头，用连接螺旋将水准仪牢固地连接在三脚架上。

（2）粗略整平

粗略整平简称粗平，是通过调节脚螺旋使圆水准器气泡居中，以达到仪器竖轴基本竖直、视准轴大致水平的目的，具体操作步骤如下：首先松开水平制动螺旋，转动仪器，将圆水准器置于两个脚螺旋之间，如图 4–9（a）所示，气泡中心偏离零点位于 *A* 处时，用两手同时相对（向内或向外）转动脚螺旋①和②，使气泡沿脚螺旋①和②连线的平行方向移至中间 *B* 处；然后再转动脚螺旋③，如图 4–9（b）所示，使气泡由 *B* 处向中心移动，最终如图 4–9（c）所示，居于圆指标圈中。整平过程中，气泡移动的方向与左手大拇指运动的方向一致，与右手大拇指运动的方向相反，气泡往高处走，反复两三次后气泡居中。

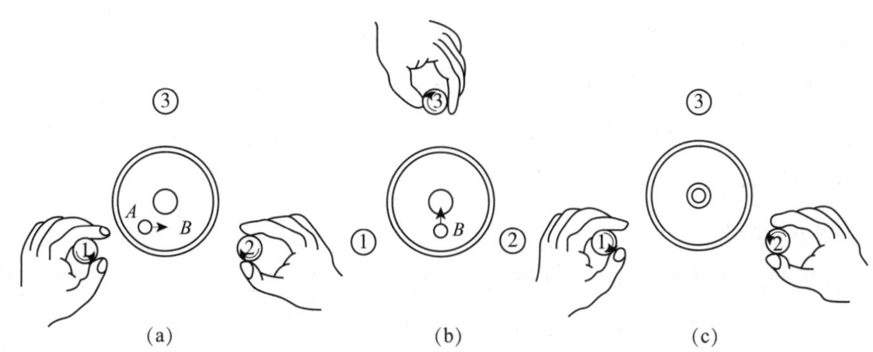

图 4–9　粗略整平

（a）转动脚螺旋①和②；（b）转动脚螺旋③；（c）气泡居中

（3）瞄准和调焦

瞄准和调焦，是指用望远镜准确地照准水准尺，清晰地看清楚目标和十字丝。具体步骤如下：首先将望远镜对准明亮的背景，转动目镜调焦螺旋，使十字丝成像清晰；再松开制动螺旋，转动望远镜，利用望远镜筒上的照门和准星粗略瞄准水准尺，旋紧水平制动螺旋；眼睛再回到视线里，调物镜调焦螺旋，使水准尺分划清晰；然后再转动水平微动螺旋，使十字丝纵丝照准水准尺中央，如图 4–10 所示，并能通过纵丝是否与尺子边缘平行来检验水准尺是否立直。

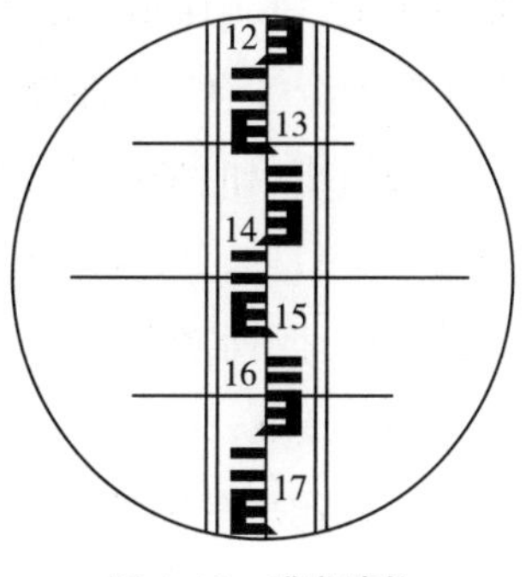

图 4–10　瞄准读数

当尺像与十字丝分划板平面不重合时，眼睛靠近目镜上下轻微移动，发现十字丝和目标影像有相对运动，这种现象称为视差，如图 4–11（a）、（b）所示。人眼位于中间位置时，十字丝交点 *O* 与目标的像 *A* 点重合；

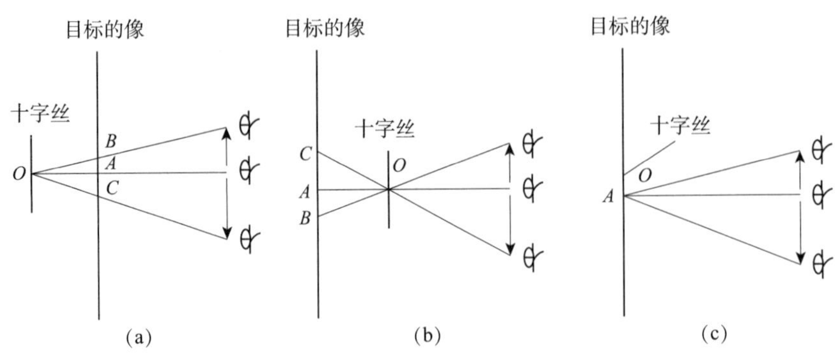

图 4-11　消除视差

（a）目标像在十字丝和人眼中间时的视差；（b）十字丝在目标像和人眼中间时的视差；（c）没有视差

当眼睛略微向上时，O 点又与 B 点重合；当眼睛略微向下时，O 点便与 C 点重合了。视差会带来读数误差，观测中必须消除，消除视差的方法就是仔细且反复调节物镜、目镜调焦螺旋，直至眼睛在任何位置观测十字丝所照准的读数始终清晰，图 4-11（c）是没有视差的情况。

（4）精确整平

精确整平简称精平，旋转微倾螺旋将水准管气泡居中，使望远镜的视线精确水平。微倾水准仪的水准管上部装有一组棱镜，可将水准管气泡两端折射到镜管旁的符合水准器观测镜内。精平步骤如下：眼睛移到水准器气泡观测镜，同时右手慢慢均匀转动微倾螺旋，观测镜中符合水准气泡影像，若气泡两端的影像不相符合，如图 4-12（a）所示，说明视线不水平，这时再转动微倾螺旋，使气泡两端的像符合成一抛物线形，如图 4-12（b）所示，此时仪器便可提供一条水平视线，在转动微倾螺旋时要慢、稳、轻（提示：气泡左半部分的移动方向总与右手大拇指的方向相反）。

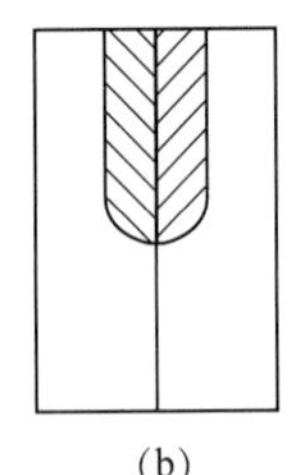

图 4-12　符合水准器观测镜

（a）两端影像不相符合；（b）两端影像符合

必须指出的是：具有微倾螺旋的水准仪粗平后，竖轴不是严格铅垂的，当望远镜由一个目标（后视）转瞄到另一目标（前视）时，气泡不一定完全符合，必须重新精平，直到水准管气泡完全符合，才能读数。

（5）读数

读数就是在视线水平时用望远镜十字丝的横丝在尺上读数，如图 4-13 所示，当符合水准气泡居中后，应立即读数。读数前要先认清水准尺的刻划特征，成像要清晰稳定。由于现在的水准仪多是倒向望远镜，所以应按由上到下、由小到大的方向进行读数，为了保证读数的准确性，先估读毫米数，再读出米、分米、厘米数。读数前务必检查符合水准气泡影像是否符合，以保证在水平视线上读取数值，还要特别注意不要错读单位和发生漏零现象。

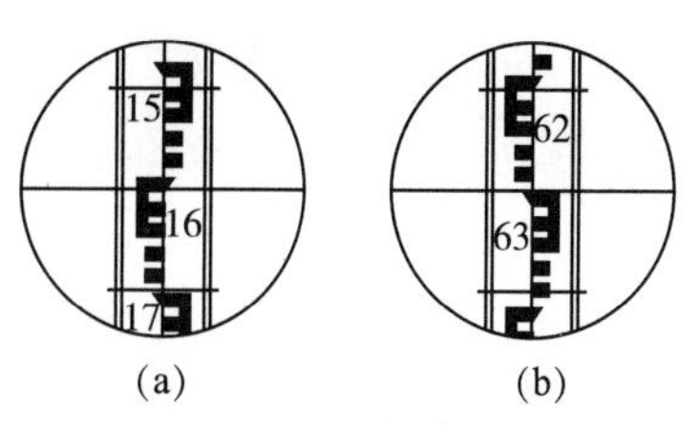

图 4–13 水准尺读数
（a）黑面读数 1.610；
（b）红面读数 6.297

水准仪使用步骤一定要按上面顺序进行，不能颠倒。

4. 水准仪的检验与校正

为了保证水准测量结果的正确可靠，应在作业前对水准仪进行检验，如不符合条件时，应送有资质的部门校正，在作业过程中还要定期进行检验。

（1）水准仪应满足的几何条件

如图 4–14 所示，水准仪的主要轴线有四条：仪器的竖轴（*VV*）、圆水准器轴（*L′L′*）、水准管轴（*LL*）和望远镜的视准轴（*CC*）。根据水准测量的原理，水准仪必须能提供一条水平视线，才能正确地测出两点间的高差，因此，水准仪在结构上应满足一定的几何条件。

1）水准仪应满足的主要条件

水准管轴（*LL*）应与望远镜的视准轴（*CC*）平行。该条件若不满足，那么水准管气泡居中后，水准管轴已经水平而视准轴却未水平，不符合水准测量基本原理的要求。

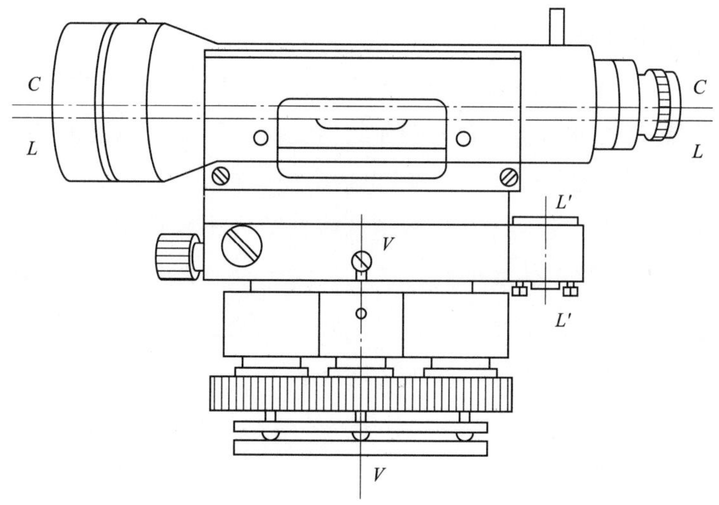

图 4–14 微倾式水准仪的主要轴线

望远镜的视准轴（CC）不因调焦而变动位置。该条件是为满足第一个条件而提出的，如果望远镜在调焦时视准轴位置发生变动，就不能保证不同位置的视线都能够与固定不变的水准管轴平行，而望远镜的调焦在水准测量中是不可避免的，因此，必须保证望远镜的视轴不因调焦而变动位置。

2）水准仪应满足的次要条件

圆水准器轴（$L'L'$）应与水准仪的竖轴（VV）平行。这是为了能迅速地整平好仪器，提高作业速度。因为满足此条件后，当圆水准器的气泡居中时，仪器的竖轴也基本处于铅垂状态，从而将仪器旋转至任何位置都能使水准管的气泡居中。

十字丝的横丝应当垂直于仪器的竖轴。满足此条件后，当仪器竖轴已经处于铅垂状态时，就不必严格用十字丝的交点面在水准尺上读数，可以用交点附近的横丝读数。

水准仪出厂前经过严格的检验，应该满足上述关系，但由于运输中的振动和长期使用的影响，可能造成某些部件松动，从而使各轴线的关系可能发生变化，因此，为了保证水准测量质量，在正式作业之前必须对水准仪进行检验与校正。

（2）圆水准器的检验与校正

目的：使圆水准器轴平行于仪器竖轴，即当圆水准器的气泡居中时，仪器的竖轴应处于铅垂状态。

检验原理：当圆水准器的气泡居中时，若竖轴 VV 与圆水准器轴 $L'L'$ 平行，则将仪器旋转后，气泡仍能保证居中。若两轴线不平行，如图 4–15（a）所示，圆水准器轴 $L'L'$ 与铅垂线重合，而竖轴 VV 则偏离铅垂线 α 角；那么将仪器旋转 180° 后，如图 4–15（b）所示，圆水准器轴 $L'L'$ 从竖轴 VV 右侧移至左侧，与铅垂线的夹角为 2α，圆水准器气泡就偏离了中心位置（气泡偏离的弧长所对的中心角等于 2α）。

检验方法：首先转动脚螺旋，使圆水准器气泡居中，然后将仪器旋转 180°，若气泡仍居中，说明圆水准器轴 $L'L'$ 平行于仪器竖轴 VV；若气泡偏离中心位置，说明这两轴不平行，需要校正。

校正方法：如图 4–16 所示，用校正针拨动圆水准器下面的三个校正螺钉，使气泡中心向圆圈中心移动偏离值的一半，如图 4–15（c）所示，此时圆水准器轴与竖轴平行；再旋转脚螺旋使气泡居中，如图 4–15（d）所示，此时竖轴处于铅垂状态。校正工作须反复进行，直到仪器旋至任何位置气泡都居中为止，即在刻划圈内为止。

（3）十字丝横丝的检验与校正

目的：使十字丝横丝垂直于仪器的竖轴，即竖轴铅垂时，横丝应水平。

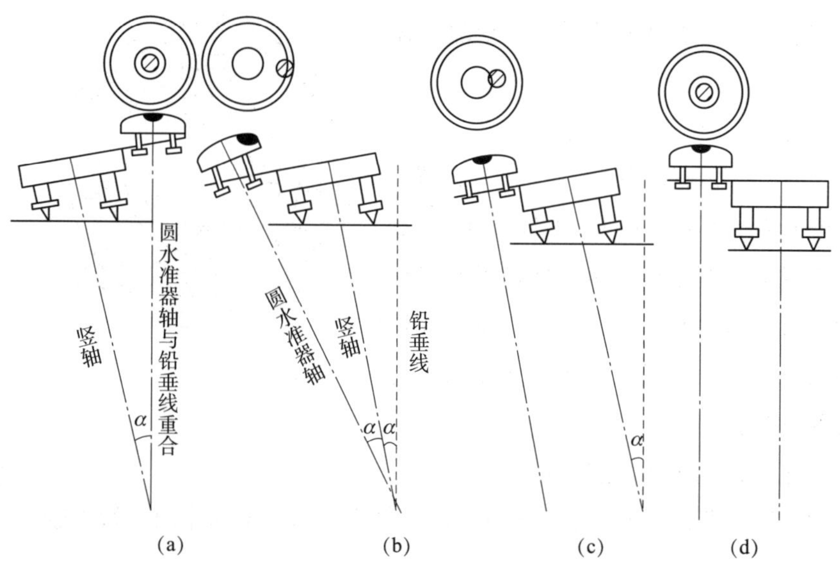

图 4–15　圆水准器轴平行于仪器轴的检验与校正

（a）两轴线不平行；（b）将仪器旋转 180° 后情况；（c）拨动校正螺钉；（d）旋转脚螺旋使气泡居中

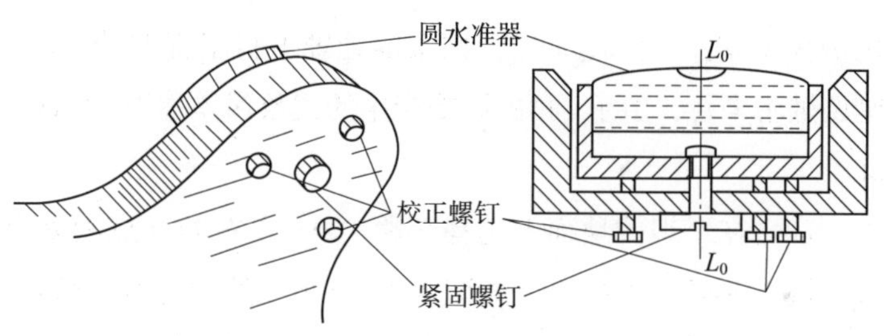

图 4–16　圆水准器校正装置

检验原理：如果十字丝横丝不垂直于仪器的竖轴，当竖轴处于竖直位置时，十字丝横丝是不水平的，横丝的不同部位在水准尺上的读数也就不相同。

检验方法：仪器整平后，从望远镜视场内选择一个清晰的目标点，用十字丝交点照准目标点，拧紧制动螺旋，转动水平微动螺旋，若目标点始终沿横丝做相对移动，如图 4–17（a）所示，说明十字丝横丝垂直于竖轴；如果目标偏离横丝，如图 4–17（b）

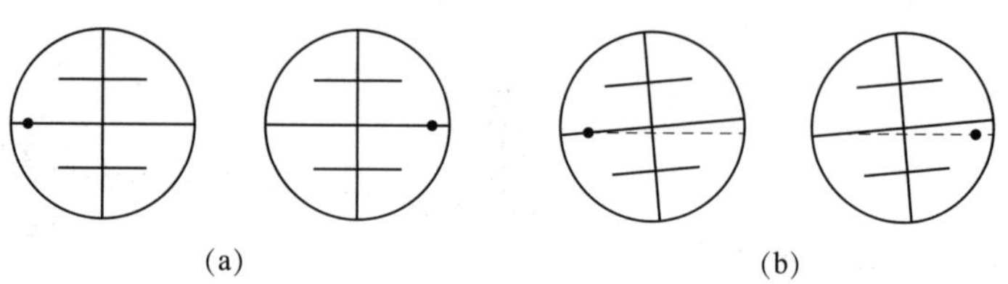

图 4–17　十字丝检验

（a）十字丝横丝垂直于竖轴；（b）十字丝横丝不垂直于竖轴

所示，则表明十字丝横丝不垂直于竖轴，需要校正。

校正方法：松开目镜座上的 3 个十字丝环固定螺钉（有的仪器须卸下十字丝环护罩），松开 4 个十字丝环压环螺钉，如图 4–18 所示。转动十字丝环，调整偏移量，使横丝与目标点重合，再进行检验，直到目标点始终在横丝上相对移动为止，最后拧紧固定螺钉，有护罩的盖好护罩。

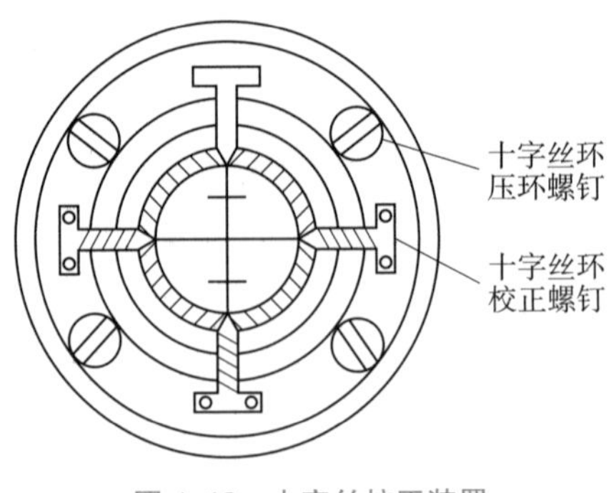

图 4–18　十字丝校正装置

（4）管水准器的检验与校正

目的：使水准管轴平行于视准轴，即当管水准器气泡居中时，视准轴应处于水平状态。

检验原理：若水准管轴与视准轴不平行，会出现一个交角 i，在地面上选定两个固定点 A、B，将仪器安置在两点中间，测出正确高差 h_{AB}，然后将仪器移近 A 点（或 B 点），再测高差 h'_{AB}。若 $h_{AB}=h'_{AB}$，则水准管轴平行于视准轴，即 i 角为零；若 $h_{AB} \neq h'_{AB}$，则两轴不平行，由于 i 角的影响产生的读数误差称为 i 角误差，此项检验也称为角检验。

检验方法：首先在平坦的地面上选择相距 100m 左右的 A 点和 B 点，在两点放上尺垫或打入木桩，并竖立水准尺，如图 4–19 所示。然后将水准仪器安置在 A、B 两点的中间位置 C 处进行观测，假如水准管轴不平行于视准轴，视线在尺上的读数分别为 a_1 和 b_1，由于视线的倾斜而产生的读数误差均为 Δ，则两点间的高差 h_{AB} 为：

$$h_{AB}=a_1-b_1 \tag{4-1}$$

由图 4–19 所示，可知，$a_1=a+\Delta$，$b_1=b+\Delta$，代入式（4–1）得：

$$h_{AB}=(a+\Delta)-(b+\Delta)=a-b \tag{4-2}$$

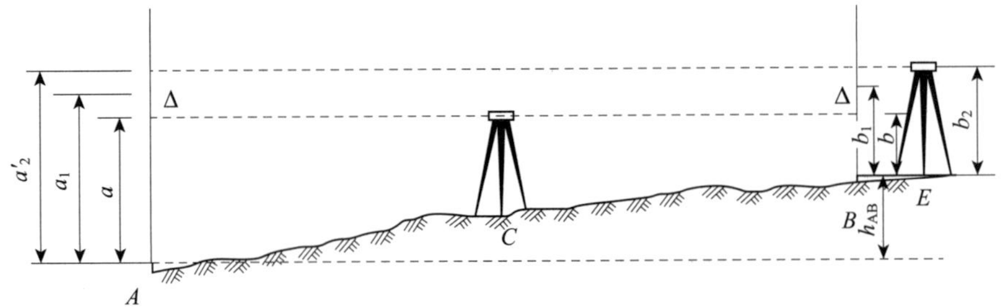

图 4–19　水准管轴检验

式（4–2）表明，若将水准仪安置在两点中间进行观测，便可消除由于视准轴不平行于水准管轴所产生的误差读数 Δ，得到两点间的正确高差 h_{AB}。

为了防止错误和提高观测精度，一般应改变仪器高再观测两次，若两次高差的误差小于 3mm，则取平均数作为正确高差 h_{AB}。

再将水准仪安置在距 B 尺 2m 左右的 E 处，安置好仪器后，先读取近尺 B 的读数值 b_2，因仪器离 B 点很近，故两轴不平行的误差可忽略不计。然后根据 b_2 和正确高差 h_{AB} 计算视线水平时在远尺 A 的正确读数值 a'_2。

$$a'_2=b_2+h_{AB} \tag{4–3}$$

用望远镜照准 A 点的水准尺，若读数大于 a'_2，说明视准轴向上倾斜；若读数小于 a'_2，说明视准轴向下倾斜；则都应进行校正。

校正方法：转动微倾螺旋使横丝对准 A 尺的正确读数 a'_2，此时视准轴已处于水平位置，但水准管轴不处于水平位置，两轴不平行，使得水准管气泡偏离零点，即气泡影像不符合。首先用拨针松开水准管左右的校正螺钉（水准管的校正螺钉在水准管的一端），用校正针拨动水准管的上、下校正螺钉，拨动时应先松后紧，以免损坏螺钉，直到气泡影像符合为止。

为了避免和减少因校正不完善而残留的误差影响，在进行水准测量时，一般要求前、后视距离应基本相等。

5. 水准测量的误差及注意事项

水准测量的误差包括仪器校正后的残余误差、水准尺误差、外界条件和观测误差四类。

（1）仪器校正后的残余误差

在水准测量前虽然对仪器进行了严格的检验和校正，但是仍然会存在误差。由于这种误差大多数是系统性的，因此可以在测量中采取一定的方法加以减弱或消除。例如，水准管轴与视准轴不平行误差，若在观测时注意前、后视距离相等，则可消除或减弱此项的影响。

（2）水准尺误差

水准尺误差包括水准尺尺长误差、水准尺零点差及水准尺倾斜误差。

1）水准尺尺长误差

水准尺的尺长误差是水准尺的实际长度和名义长度不一致而产生的误差。水准尺的尺长误差属于系统误差，通常采用对水准尺进行检验然后加改正数的方法消除。同时，由于尺长误差与高差有关，而采用往返测法测量时，所测得的高差符号相反，因此，采用往返测法测量，取其结果的平均值，可以消除尺长误差的影响。

2）水准尺零点差

水准尺零点差是水准尺刻划的起点差。由于水准尺制造的缺陷或者长期使用、磨损或使用过程中沾上泥土，这时一对水准尺的零点差通常不会完全相等，其差值称为一对水准尺的零点不等差，简称零点差。水准测量时两支水准尺交替作为后视和前视，在一测段内，若每支水准尺作为后视和前视的次数相等，即测站数为偶数时，可以抵消水准尺零点差对高差的影响。

3）水准尺倾斜误差

水准尺倾斜误差产生的原因有两个：一是测量时水准尺水准器气泡未严格居中，水准尺倾斜；二是水准尺水准器本身的条件不满足，测量时即使水准尺水准器气泡严格居中，水准尺仍然倾斜。前者属于偶然误差，后者属于系统误差。水准尺倾斜对高差的影响与水准尺的倾斜程度以及高差的大小都有关，而且由于倾斜的情况较复杂，因此，只能通过检校水准尺水准器使其满足要求，测量时注意使气泡居中才可能避免水准尺倾斜误差。

（3）外界条件

外界条件的影响主要包括地球曲率、大气折光、温度变化、仪器升沉和尺垫升沉等。

1）地球曲率和大气折光

地球曲率和大气折光都会对水准观测读数产生影响，通常将地球曲率和大气折光对一根水准尺读数的联合影响称为球气差。在作业中完全消除地球曲率和大气折光的影响是不可能的，只有在实际作业中严格遵守测量规范要求才能有效地减弱此影响。具体做法是使前、后视距离尽可能相等，使视线离地面有一定的高度，在坡度较大的地区作业时应当缩短距离等，可以通过高差计算来消除或削弱这两项误差的影响。

2）温度变化

在野外测量时，太阳光的热辐射、地面温度的反射都会使大气温度发生变化。气温变化使仪器的各部件发生热胀冷缩，由于仪器各部件所处的位置不同，所以膨胀、收缩的程度也不均匀，从而可能引起视准轴构件（物镜、十字丝和调焦镜）相对位置的变化，或者引起视准轴相对于水准管轴位置的变化，影响了仪器各轴线间的正常关系，对观测产生了影响。因此，测量时应当采取措施减弱温度的影响，例如，晴天时打伞，避免阳光直接照射仪器；不在每日温度变化较大的时段观测等。在高等级的精密水准测量中，较小位移量可能使轴线产生几秒偏差，从而使测量结果的误差增大，另外，还要求使刚从箱中取出的仪器与外界环境适应一段时间。

3）仪器升沉

在水准测量过程中，当水准仪安置在松软的地面时，由于仪器、脚架本身的重量，仪器会产生轻微的下沉（或上升），因为前视、后视不可能同时读数，因此，仪器下沉（或上升）必将对高差产生影响。为减小此项误差影响，在实际测量中，测站应该选择在坚实的地面上，并将脚架踏实。此外，每个测站可按“后—前—前—后”的顺序观测，或者减少每测站的观测时间，有利于减弱仪器升沉误差的影响。

4）尺垫升沉

在仪器迁站、前视标尺转为后视标尺的过程中，尺垫可能发生下沉或上升。如果尺垫在迁站过程中下沉，会使后视标尺的读数比实际值大，致使各测站所测高差都比实际值大，对整个水准路线的高差影响就呈现系统性。如采用往返测的观测方法，由于往返测所测得的高差符号相反，因此，采取测量结果取平均值的方法，尺垫下沉误差也会得到一定程度的抵消和减弱。在具体的测量操作中，也应采取有效措施来减弱尺垫升沉误差的影响。例如，在转点处应选择土质坚硬的区域并将尺垫踩实，观测时将水准尺提前半分钟安放在尺垫上，等它升沉缓慢时开始读数；迁站时应将转点上的水准尺从尺垫上取下，在观测前半分钟再放上去，这样可以减少尺垫的升沉量，减小误差。

（4）观测误差

1）视差影响

当视差存在时，十字丝平面与水准尺影像不重合，若眼睛观察的位置不同，会读出不同的读数，因此也会产生读数误差。

2）读数误差

读数误差主要是观测时估读的毫米数的误差。估读的精度与测量时的视线长度、仪器十字丝的粗细、望远镜的放大倍率以及测量员的作业经验等有关。其中，影响最大的是视线长度，因此，为了减少此项误差，测量规范对不同等级的水准测量规定了不同的最大视线长度，如四等水准测量的最大视线长度为 100m。

3）气泡居中误差

水准管气泡居中误差会使视线偏离水平位置，从而带来读数误差。采用符合式水准器时，气泡居中精度可提高 1 倍，操作中应使气泡严格居中，并在气泡居中后立即读数。以 DS3 型微倾式水准仪为例，其管水准器气泡的分划值为 20″/2mm，如果读数时管水准器气泡偏离 1/5 格，对水准视线的影响约为 4″，如果仪器至水准尺的距离为 100m，则对高差读数的影响达到 2mm。因此，观测前应认真检校仪器的管水准器，观测时应使符合水准器气泡严格符合，以减弱居中误差的影响。

4）调焦误差

在前、后视观测过程中若反复调焦，会使仪器的角发生变化，从而影响高差读数，因此，观测时应当避免在前、后视读数时反复调焦。规范规定“同一测站观测时不得两次调焦”。

5）水准尺倾斜影响

水准尺无论向前还是向后倾斜，都将使尺上读数增大。误差的大小与在尺上的视线高度及尺子的倾斜程度有关。为减小此项误差，观测时立尺员要认真扶尺，对于装有圆水准器的水准尺，扶尺时应使气泡居中。

4.1.2 自动安平水准仪

1. 自动安平水准仪构造

自动安平水准仪也称补偿器水准仪，如图 4–20 所示，精平是自动完成的，不需要人工调节，因此应用越来越广泛。与微倾式水准仪相比，自动安平水准仪没有管水准器和微倾螺旋，其水平视线是利用自动安平补偿器进行补偿，即使望远镜有细微倾斜，仪器仍能获得正确的水平视线读数。自动安平水准仪主要由基座、望远镜、水准器和自动安平补偿器组成，既不受微小摆动的影响，也不受磁场的影响，具有良好稳定的精度。

（1）基座

基座的作用是支撑仪器的上部，并通过连接螺旋与三脚架连接。其主要由轴座、脚螺旋、底板和三脚压板构成。通过调节基座上的三个脚螺旋，可使圆水准器气泡居中。

（2）望远镜

水准仪上的望远镜是用来瞄准目标并对水准尺进行读数，其光学系统主要由物镜、目镜和十字丝分划板组成。

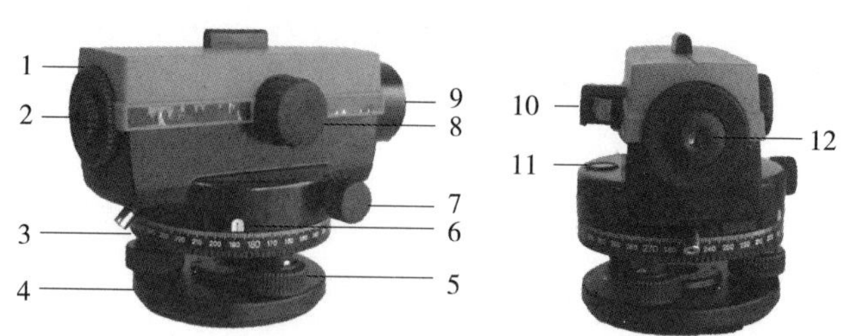

图 4–20　自动安平水准仪的构造

1—目镜罩；2—目镜；3—度盘；4—球面基座；5—脚螺旋手轮；6—度盘指示标；7—水平循环微动手轮；8—调焦手轮；9—物镜；10—气泡观察器；11—圆水准气泡；12—目镜

物镜和目镜多采用复合透镜组，目标经过物镜和物镜调焦透镜折射后，在十字丝分划板上形成一个缩小的正立实像；改变复合透镜的等效焦距，可使不同距离的目标均能清晰地成像在十字丝分划板平面上，同时十字丝也被放大，再通过目镜的作用，便可看清放大的十字丝和目标影像。普通水准仪望远镜的放大率通常为 24~26 倍，32 倍以上的也常见。此外，部分水准仪仍采用传统的倒像成像方式，但要特别注意倒像时水准尺的正确读数。在水准仪的使用过程中，只有旋转物镜调焦螺旋使得目标像与十字丝分划板平面重合才可以准确读数。十字丝分划板用来瞄准目标和获取读数。

（3）水准器

水准器是一种辅助整平装置，配合脚螺旋置平仪器，使视线水平、仪器竖轴处于铅直位置。自动安平水准仪只有圆水准器而没有管水准器，在圆水准器指示粗略调平（简称粗平）后，利用自动安平补偿器即可获得水平视线读数。

（4）自动安平补偿器

如图 4–21 所示，照准轴水平时，照准轴指向标尺的 A 点，即 A 点的水平线与照准轴重合；当照准轴倾斜一个小角 α 时，照准轴指向水准尺的 A'，而来自 A 点过物镜中心的水平线不再落在十字丝的水平丝上。自动安平就是在仪器的照准轴倾斜时采取某种措施使通过物镜中心的水平光线仍然通过十字丝交点。

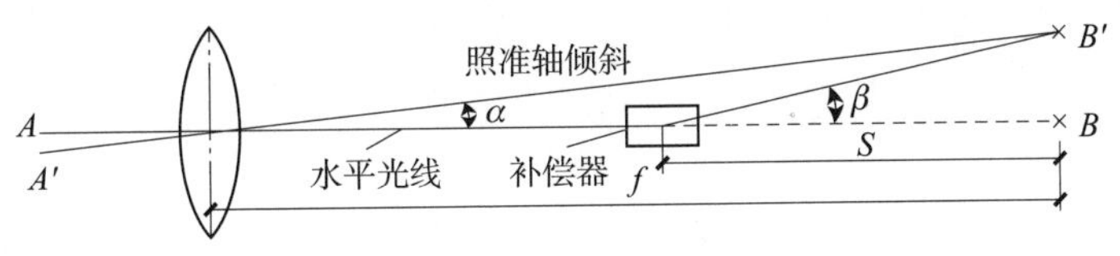

图 4–21　自动安平原理

通常有两种自动安平的方法。

（1）在光路中安置一个补偿器，在照准轴倾斜一个小角 α 时，使光线偏转一个 β 角，使来自 A 点过物镜中心的水平线落在十字丝的水平丝上。

（2）使十字丝移动到 B 处，从而使十字丝自动地与 A 点的水平线重合，以获得正确读数。

这两种方法都达到了改正照准轴倾斜偏移量的目的。第一种方法要使光线偏转，需要在光路中加入光学部件，故称为光学补偿。第二种方法则是用机械方法使十字丝在照准轴倾斜时自动移动，故称为机械补偿。常用的仪器多采用光学补偿，安装光学补偿器。

检查就是按动自动安平水准仪目镜下方的补偿控制按钮，查看补偿器工作是否正常，在自动安平水准仪粗平后，也就是在概略置平的情况下，按动一次按钮，如果目标影像在视场中晃动，则说明补偿器工作正常，视线便可自动调整到水平位置。

2. 自动安平水准仪的使用

为测定两点之间的高差，水准仪的操作大致分为以下四个步骤：①安置水准仪；②粗平；③瞄准水准尺；④读数。

（1）安置水准仪

在已知高程点和待定点之间大致视距相等处，稳固地张开三脚架，并使三脚架基座高度适中、大致水平。再取出水准仪放在三脚架的架头面上，一只手握住仪器，将三脚架中心螺旋对准仪器底座上的中心点，另一只手旋紧脚架上的中心螺旋，直到将仪器固定在三脚架上。

（2）粗平

粗略调平（简称“粗平”）是通过旋转水准仪器基座三个脚螺旋使圆水准气泡居中，表明仪器竖轴竖直，视准轴粗略水平。

（3）瞄准水准尺

首先进行目镜对光，即把望远镜对向明亮的背景，转动目镜调焦螺旋，使十字丝清晰可见。松开制动螺旋，转动望远镜，用望远镜筒上的准星瞄准水准尺，拧紧制动螺旋。然后转动物镜调焦螺旋，使目标水准尺清晰，再转动水平微动螺旋，使十字丝竖丝对准水准尺边缘或中央。

（4）读数

当上述步骤操作完毕后，即可用十字丝的中丝在后视水准尺上读取后视读数。水准尺最小刻度通常为 1.0cm 或者 0.5cm，毫米位数需要估读，读数和记录时均估读到 1mm。

4.1.3 数字水准仪

1. 数字水准仪的基本组成

与光学水准仪相同，数字水准仪也由仪器和标尺两大部分组成。仪器主机由望远镜系统、补偿器、分光棱镜、目镜系统、CD 传感器、数据处理器、键盘、数据处理软件等组成，如图 4-22 所示，为瑞士徕卡公司的 DNAO3 数字水准仪。数字水准仪的标尺是条码标尺，条码标尺是由宽度相等或不等的黑白条码按一定的编码规则

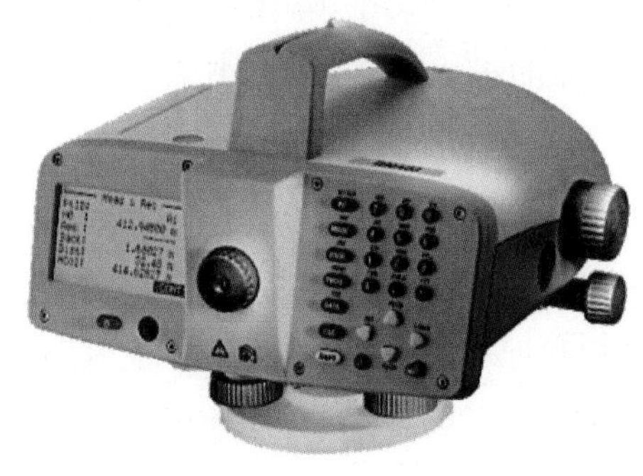

图 4–22 数字水准仪

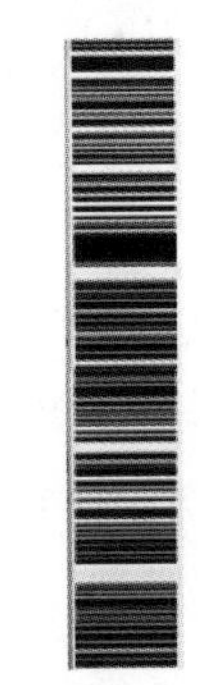

图 4–23 条码标尺

有序排列而成的。这些黑白条码的排列规则就是各仪器生产厂家的技术核心，各厂家的条码图案完全不同，更不能互换使用，图 4–23 为条码标尺。

2. 数字水准仪的测量过程

数字水准仪自动测量的过程是：人工完成照准和调焦之后，标尺的条码影像光线到达望远镜中的分光镜，分光镜将该光线分离成红外光和可见光两部分：红外光传送到线阵探测器上进行标尺图像探测；可见光传到十字丝分化板上成像，供测量员目视观测。仪器的数据处理器通过对探测到的光源进行处理，就可以确定仪器的视线高度和仪器至标尺的距离，并在显示窗显示。如果使用传统的水准标尺，数字水准仪又可以当作普通的自动安平水准仪使用。

3. 数字水准仪自动读数原理

数字水准仪测量的基本原理就是利用线阵探测器对标尺图像进行探测，自动解算出视线高度和仪器至标尺的距离。其关键技术就是条码设计与探测，从而自动显示读数。由于生产数字水准仪的各厂家采用不同的专利技术，测量标尺不同，采用的自动读数方法也不同，目前主要有四种：①瑞士徕卡公司使用的相关法；②德国蔡司公司使用的双相位码几何计算法；③日本拓普康公司使用的相位法；④日本索佳公司使用的双随机码的几何计算法。

4. 数字水准仪的特点

（1）数字水准仪的优点

与传统的光学水准仪相比，数字水准仪有以下优点。

1）测量效率高。因为仪器能自动读数，自动记录、检核、计算处理测量数据，并能将各种数据输入计算机进行处理，实现了内外作业一体化。

2）误差小。数字水准仪自动记录，因此不会出现读错、记错和计算错误，而且没有人为的读数误差。

3）测量精度高。视线高和视距读数都是采用多个条码的图像经过处理后取平均值得出来的，因此，削弱了标尺分划误差的影响。多数仪器都有进行多次读数取平均值的功能，同时还可以削弱外界条件对测量的影响，如振动、大气扰动等。

4）测量速度快。由于读数、复述记录和现场计算的过程均可由仪器自动完成，人工只须照准、调焦和按键，因此，可以大大提高观测速度，同时减轻劳动强度。

5）操作简单。由于仪器实现了读数和记录的自动化并预存了大量测量和检核程序，在操作时还有实时提示，因此，测量人员可以很快掌握使用方法，即使不熟练的作业人员也能进行高精度测量。

6）自动改正测量误差。仪器可以对条码尺的分划误差、CD 传感器的畸变、电子 i 角、大气折光等系统误差进行修正。

（2）数字水准仪的缺点

与光学水准仪相比，数字水准仪有以下的缺点。

1）数字水准仪只能使用配套的标尺测量，而对于光学水准仪，只要有准确的刻划线就能读数，因此可以使用自制的标尺，甚至是普通的钢尺。

2）数字水准仪要求有一定的视场范围，在特殊情况下，如果水准仪只能在一个较窄的狭缝中看见标尺时，就只能使用光学水准仪或数字、光学一体化的水准仪。

3）数字水准仪对环境要求高。由于数字水准仪是由 CD 传感器来分辨标尺条码的图像进行电子读数，测量结果受制于 CD 传感器的性能。CD 传感器只能在有限的亮度范围内将图像转换为用于测量的有效电信号。因此，标尺的亮度是很重要的，测量时要求标尺的亮度均匀、适中。

数字水准仪内置了各种水准测量程序，可以自由设置各项限差、新建线路文件。按仪器屏幕显示的操作提示进行观测及按键读数，仪器自动记录存储观测数据，导出线路文件，经过软件平差处理即完成整个水准测量工作。

4.1.4 DJ6 型光学经纬仪

光学经纬仪是能够测定水平角和竖直角的仪器，在测量上广泛使用游标经纬仪、光学经纬仪和电子经纬仪。光学经纬仪按精度等级可分为 DJ1、DJ2、DJ6 等多个等级，代号中“D”和“J”分别为“大地测量”与“经纬仪”的汉语拼音的第一个字母；数字是以秒为单位的精度指标，其含义为一测回测角中误差，数字越小，其精度越高，经纬仪因精度等级的不同或生产厂家的不同，其具体部件的结构不尽相同，但基本构造是一样的。

工程上广泛使用的光学经纬仪是 DJ2 型和 DJ6 型。DJ2 型光学经纬仪主要用于控制测量，DJ6 型则主要用于图根控制测量和碎部测量。两种经纬仪的结构大体相同，本书主要介绍 DJ6 型光学经纬仪的结构原理和使用方法。

1. DJ6 型光学经纬仪构造

光学经纬仪采用光学度盘，借助光学透镜和棱镜系统的折射或反射，使度盘上的分划线成像到望远镜旁的读数显微镜中。各种型号的 DJ6 型光学经纬仪的基本构造大致相同，主要由照准部（包括望远镜、竖直度盘、水准器、读数设备）、水平度盘和基座三部分组成。国产 DJ6 型光学经纬仪外貌图及外部结构件名称如图 4–24 所示。

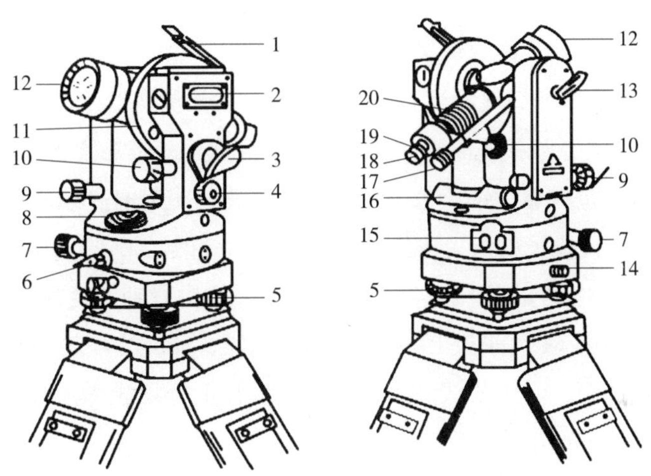

图 4–24　DJ6 型光学经纬仪的构造

1—指标水准管反光镜；2—指标水准管；3—度盘反光镜；4—测微轮；5—脚螺旋；6—水平制动螺旋；7—水平微动螺旋；8—圆水准器；9—望远镜微动螺旋；10—指标水准管微动螺旋；11—竖盘；12—物镜；13—望远镜制动螺旋；14—轴座固定螺旋；15—度盘离合器；16—水准管；17—读数显微镜；18—目镜；19—目镜对光螺旋；20—物镜对光螺旋

（1）照准部

1）望远镜

望远镜是用来照准远方目标的，其放大倍数率一般为 20~40 倍，其构造和水准仪望远镜的构造基本相同。望远镜和横轴固连在一起放在支架上，并要求其视准轴垂直于横轴，当横轴水平时，望远镜绕横轴旋转的视准面是一个铅垂面。为了控制望远镜的俯仰程度，在照准部外壳上还设置有一套望远镜制动和微动螺旋。在照准部外壳上还设置有一套水平制动和微动螺旋，以控制水平方向的转动。当

拧紧望远镜或照准部的制动螺旋后，转动微动螺旋，望远镜或照准部才能作微小的转动。

2）竖直度盘

竖直度盘是由光学玻璃制成的圆盘，安装在横轴的一端，当望远镜转动时，竖盘也随之转动，用以观测竖直角。目前光学经纬仪普遍采用竖盘自动归零装置，其既加快了观测速度又提高了观测精度。

3）水准器

照准部上设有一个管水准器和一个圆水准器，与脚螺旋配合，用于整平仪器。与水准仪一样，圆水准器用于粗平，而管水准器则用于精平。

4）读数设备

DJ6 型光学经纬仪的水平度盘和竖直度盘的分划线通过一系列的棱镜和透镜作用，成像于望远镜旁的读数显微镜内，观测者用读数显微镜读取读数。由于测微装置的不同，DJ6 型光学经纬仪的读数方法主要有分微尺测微器读数方法和单平板玻璃测微器读数方法两种。现代光学经纬仪主要采用分微尺测微器读数方法。

分微尺测微器是在显微镜读数窗与物镜上设置一个带有分微尺的分划板，度盘上的分划线经显微镜物镜放大后成像于分微尺上。分微尺 1° 的分划间隔长度正好等于度盘的一格，即 1° 的宽度。图 4–25 是读数显微镜内看到的度盘和分微尺的影像，上面注有“水平”（或 H）的窗口为水平度盘读数窗，下面注有“竖直”（或 V）的窗口为竖直度盘读数窗，其中长线和大号数字为度盘上分划线影像及其注记，短线和小号数字为分微尺上的分划线及其注记。

读数窗内的分微尺分成 60 小格，每小格代表 1′，每 10 小格注有小号数字，表示 10′ 的倍数。因此，分微尺可直接读到 1′，估读到 0.1′。

分微尺上的零分划线是读数指标线，其所指的度盘上的位置就是应该读数的地方。如图 4–25（a）所示，水平度盘读数窗中分微尺上的零分划线已过 178°，此时水平度盘的读数肯定比 178° 大一些，大的数值要看 0 分划线到度盘 178° 分划线之间有多少个小格，如图 4–25（a）中数值为 05.0′（估读至 0.1′），因此，水平度盘整个读数为 178°+05.0′=178°05.0′。记录及计算时可写作 178°05′00″。

同理，图 4–25（a）中竖直度盘整个读数为 86°+05.0′=86°05.0′，记录及计算时可写作 86°05′00″。

如图 4–25（b）所示，水平度盘读数为 180°06.4′，即 180°06′24″；竖直度盘读数为 75°57.2′，即 75°57′12″。

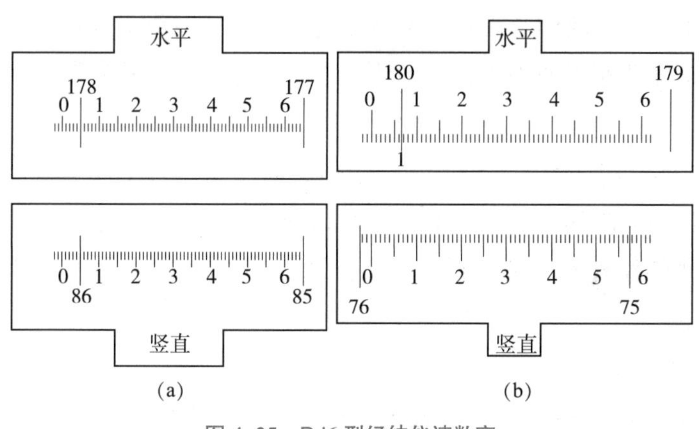

图 4-25　DJ6 型经纬仪读数窗

（a）例 1；（b）例 2

（2）水平度盘

水平度盘是用光学玻璃制成的圆盘，在盘上按顺时针方向从 0°~360° 刻有等角度的分划线和注记。相邻两分划线的格值为 1°，度盘固定在轴套上，轴套套在轴座上，水平度盘和照准部两者之间的转动关系由离合器扳手或度盘变换手轮控制，在测角过程中水平度盘和照准部分离，不随照准部一起转动，当望远镜照准不同方向的目标，移动的读数指标线便可在固定不动的度盘上读得不同的度盘读数，如果需要变换度盘位置时，可利用仪器上的度盘变换手轮，把度盘变换到需要的读数上。

（3）基座

基座是支撑仪器的底座。基座上有三个脚螺旋，转动脚螺旋可使照准部水准管气泡居中，从而使水平度盘水平。基座和三脚架头用中心螺旋连接，可将仪器固定在三脚架上。光学经纬仪装有直角棱镜光学对中器，其具有精确度高的优点。

此外，DJ6 型光学经纬仪还配有水平度盘拨盘手轮装置，用以配置水平度盘的读数。

2. 经纬仪的使用

经纬仪的使用包括安置经纬仪（对中、整平）、调焦、照准、读数及置数等基本操作。

（1）对中

对中的目的是使仪器的中心与测站的标志中心位于同一铅垂线上。对中方法如下。

1）垂球法

把脚架腿伸开，长短适中，安在测站点上，转动三个脚螺旋调至中间位置，使

架头大致水平，架头的中心大致对准测站标志，并注意脚架高度适中。然后踩牢三脚架，将垂球挂在脚架中心螺旋的小钩上。稳定之后，检查垂球尖与标志中心的偏离程度。若偏差较大，应适当移动脚架，并注意保持移动之后脚架面仍大概水平。当偏差不大时（约 3cm 以内），取出仪器，拧上中心固定螺旋，保留半圈不要拧紧；将仪器在脚架面上前后左右缓慢移动，使垂球尖在静止时能够精确对准标志中心，然后拧紧中心固定螺旋，对中完成。用垂球进行对中的误差一般可控制在 3mm 以内。

2）光学对中器法

将脚架腿伸开，长短适中，安在测站点上，三个脚螺旋调制中间位置，踩牢三脚架，保持脚架面概略水平，平移脚架的同时从光学对中器中观察地面情况，当地面标志点出现在视场中央附近时，停止移动，缓慢踩实脚架。旋转基座螺旋并观察地面标志点的移动情况，使对中器的十字丝中心对准地面标志点；若此时圆水准器不居中，松开脚架腿固定螺钉，适当调整三个脚架腿的长度，使圆水准器居中；经此调节后，若地面标志点略微偏离十字丝中心，则松开中心连接螺旋（不是完全松开），平行移动仪器使光学对中器与测站点标志完全重合。重复上述过程，直至地面点落于十字丝中心，同时圆水准器也处于居中状态，至此对中完成。利用光学对中器对中较垂球法精度高，一般误差在 1mm 左右，同时不受风力的影响，操作过程简单快速，因而应用普遍。

（2）整平

整平的目的是使仪器的竖轴铅垂，水平度盘水平，其方法如下：

整平借助照准部水准器完成。一般先伸缩脚架使圆水准器气泡居中，使仪器大致水平，然后利用管水准器进行精平。用管水准器精平时，先转动仪器的照准部，使照准部水准管平行于任意一对脚螺旋的连线，然后用两手同时向内（向外）旋转两脚螺旋，使水准管气泡居中，如图 4–26（a）所示；再将照准部转动 90°，使水准管垂直于原两脚螺旋的连线，旋转另一脚螺旋，使水准管气泡居中，如图 4–26（b）所示。重复上述过程，直到仪器旋转到任何位置时水准管气泡都居中为止，气泡居中误差一般不得大于一格。

上述两步技术操作称为经纬仪的安置工作。整平完成后要检查对中情况。如果光学对中器分划圈不在测站点上，应先松开连接螺旋，在架头上平移仪器，使分划圈对准测站点，再伸缩脚架整平圆水准气泡，然后转动脚螺旋使水准气泡居中。由于对中、整平两项工作相互影响，因此应反复进行对中、整平切换工作，直至仪器整平后光学对中器分划圈对准测站点为止。

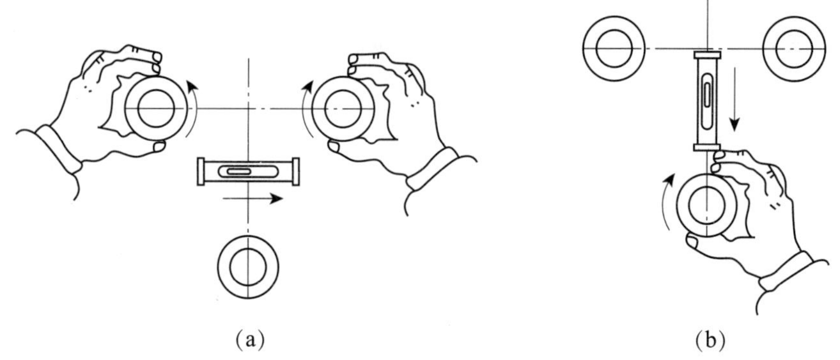

图 4–26 经纬仪整平
（a）双手旋转两脚螺旋；（b）旋转另一只脚螺旋

（3）调焦

调焦包括目镜调焦和物镜调焦。物镜调焦的目的是使照准目标经物镜所成的实像落在十字丝板上；目镜调焦的目的是使十字丝和目标的像（即观测目标）均位于人眼的明视距离处，使目标的像和十字丝在视场内都很清晰，以利于精确照准目标。

在观测过程中，先进行目镜调焦，将望远镜对向天空或白墙，转动目镜调焦环，使十字丝最清晰（最黑）。由于各人眼睛明视距离不同，目镜调焦因人而异。然后进行物镜调焦，转动物镜调焦螺旋，使当前观测目标成像最清晰，同时将眼睛在目镜后上下左右移动，检查是否存在视差。若目标影像和十字丝影像没有相对移动，则说明调焦正确，没有视差；若观察到目标影像和十字丝影像相对移动，则说明调焦不正确，存在视差，需要通过反复调节目镜和物镜调焦螺旋予以消除。

（4）照准

照准就是用十字丝的中心部位照准目标，不同的角度测量所用的十字丝是不同的，但都是用接近十字丝中心的位置照准目标。在水平角测量中，应用十字丝的纵丝（竖丝）照准目标，根据目标的大小和距离的远近，可以选择用单丝或双丝照准目标。当所照准的目标较粗时，常用单丝平分，如图 4–27（a）所示；若照准的目标较细时，则常用双丝对称夹住目标，如图 4–27（b）所示。当目标倾斜时，应照准目标的根部以减弱照准误差的影响。

进行竖直角测量时，应用十字丝的横丝（中丝）切准目标的顶部或特殊部位，在记录时一定要注记照准位置，如图 4–28 所示。

照准的具体操作方法是：松开照准部和望远镜的制动螺旋，转动照准部和望远镜，用瞄准器使望远镜大致照准目标，然后从镜内找到目标并使其移动到十字丝中

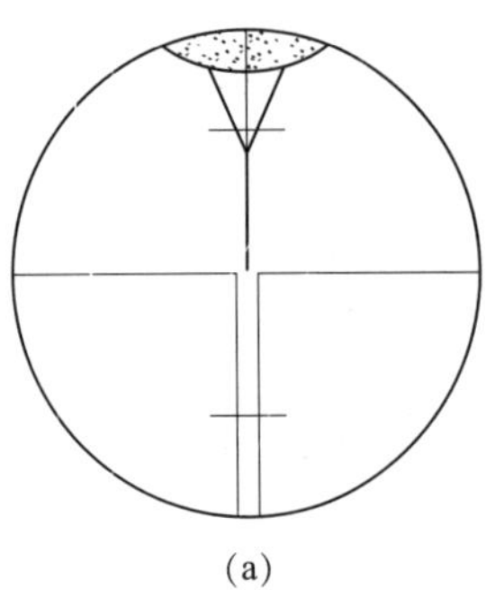

(a)

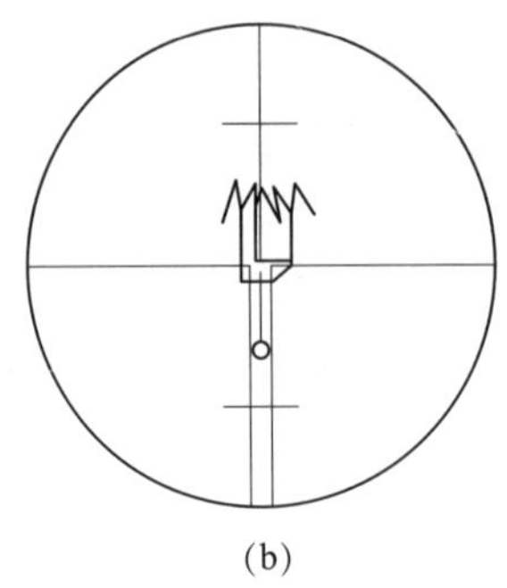

(b)

图 4–27 纵丝测水平角
（a）单丝平分；（b）双丝夹准

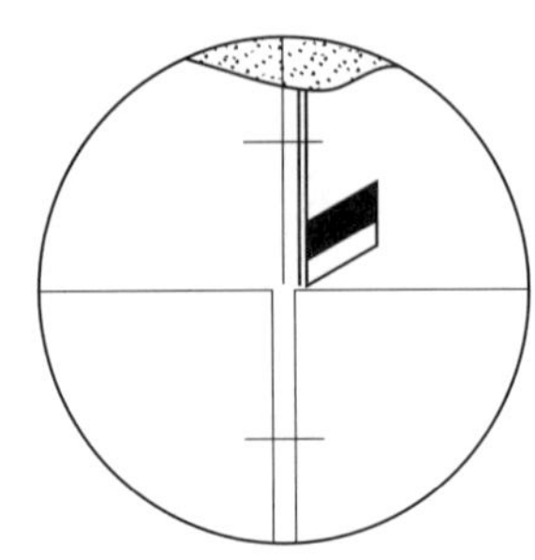

图 4–28 横丝测竖直角

心附近；固定照准部和望远镜制动螺旋，再旋转其微动螺旋，以准确照准目标的固定部位，从而读取水平角或竖直角数值。

（5）读数

打开读数反光镜，调节视场亮度，转动读数显微镜对光螺旋，使读数窗影像清晰可见。读数时，除分微尺直接读数外，凡在支架上装有测微轮的，均应先转动测微轮，使中间窗口对镜分划线重合后方能读数，最后将度盘读数和分微尺读数或测微尺读数相加所得的结果作为最终的读数值。

（6）置数

为了减弱度盘的刻划误差并使计算方便，在水平角观测时，通常规定某一方向的读数为零或某一预定值，因此须将其在度盘上的读数调整为 0° 或某一规定值，这一操作过程称为配置度盘或置数。

具体操作步骤为：当仪器整平后，用盘左照准目标；转动度盘变换手轮，使度盘读数调整至预定读数。为防止观测时碰动度盘变换手轮，度盘置数后应及时盖上护盖。所谓盘左（又称为正镜），就是当望远镜照准目标时，竖盘位于望远镜的左侧，同样，盘右（又称为倒镜）就是竖盘位于望远镜的右侧。

3. 经纬仪的检验与校正

（1）经纬仪的主要轴线及应满足的条件

如图 4–29 所示，光学经纬仪的主要轴线有：竖轴 VV，水准管轴 LL，横轴 HH，视准轴 CC，圆水准器轴 $L'L'$。为了保证测角的精度，在使用前，应对经纬仪进行检验与校正，以使这些轴线满足以下条件。

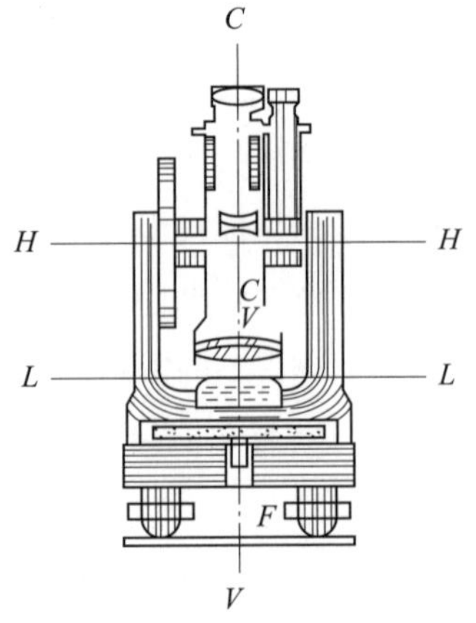

图 4–29 经纬仪的主要轴线

1）竖轴 VV 应垂直于水准管轴 LL，从而应进行照准部水准管轴的检验与校正。

2）横轴 HH 应垂直于十字丝竖丝，从而应进行十字丝竖丝的检验与校正。

3）横轴 HH 应垂直于视准轴 CC，从而应进行视准轴的检验与校正。

4）横轴 HH 应垂直于竖轴 VV，从而应进行横轴的检验与校正。

5）竖盘指标差应为零，从而要进行竖盘指标水准管的检验与校正。

6）光学垂线与竖轴 VV 重合，从而要进行光学对中器的检验与校正。

7）圆水准轴 $L'L'$ 应于竖轴 VV 平行，从而应进行圆水准器的检验与校正。

8）光学对中器的视准轴应与仪器竖轴重合。

（2）照准部水准管轴的检验与校正

目的：当照准部水准管气泡居中时，应使水平度盘水平，竖轴铅垂。

检验方法：将仪器安置好后，先使照准部水准管平行于一对脚螺旋的连线，转动这对脚螺旋使气泡居中；再将照准部旋转 180°，若气泡仍居中，说明条件满足，即水准管轴垂直于仪器竖轴，否则应进行校正。

校正方法：转动平行于水准管的两个脚螺旋使气泡退回偏离零点的格数的一半，再用拨针拨动水准管的校正螺钉，使气泡居中。此时若圆水准器气泡不居中，则拨动圆水准器校正螺钉。

（3）十字丝竖丝的检验与校正

目的：使十字丝竖丝垂直横轴。当横轴居于水平位置时，竖丝处于铅垂位置。

检验方法：用十字丝竖丝的一端精确瞄准远处某点，固定水平制动螺旋和望远镜的制动螺旋，慢慢转动望远镜的微动螺旋。如果目标不离开竖丝，说明此项条件满足，即十字丝竖丝垂直于横轴，否则需要校正。

校正方法：要使竖丝铅垂，就要转动十字丝板座或整个目镜部分。十字丝板座和仪器连接的结构如图 4–30 所示，校正时，首先旋松压环固定螺钉，转动十字丝板座，直至竖丝铅垂，然后再旋紧固定螺钉。

（4）视准轴的检验与校正

目的：使望远镜的视准轴垂直于横轴。视准轴不垂直于横轴时且与之成倾角 c，称为视准轴误差，也称为 $2c$ 误差，其是十字丝交点的位置不正确而产生的。

检验方法：选与视准轴近于水平的一点作为照准目标，盘左照准目标的读数为 $a_{左}$，盘右再照准原目标的读数为 $a_{右}$，如 $a_{左}$与 $a_{右}$的差值不等于 180°，则表明视准轴不垂直于横轴，应进行视准轴校正。

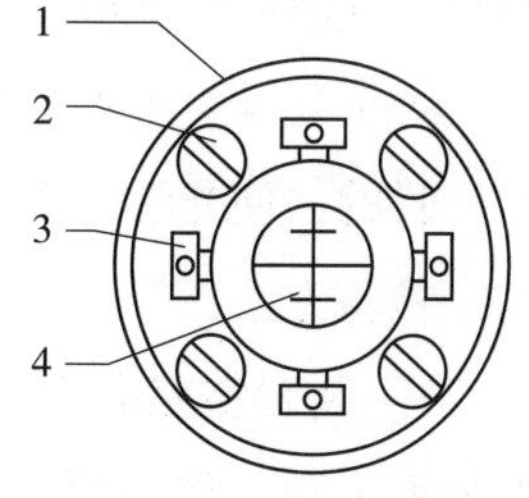

图 4–30　十字丝板座和仪器连接的结构

1—镜筒；2—压环固定螺钉；3—十字丝校正螺钉；4—十字丝分划板

校正方法：以盘右位置读数为准，计算两次读数的平均数 a。首先转动水平微动螺旋将度盘读数值配置为读数 a，此时视准轴偏离了原照准的目标，然后拨动十字丝校正螺钉，直至视准轴照准原目标为止，即视准轴与横轴相垂直。

（5）横轴的检验与校正

目的：使横轴垂直于仪器竖轴。

检验方法：将仪器安置在一个清晰的高目标附近，其仰角为 30° 左右。盘左位置照准高目标 M 点，固定水平制动螺旋，将望远镜大致放平，在墙上或横放的尺上标出 m_1 点，如图 4–31 所示。纵转望远镜，盘右位置仍然照准 M 点，放平望远镜，在墙上标出 m_2 点。如果 m_1 和 m_2 重合，则说明此条件满足，即横轴垂直于仪器竖轴，否则需要进行校正。

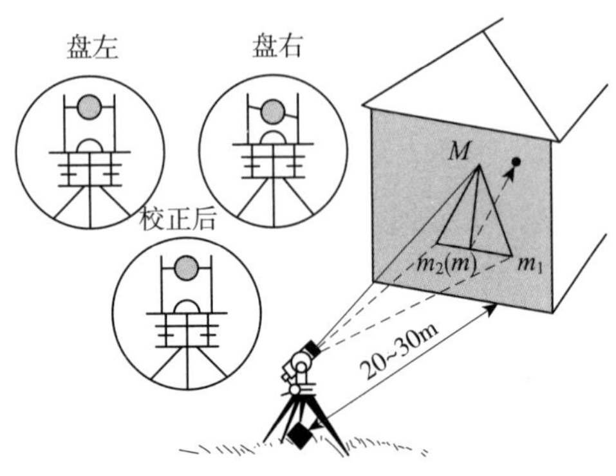

图 4–31　经纬仪横轴的检验

校正方法：此项校正一般应由厂家或专业仪器修理人员进行。

（6）竖盘指标水准管的检验与校正

目的：使竖盘指标差 X 为零，指标处于正确的位置。

检验方法：安置经纬仪于测站上，用望远镜在盘左、盘右两个位置观测同一目标，当竖盘指标水准管气泡居中时，分别读取竖盘读数，计算出指标差。如果指标差超过限差，则须校正。

校正方法：求得正确的竖直角后，不改变望远镜在盘右所照准的目标位置，转动竖盘指标水准管微动螺旋，根据竖盘刻划注记形式，在竖盘上配置相应的盘右读数，此时竖盘指标水准管气泡必然不居中，只需用拨针拨动竖盘指标水准管上、下校正螺钉使气泡居中即可。对带补偿器的经纬仪仅需调节补偿装置。

（7）光学对中器的检验与校正

目的：使光学对中器视准轴与仪器竖轴重合。

检验方法：

1）装置在照准部上的光学对中器的检验。精确地安置经纬仪，首先在脚架中央的地面上放一张白纸，由光学对中器的目镜观测，将光学对中器分划板的刻划中心标记于纸上，然后水平旋转照准部，每隔 120° 用同样的方法在白纸上做出标记点，如三点重合，则说明此条件满足，否则需要进行校正。

2）装置在基座上的光学对中器的检验。将仪器侧放在特制的夹具上，照准部固

定不动，但基座可自由旋转，在距离仪器不小于 2m 的墙壁上钉贴一张白纸，用上述同样的方法转动基座，每隔 120° 在白纸上作出一标记点，若三点不重合，则需要校正。

校正方法：白纸上的三点构成误差三角形，绘出误差三角形外接圆的圆心。由于仪器的类型不同，因此校正部位也不同。有的校正转向直角棱镜，有的校正分划板，有的两者均可校正。校正时均须通过拨动对中器上相应的校正螺钉调整目标偏离量的一半，并反复 1~2 次，直到照准部转到任何位置观测时目标都在中心圈以内为止。

光学经纬仪这 6 项检验与校正的顺序不能颠倒，而且照准部水准管轴垂直于仪器竖轴的检校是其他项目检验与校正的基础，这一条件不满足，其他几项检验与校正就不能正确进行。另外，竖轴不铅垂对测角的影响不能用盘左、盘右两个位置观测加以消除，所以此项检验与校正也是主要项目。其他几项，在一般情况下有的对测角影响不大，有的可通过盘左、盘右两个位置观测来消除，因此，是次要的检校项目。

4. 角度测量的误差及注意事项

由于多种原因，任何测量中都不可避免地会有误差，影响测量误差的因素可分为三类：仪器误差、观测误差、外界条件的影响。

（1）仪器误差

仪器误差包括两方面：一方面是仪器检查不完善所引起的残余误差，如视准轴不垂直横轴，以及横轴不垂直竖轴等；另一方面是由于仪器制造加工不完善引起的误差，如度盘偏心差、度盘刻划误差等。

1）视准轴不垂直横轴的误差。视准轴不垂直横轴的误差，也称为视准差，其对水平方向观测值的影响为 $2c$，可以通过盘左、盘右两个位置观测取平均值来消除。

2）横轴不垂直竖轴的误差。横轴不垂直竖轴的误差也称为支架误差，与视准差一样，可以通过盘左、盘右两个位置观测取平均值来消除。

3）竖轴倾斜误差。竖轴倾斜误差是由水准管轴垂直仪器竖轴的校正不完善引起的，不能用盘左、盘右两个位置观测取平均值的方法消除。这种残差的影响与视线竖直角的正切成正比，因此，要特别注意水准管轴垂直竖轴的检验和校正，观测时认真整平仪器。

4）度盘偏心误差。度盘偏心误差是由度盘加工不完善或安装不完善引起的，可以通过盘左、盘右两个位置观测取平均值来消除。

5）度盘刻划误差。度盘刻划误差是由于度盘的刻划不完善引起的，这项误差比较小，可通过多测回变换度盘起始位置读数的方法来消除。

（2）观测误差

由于操作仪器时不够细心、眼睛分辨率及仪器性能的客观限制，在观测中不可避免地会存在误差。

1）测站偏心误差。测角时，若经纬仪对中有误差，将使仪器中心与测站点不在同一铅垂线上，造成测角误差。对中引起的水平角观测误差与偏心距成正比，并与测站到观测点的距离成反比。因此，在进行水平角观测时，仪器的对中误差不应超出相应规范规定的范围，特别是对短边的角度进行观测时，更应该精确对中。

2）目标偏心误差。目标偏心误差是指实际瞄准的目标位置偏离地面标志点而产生的误差。目标偏心是由于目标点的标志倾斜引起的。在观测点上一般都会竖立标杆，当标杆倾斜而又瞄准其顶部时，标杆越长，瞄准点越高，则产生的方向值误差越大；另外，目标偏心对测角的影响与距离成反比，在距离较短时，应特别注意目标偏心。为了减少目标偏心对水平角观测的影响，观测时，标杆要准确而竖直地立在测点上，并且尽量瞄准标杆的底部。

3）瞄准误差。引起误差的因素很多，如望远镜的孔径大小、分辨率、放大率、十字丝粗细，人眼的分辨能力，目标的形状、大小、颜色、亮度和背景等，以及周围的环境、空气透明度、大气的湍流和温度等，其中，望远镜放大率的影响最大。经计算 DJ6 型经纬仪的瞄准误差为 ±2″~±2.4″。因此，尽管观测者认真仔细地照准目标，但仍不可避免地存在照准误差，故此项误差无法消除，只能注意改善影响照准精度的各项因素，严格按要求进行照准操作，同时观测时应注意消除视差，调清十字丝，以此来减小瞄准误差的影响。

4）读数误差。读数误差与读数设备、照明情况和观测者的经验有关，一般来说，其主要取决于读数设备。对于 DJ6 型光学经纬仪，估读误差不超过分划值的 1/10，即不超过 ±6″。如果照明情况不佳，读数显微镜存在视差，以及读数不熟练，就会使估读误差增大。因此，在观测中必须严格按要求进行操作，使照明亮度均匀，仔细地对读数显微镜调焦，准确估读，尽可能减小读数误差的影响。

5）整平误差。若仪器未能精确整平或在观测过程中气泡不再居中，竖轴就会偏离铅直位置。此项误差的影响与观测目标时的竖直角大小有关，当观测目标与仪器视线大致同高时，影响较小；若观测目标的竖直角较大，则整平误差的影响明显增大，此时，应特别注意认真整平仪器。当发现水准管气泡偏离零点超过一格以上时，应重新整平仪器，重新观测。

（3）外界条件的影响

观测是在一定的条件下进行的，外界条件对观测质量会有直接影响，如松软的

土壤和大风影响仪器的稳定，日晒和温度变化影响水准管气泡的运动，大气层受地面热辐射的影响会引起目标影像的跳动等，这些都会给观测结果带来误差。因此，要选择目标成像清晰稳定的有利时间进行观测，设法克服或避开不利条件的影响，以提高观测成果的质量。

4.1.5 全站仪

1. 全站仪简介

全站仪又称全站型电子速测仪（Electronic Total Station），是一种集光、机、电为一体，具有测量水平角、垂直角、距离、高差、坐标等功能的测绘仪器，是光电技术的产物，智能化的测量产品。因其安置一次仪器就可完成该测站上全部测量工作，所以称为全站仪，是目前各工程单位进行测量和放样的主要仪器，其应用使测量人员从繁重的测量工作中解脱出来。与光学经纬仪比较，全站仪将光学度盘换为光电扫描度盘，用自动记录和显示读数取代人工光学测微读数，使测角操作简单化，且可避免读数误差的产生。全站仪的自动记录、储存、计算以及数据通信功能，进一步提高了测量作业的自动化程度。

借助机载程序，全站仪可具有多种测量功能，如计算并显示平距、高差及测站点的三维坐标，进行坐标测量、放样测量、偏心测量、悬高测量、对边测量、后方交会测量、面积计算等。

全站仪的组成部分包括光电测角系统、光电测距系统、电子补偿系统和微处理器，它本身就是一个带有特殊功能的计算机控制系统。其微机处理装置由微处理器、存储器、输入部分和输出部分组成，由微处理器对获取的倾斜距离、水平角、垂直角、垂直轴倾斜误差、视准轴误差、垂直度盘指标差、棱镜常数、气温、气压等信息加以处理，从而获得各项改正后的观测数据和计算数据。在仪器的只读存储器中固化了测量程序，测量过程由测量程序完成。

全站仪的结构原理如图 4-32 所示，主要由测量、中央处理单元、输入/输出以及电源等部分组成。

全站仪各部分的作用如下：

（1）测角部分相当于电子经纬仪，可以测定水平角、竖直角和设置方位角。

（2）测距部分相当于光电测距仪，一般采用红外光源，测定至目标点（设置反光棱镜或反光片）的斜距，并可归算为平距及高差。

（3）中央处理单元接收输入指令，分配各种观测作业，进行测量数据的运算，

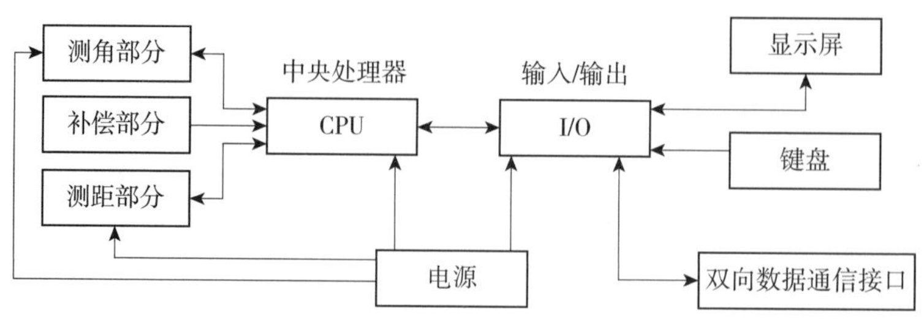

图 4-32　全站仪结构原理框图

如多测回取平均值、观测值的各种改正、极坐标法或交会法的坐标计算，在全站仪的数字计算机中还提供程序存储器。

（4）输入、输出部分包括键盘、显示屏和接口。从键盘可以输入操作指令、数据和设置参数；显示屏可以显示出仪器当前的工作方式、状态、观测数据和运算结果；接口使全站仪能与磁卡、磁盘、微机交互通信，传输数据。

（5）电源部分有可充电式电池，供给其他各部分电源，包括望远镜十字丝和显示屏的照明。

目前，全站仪在现代工程中得到普及，世界上许多著名测绘仪器厂商均生产各种型号的全站仪，例如，日本索佳（SOKKIA）、尼康（Nikon）、托普康（TOPCON）、宾得（PENTAX），瑞士徕卡（Leica），德国蔡司（Zeiss），美国天宝（Trimble），我国南方 NTS 系列、苏光 OTS 系列、RTS 系列等。各种不同品牌、型号的全站仪，其外貌和结构各不相同，但就其使用功能上却大同小异。

2. 全站仪部件名称及功能

（1）全站仪外部构造

星海达 ATS-320 全站仪，具有光电一体式双轴补偿器，如图 4-33 所示，不仅拥有美观的创新型机身设计，更具有引领业界的内芯主板架构，模块化功

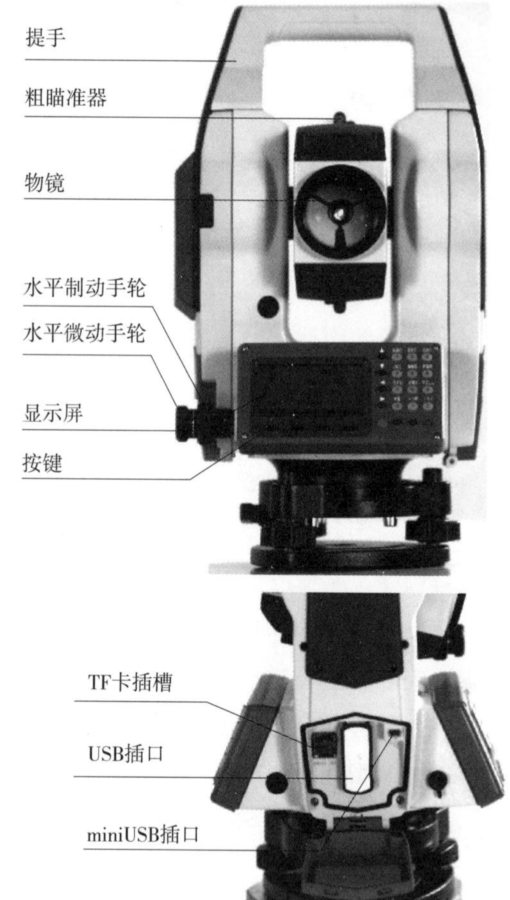

图 4-33　星海达 ATS-320 全站仪

能设计支持多项功能扩展。此外，快速精准的测距、测角技术和丰富的机载程序是测量工作中的得力助手。其技术参数如下：测角精度：2″；最小读数：1″/5″/10″（可选）；望远镜放大倍数：30 倍；最短视距：1.5m；内存数据容量：20000 数据点；精度：1mm（仪器高 1.5m）；使用单棱镜大气一般 / 好：2000m/2500m；一体化的温度气压传感装置，工作温度范围：-20~+50℃；键盘 ：双面数字背光键盘；利用 3G 通信进行测量数据的上传下载，远距离无线蓝牙通信，大容量高性能锂电池，超长工作时间。

全站仪整体构造主要分为照准部和基座两大部分。

1）照准部

照准部的望远镜可以在平面内和垂直面内作 360° 的旋转，便于照准目标。为了精确照准目标，设置了水平制动、垂直制动、水平微动和垂直微动螺旋。全站仪的制动与微动螺旋在一起，外螺旋用于制动，螺旋用于微动。望远镜上下的粗瞄器用于镜外粗照准。望远镜目镜端有目镜调焦螺旋和物镜调焦螺旋，用于获得清晰的目标影像。显示屏用于显示观测结果和仪器工作状态，旁边的操作键和软键用于实现各种功能的操作。

2）基座

基座用于仪器的整平和三脚架的连接。旋转脚螺旋可以改变仪器的水平状态，仪器的水平状态可以通过圆水准器和管水准器反映出来。圆水准器用于粗平，管水准器用于精平，全站仪的对中器是仪器的对中设备。电池为仪器供电，可卸下充电，充好电后再装上。为了方便仪器的装卸，全站仪一般在照准部的上部设置了提手。

（2）全站仪键盘功能

全站仪构造与经纬仪相似，区别主要是全站仪上有一个可供进行各项操作的键盘。下面对全站仪的键盘功能进行介绍。

如图 4-34 所示，星海达 AT3-320 电子全站仪的键盘有 24 个按键，电源开关键 1 个，软按键 4 个、操作键 8 个和字母数字键 12 个。

[ANG] 进入角度测量模式。在其他模式下，光标上移或向上选取选择项。

[DIST] 进入距离测量模式。在其他模式下，光标下移或向下选取选择项。

[CORD] 进入坐标测量模式。在其他模式中光标左移或向前翻页或辅助字符输入。

[MENU] 功能中进入菜单模式。其他模式中光标右移或向后翻页或辅助字符输入。

[ENT] 接受并保存数据输入及结束对话。在测量模式下打开或关闭直角蜂鸣功能。

[ESC] 结束对话框，但不保存其输入。

电源开关：控制电源的开 / 关。

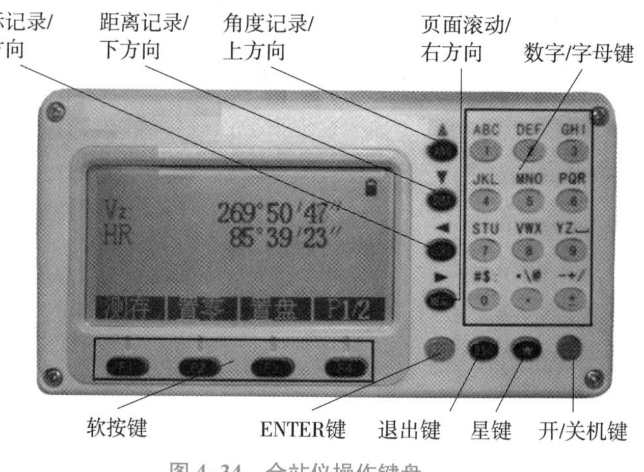

图 4–34　全站仪操作键盘

数字键：输入数字和字母或选取菜单项。

· ~ ±：输入符号、小数点、正负号。

★：用于仪器若干常用功能的操作。凡有测距的界面，点击星键都进入显示对比度、夜间照明、补偿器开关、测距参数和文件选择对话框。

4 个软键：显示屏最下一行与这些键正对的反转显示字符指明了这些按键的含义，F1 F2 F3 F4软键是为了减小键盘上的键数而设置的，一个键可以代表多个功能，当前键位上的提示是当前的功能，有些暂时不用的功能被隐藏，当需要使用时，再按一定的方法将其定义在键位上，这种操作称为键功能分配。

（3）显示屏显示符号意义（表 4–2）

显示屏显示符号意义　　表 4–2

显示符号	内容
V_z	天顶距模式
V_0	正镜时的望远镜水平时为 0 的垂直角显示模式
V_h	竖直角模式（水平时为 0，仰角为正，俯角为负）
V%	坡度模式
HR	水平角（右角），dHR 表示放样角差
HL	水平角（左角）
HD	水平距离，dHD 表示放样平距差
VD	高差，dVD 表示放样高差之差
SD	斜距，dSD 表示放样斜距之差
N	北向坐标，dN 表示放样 N 坐标差

续表

显示符号	内容
E	东向坐标，dE 表示放样 E 坐标差
Z	高程坐标，dZ 表示放样 Z 坐标差
	EDM（电子测距）正在进行
m	以米为单位
ft	以英尺为单位
fi	以英尺与英寸为单位，小数点前为英尺，小数点后为百分之一英寸
X	点投影测量中沿基线方向上的数值，从起点到终点的方向为正
Y	点投影测量中垂直偏离基线方向上的数值
Z	点投影测量中目标的高程
Inter Feet	国际英尺
US Feet	美国英尺

（4）常用软按键提示说明（表 4–3）

常用软按键提示说明　　表 4–3

软按键提示	功能说明
回退	在编辑框中，删除插入符的前一个字符
清空	删除当前编辑框中输入的内容
确认	结束当前编辑框的输入，插入符转到下一个编辑框以便进行下一个编辑框的输入。如果对话框中只有一个编辑框，或无编辑框，该软按键也用于接受对话框的输入，并退出对话
输入	进入坐标输入对话框，进行键盘输入坐标
调取	从坐标文件中输入坐标数
信息	显示当前点的点名、编码、坐标等信息
查找	列出当前坐标文件的点，供逐点选择或列出当前编码文件的编码供逐个选择
查看	显示当前选择条所对应记录的详细内容
设置	进行仪器高、目标高的设置
测站	输入仪器所安置的站点的信息
后视	输入目标所在点的信息
测量	启动测距仪测距
测存	在坐标、距离测量模式下启动测距：保存本次测量的结果，点名自动加 1，补偿器超范围时不能保存
补偿	显示竖轴倾斜值

续表

软按键提示	功能说明
照明	开关背光、分划板照明
参数	设置测距气象参数、棱镜常数、显示测距信号

（5）基本测量模式下的功能键

1）角度测量模式（表 4–4），如图 4–35 所示，共有两个菜单页面。

角度测量模式下功能　　表 4–4

页面	软键	显示符号	功能
1	F1	测存	将角度数据记录到选择的测量文件中
	F2	置零	水平角置零
	F3	置盘	通过键盘输入并设置所期望的水平角，角度不大于 360°
	F4	P1/2	显示第 1 页软键功能
2	F1	锁定	水平角读数锁定
	F2	右左	水平角右角 / 左角显示模式的转换
	F3	竖角	垂直角显示方式（高度角 / 天顶距 / 水平零 / 斜度）的切换
	F4	P2/2	显示第 2 页软键功能

① ENT 键为打开或关闭水平直角蜂鸣功能，界面提示“开直角蜂鸣”或“关直角蜂鸣”，在基本测量模式下都有效。

②★键用于设置仪器显示对比度、夜间照明、补偿器开关、测距参数和文件选择，在基本测量模式下都有效。

2）距离测量模式（表 4–5），如图 4–36 所示，共有两个菜单页面。

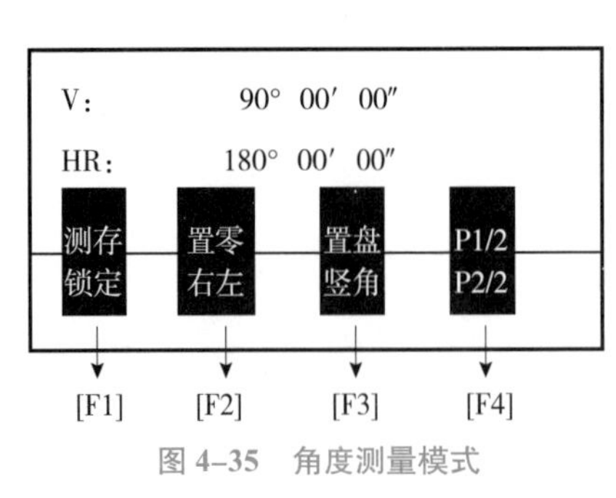

图 4–35　角度测量模式

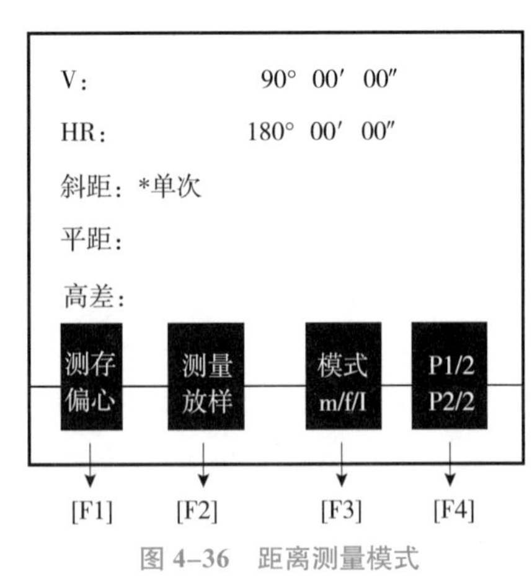

图 4–36　距离测量模式

距离测量模式下功能　　表 4–5

页面	软键	显示符号	功能
1	F1	测存	启动距离测量，将测量数据记录到相对应的文件中（测量文件和坐标文件在数据采集菜单功能中选定或通过键选择）
	F2	测量	启动距离测量
	F3	模式	设置四种测距模式（单次精测 /N 次精测 / 重复精测 / 跟踪）之一
	F4	P1/2	显示第 1 页软键功能
2	F1	偏心	启动偏心测量功能
	F2	放样	启动距离放样
	F3	m/f/I	设置距离单位（米 / 英尺 / 英尺 · 英寸）
	F4	P2/2	显示第 2 页软键功能

3）坐标测量模式（表 4–6），如图 4–37 所示，共有三个菜单页面。

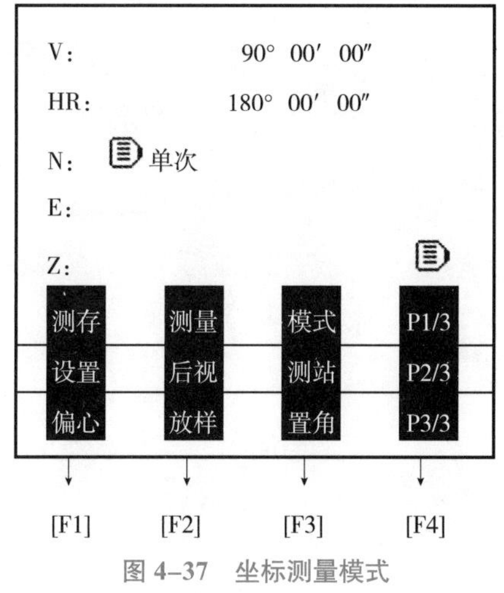

图 4–37　坐标测量模式

坐标测量模式下功能　　表 4–6

页面	软键	显示符号	功能
1	F1	测存	启动坐标测量，将测量数据记录到相对应的文件中（测量文件和坐标文件在数据采集功能中选定）
	F2	测量	启动坐标测量
	F3	模式	设置四种测距模式（单次精测 /N 次精测 / 重复精测 / 跟踪）之一
	F4	P1/3	显示第 1 页软键功能
2	F1	设置	设置目标高和仪器高
	F2	后视	设置后视点的坐标，并设置后视角度

续表

页面	软键	显示符号	功能
2	F3	测站	设置测站点的坐标
	F4	P2/3	显示第 2 页软键功能
3	F1	偏心	启动偏心测量功能
	F2	放样	启动放样功能
	F3	置角	设置方位角（与角度测量模式的置盘功能相同）
	F4	P3/3	显示第 3 页软键功能

4）说明

①测存功能键

单次测量或多次测量模式测量完成时，立即出现保存点对话框→选择“编辑点”。此时，可以修改点名、编码、目标高。

ENT 键将坐标信息保存到测量文件。

将坐标信息同时保存到测量文件和坐标文件，如果选择了“不编辑”，测存后直接按照当前的点名、标高和代码保存数据，保存后点名 +1。

②★功能键

在需要测距的界面下，按下★键后，屏幕显示如图 4–38 所示。

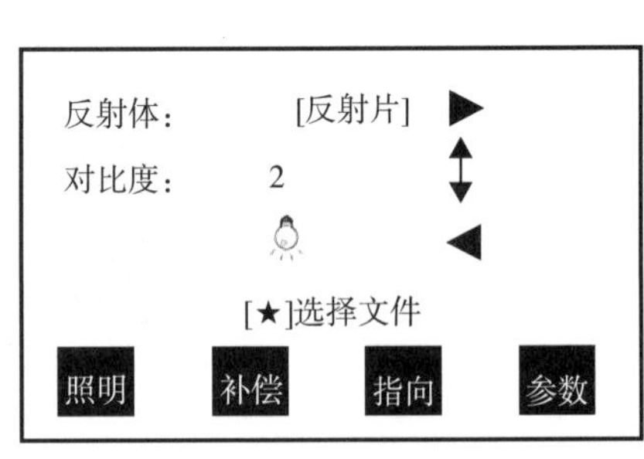

图 4–38　★键模式

对比度调节：通过按⬍键，可以调节液晶显示对比度。

反射体：按▶键（表 4–7）可设置反射目标的类型。每按一次▶键，反射目标便在棱镜、免棱镜、反射片之间转换。

▶键模式功能　　表 4–7

软键	显示符号	功能
F1	照明	打开背景光，再按“F1”键，关闭背景光
F2	补偿	进入“补偿”显示功能，设置倾斜补偿的打开或者关闭。按◀▶键调节激光下对点亮度
F3	指向	在出可见激光束和不出激光束间切换
F4	参数	可以对棱镜常数、PPM 值和温度气压进行设置，若配备了温度气压传感器，按“F1”键（[温压]）可以自动采集温度气压值并显示更新温度、气压、PPM 等数据，并且可以查看回光信号的强弱。与测距有关的参数设置对话框，如图 4–39 所示，输入温度、气压后仪器自动解算出 PPM 值，如果对 PPM 值不满意，输入期望的 PPM 值保存即可

3. 全站仪的使用

（1）仪器开箱和存放

1）开箱

轻轻地放下箱子，让其盖朝上，打开箱子的锁栓，开箱盖，取出仪器。

2）存放

盖好望远镜镜盖，使照准部的垂直制动手轮和基座的水准器朝上，将仪器平卧（望远镜物镜端朝下）放入箱中，轻轻旋紧垂直制动手轮，盖好箱盖，并关上锁栓。

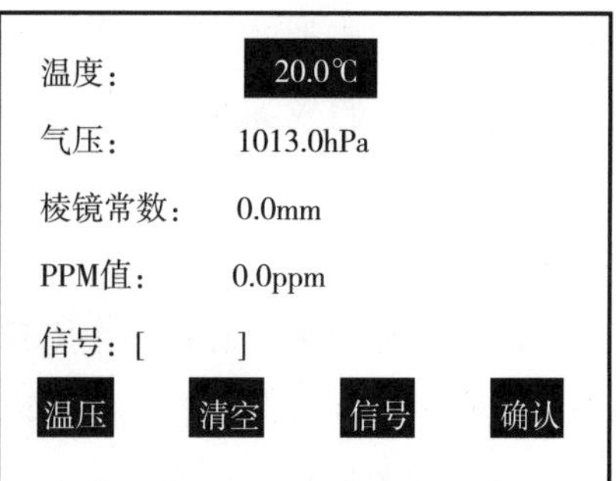

图 4-39　测距有关参数设置

（2）安装电池

在测量前首先要检查内部电池的充电情况，电池剩余容量显示级别与当前的测量模式有关，在角度测量模式下，电池剩余容量够用，并不能够保证电池在距离测量模式下也能用。因为距离测量模式耗电高于角度测量模式，当从角度模式转换为距离模式时，由于电池容量不足有时会中止测距。整平仪器前应装上电池，以防止在安装电池时发生微小的倾斜，安装电池时，按压电池盒顶部按钮，使其卡入仪器中固定。如果电池电量不足，要及时充电，测量时将电池安装后使用，测量结束后应把电池取下放置好。

（3）开或关机

按住电源开关键（蜂鸣器会保持蜂鸣），直到显示屏出现如图 4-40 所示界面后放开电源开关键，则仪器开机。自检完毕，并自动进入角度测量模式（见角度测量模式界面）。

再按住电源开关键，则弹出图 4-41 所示的关机对话框，按“ENT”键即关闭仪器电源。

（4）安装仪器和对中与整平

1）利用垂球对中与整平

先将三脚架打开，使三脚架的三腿近似等距，并使顶面近似水平，拧紧 3 个固

图 4-40　开机界面

Enter ⟶ 关机

ESC ⟶ 取消

3秒后自动取消

图 4-41　关机界面

定螺旋，使三脚架的中心与测点近似位于同一铅垂线上，踏紧三脚架使之牢固地支撑于地面上，将仪器小心地安置到三脚架顶面上，用一只手握住仪器，另一只手松开中心连接螺旋，在架头上轻移仪器，直到垂球对准测站点标志的中心，然后轻轻拧紧连接螺旋。

圆水准器粗平：旋转两个脚螺旋 *A*、*B*，使圆水准器气泡移到与上述两个脚螺旋中心连线相垂直的直线上，再旋转脚螺旋 *C*，反复调整，使圆水准器气泡居中。

管水准器精平：松开水平制动螺旋，转动仪器使管水准器平行于某对脚螺旋 *A*、*B* 的连线，再以相对方向旋转脚螺旋 *A*、*B*，使管水准器气泡居中。将仪器绕竖轴旋转 90°，再旋转另一个脚螺旋 *C*，使管水准器气泡居中，再次旋转仪器 90°，重复之前的步骤，直到任意位置上气泡居中为止。

2）利用对中器对中与整平

将三脚架伸到适当高度，使三腿等长，打开，并使三脚架顶面近似水平，且位于测站点的正上方，将三脚架腿支撑在地面上，使其中一条腿固定。将仪器小心地安置到三脚架上，拧紧中心连接螺旋，调整光学对中器，使十字丝成像清晰（如为激光对中器则通过★键打开激光对中器即可）。双手握住另外两条未固定的架腿，通过观察光学对中器调节该两条腿的位置。当对中器大致对准测站点时，使三脚架三条腿均固定在地面上。调节全站仪的三个脚螺旋，使对中器精确对准测站点。

通过观察对中器，轻微松开中心连接螺旋，平移仪器（不可旋转仪器），使仪器精确对准测站点。再拧紧中心连接螺旋，再次精平仪器。

此项操作重复至仪器精确对准测站点为止，通常采用光学对中。

（5）初始设置

1）设置垂直角和水平角的倾斜改正

当启动倾斜传感器时，将显示由于仪器不严格水平而需对垂直角自动施加改正的界面。为了确保角度测量的精度，尽量选用倾斜传感器，其显示也可以用来更好地整平仪器。若出现“补偿超出”，则表明仪器超出自动补偿的范围，必须调整脚螺旋整平。

全站仪的补偿设置有打开和关闭补偿两种状态。当仪器处于一个不稳定状态或有风天气，垂直角显示将是不稳定的，在这种状况下补偿器关闭是合适的，这样可以避免因抖动引起补偿器超出工作范围，仪器提示错误信息而中断测量的情况。可以在▶键功能中实现关闭补偿器的功能。

2）设置反射棱镜常数

当使用棱镜作为反射体时，需在测量前设置好棱镜常数。一旦设置了棱镜常数，

关机后该常数仍被保存。在◀键功能中选择参数软按键，如图 4–42 所示，按“确认”软按键将插入符下移到棱镜常数的参数栏直接输入。市面上目前常用的棱镜有 –30mm 或 0mm 两种，使用时应加以区分。

3）回光信号

回光信号功能显示 EDM（测距仪）的回光信号强度，可以在较恶劣的条件下得到尽可能理想的瞄准效果。当目标难以寻找时，使用该功能容易照准目标。在◀键功能中选择参数软按键，如图 4–42 所示，按“信号”软按键，在“信号”提示处即显示当前的回光信号水平，可测水平不小于 1，操作其他按键则退出回光信号检测。

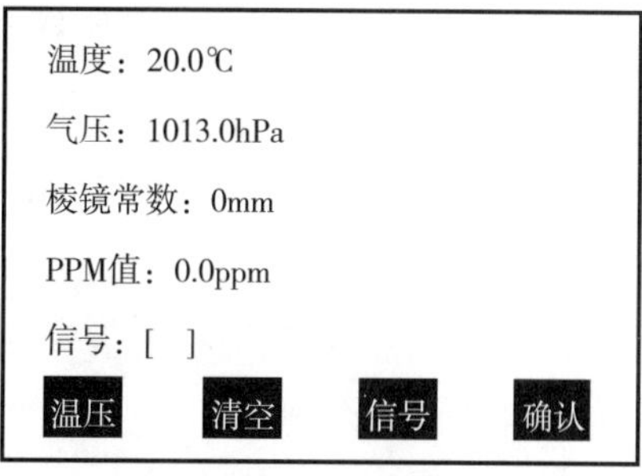

图 4–42　棱镜常数设置

4）设置大气改正

距离测量时，距离值会受测量时大气条件的影响。为了减弱大气条件的影响，距离测量时须使用气象改正参数进行改正，参数如下：温度：仪器周围的空气温度；气压：仪器周围的大气压；PPM 值：计算和预测的气象改正。本系列全站仪标准气象条件即仪器气象改正值为 0 时的气象条件参数如下：气压：1013hPa；温度：20℃。由温度和气压计算大气改正的方法如下：

预先测得测站周围的温度和气压，例：温度 +25℃，气压 1017.5hPa。

使用“确认”软按键，将插入符移到“温度：”编辑框，输入“25.0”。

使用“确认”软按键，将插入符移到“气压：”编辑框，输入“1017.5”。

使用“确认”软按键，将插入符移到“棱镜常数：”编辑框，“PPM 值”编辑框中显示 3，再按“ENT”键保存参数，系统提示“已保存”并退出对话框。

5）大气折光和地球曲率改正

仪器在进行平距测量和高差测量时，可对大气折光和地球曲率的影响进行自动改正。

（6）反射棱镜

当全站仪用棱镜模式进行测量距离时，须在目标处放置反射棱镜。反射棱镜有单（三）棱镜组，可通过基座连接器将棱镜组连接在基座上并安置到三脚架上，也可直接并安置在对中杆上。

（7）基座的装卸

1）拆卸

如有需要，三脚基座可从仪器（含采用相同基座的反射棱镜基座连接器）上卸下，

先用螺丝刀松开基座锁定钮固定螺钉，然后逆时针转动锁定钮约 180°，即可使仪器与基座分离。

2）安装

把仪器上的 3 个固定脚对应放入基座的孔中，使仪器装在三脚基座上，顺时针转动锁定钮 180° 使仪器与基座锁定，再用螺丝刀将锁定钮固定螺钉向左旋出以固定锁定旋钮。

（8）望远镜目镜调整和目标照准

将望远镜对准明亮天空，旋转目镜筒，调焦看清十字丝（先朝自己方向旋转目镜筒再慢慢旋进调焦清楚十字丝）；利用粗瞄准器内的十字中心瞄准目标点，照准时眼睛与瞄准器之间应保持适当距离（约 200mm）；利用望远镜调焦螺旋使目标清晰成像在分划板上。

当眼睛在目镜端上下或左右移动发现有视差时，说明调焦或目镜屈光度未调好，这将影响测角的精度，应仔细调焦并调节目镜筒消除视差。

4. 全站仪测量模式

（1）角度测量模式

开机后仪器自动进入角度测量模式，或在基本测量模式下按“ANG”键进入角度测量模式。角度测量共两个界面，按“F4”键在两个界面中切换，如图 4–43 所示，第一个界面功能为测存、置零、置盘；第二个界面功能为锁定、左右、竖角，各个功能的描述如下：

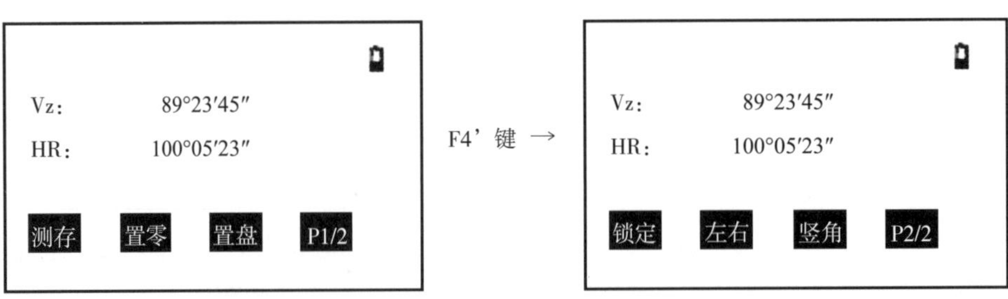

图 4–43　角度测量模式

1）测存

测存是保存当前的角度值到选定的测量文件。按“F1”键后，出现输入“测点信息”对话框，要求输入所测点的点名、编码、目标高。其中点名的顺序是在上一个点名序号上自动加 1。编码则根据需要输入，而目标高则根据实际情况输入。按“ENT”键则保存到测量文件。

当补偿器超出范围时，仪器提示“补偿超出 !”，角度数据不能存储。

系统中的点名是按序号自动加 1 的，如果有需要，使用数字、字母键修改，如果不需修改点名、编码、目标高，只需按“ENT”键接受即可系统保存记录，并提示“记录完成”，提示框显示 0.5s 后自动消失。

2）置零

置零是将水平角设置为 0。按“F2”键系统询问“确认 [置零]?”,“ENT”键置零，“ESC”键退出置零操作。

3）置盘

置盘是将水平角设置成需要的角度。按“F3”键，进入设置水平角输入对话框，进行水平角的设置。在度分秒显示模式下，如需输入 123°45′56″ 只需在输入框中输入 123.4556 即可，其他显示模式正常输入，对话框显示如图 4–44 所示。

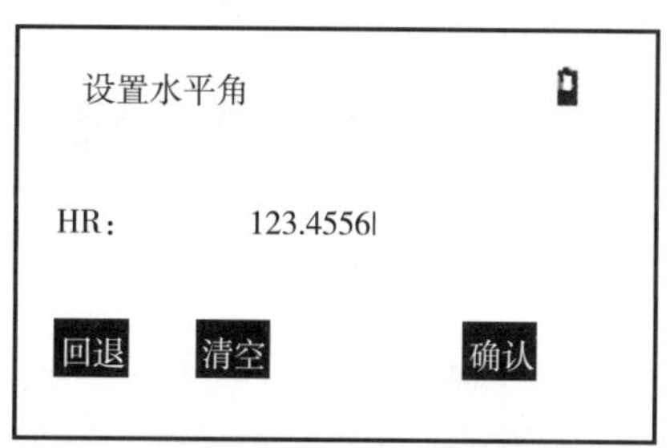

图 4–44　设置水平界面

按“F4”键确认输入，按“ESC”键取消，角度大于 360° 时提示“置角超出 !”。

4）锁定

此功能是设置水平角度的另一种形式。转动照准部到相应的水平角度后，按下“F1”键，此时再次转动照准部，水平角保存不变。转动照准部瞄准目标后，再次按下“F1”键，则水平角以新的位置为基准重新进行水平角的测量。此模式下，除“F1”键外，其他按键无反应。

5）左右

左右：按“F2”键，使水平角显示状态在 HR 和 HL 状态之间切换，HR 表示右角模式，照准部顺时针旋转时水平角增大；HL 表示左角模式，照准部顺时针旋转时水平角减小。

6）竖角

按“F3”键，竖直角显示模式在 Vz，V0，Vh，V% 之间切换。Vz 表示天顶距；V0 表示以正镜望远镜水平时为 0° 的竖直角显示模式；Vh 表示竖直角模式，望远镜水平时为 0，向上仰为正，向下俯为负；V% 表示坡度，坡度的表示范围为 –99.9999%~99.9999%，超出此范围显示“超出 !”。如果补偿器超出 ±210″的范围，则垂直角显示框中将显示“补偿超出 !”。在设置水平角度时，所置入的水平角度为目标点的方位角，通过此操作使仪器所显示的角度为坐标方位角。

（2）距离测量模式

按“DIST”键进入距离测量模式，距离测量共两个界面，按“F4”键在两个界面中切换，如图 4–45 所示，第一个界面功能为测存、测量、模式；第二个界面功能为偏心、放样、m/f/i，各个功能的描述如下：

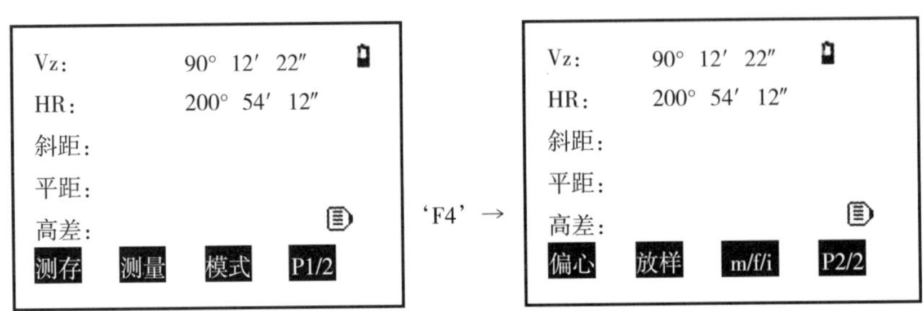

图 4–45 距离测量模式

1）测存

按“F1”键后，出现输入“测点信息”对话框，要求输入所测点的点名、编码、目标高。其中点名的顺序是在上一个点名序号上自动加 1；编码则根据需要输入；目标高则根据实际情况输入，按“ENT”键则保存到测量文件。当补偿器超出范围时，仪器提示“补偿超出 !”，距离测量无法进行，距离数据也不能存储。

2）测量

测量距离并显示：斜距、平距、高差。在连续或跟踪模式下，按“ESC”键退出测距。

3）模式

用于选择测距仪的工作模式，分别是单次、多次、连续、跟踪。当按下“F3”键时，弹出选择菜单，如图 4–46 所示，使用◀▶按钮移动选项指针，移动相应的选项后，按“ENT”键确认；当移动到“多次”测量项时，按◀▶键使多次测量的次数为 3~9 次。

4）偏心

这一功能将在偏心测量功能中介绍。

5）放样

进入距离放样功能，如图 4–47 所示，此界面中的“模式”使所输入距离的模式在“平距”“高差”和“斜距”之间切换，进入时的默认模式为平距模式。输入距离后，“确认”进入距离放样模式，此后按“F2”键可以得到放样的结果。

dsd：表示所测斜距与期望放样的斜距之差，如果为正表示所测斜距比期望的斜

图 4–46 距离仪工作模式

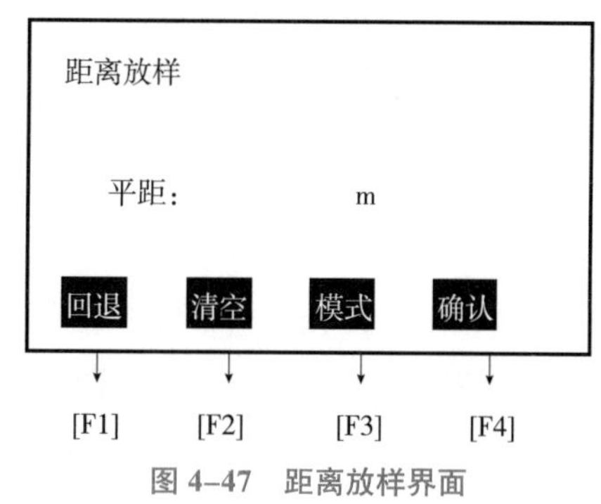

图 4–47 距离放样界面

距大，说明棱镜要向仪器移动。

dhd：表示所测平距与期望平距之差，如果为正，则表示所测平距比期望平距大，说明棱镜要向仪器移动。

dvd：表示所测高差与期望高差之差，如果为正，则表示所测高差比期望高差大，说明棱镜要向下移动（挖方）。

每次放样完毕，按“F4”键切换到第 2 页，按“F2”键可以继续进行放样，或者按“DIST”键返回距离测量模式。

m/f/i：使距离显示模式在米（m）、英尺、英尺 + 英寸显示模式之间切换。

（3）坐标测量模式

按“CORD”键进入坐标测量模式。如图 4–48 所示，进行坐标测量时务必做好仪器的站点坐标设置、方位角设置、目标高和仪器高输入工作。

坐标测量共三个界面，用“F4”在三个界面间切换，如图 4–49 所示，第一个界面功能为测存、测量、模式；第二个界面功能为设置、后视、测站；第三个界面功能为偏心、放样、置角，各个功能描述如下：

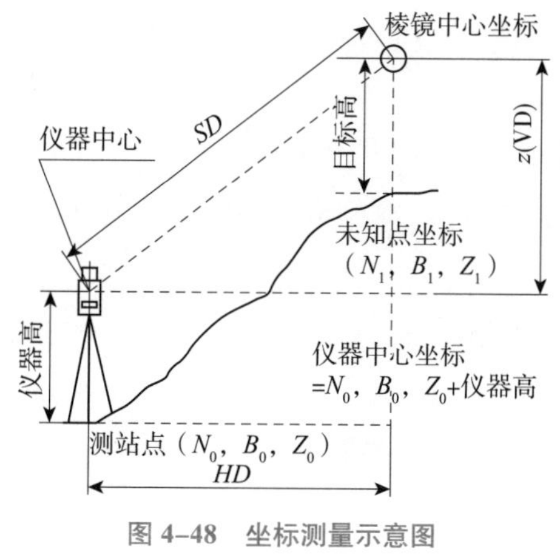

图 4–48 坐标测量示意图

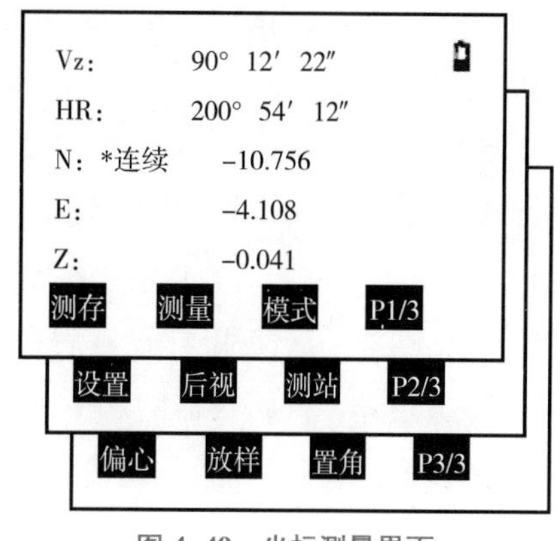

图 4–49 坐标测量界面

1）测存

按“F1”键在测量结束后，出现输入“测点信息”对话框（如果设置了“不编辑”则直接保存点）；如果没有选择过测量文件，此时出现“选择文件”对话框；如果选择了测量文件，则出现“检查重名点”对话框（若有同名坐标点时会提示不可保存），要求输入所测点的点名、编码、目标高。其中点名的顺序是在上一个点名序号上自动加 1。编码则根据需要输入或调取，而目标高则根据实际情况输入。按“ENT”键则保存到测量文件，保存的坐标点可以通过“测出点”进行调取。按“ESC”键则不保存，当补偿器超出范围时，仪器提示“补偿超出 !”，坐标测量无法进行，坐标数据也不能存储。

2）测量

按“F2”键后，启动测距仪测程，计算出目标点的坐标并显示出来，如果当前测距模式为连续或跟踪模式，则连续按“ESC”键退出测距，也可以使用“ANG”或“DIST”键切换到测角功能或测距功能，并自动停止测距。

3）模式

此功能与测距功能中的模式相同，参考测距中的模式功能说明。

4）设置

在第二界面中，按“F1”键进入仪器高和目标高的输入，输入完成后按“ENT”键表示接收输入，按“ESC”键退出输入界面，表示不接受本次输入，想查看仪器高和目标高时，通常也使用此方式，仪器高和目标高输入界面如图 4–50 所示。

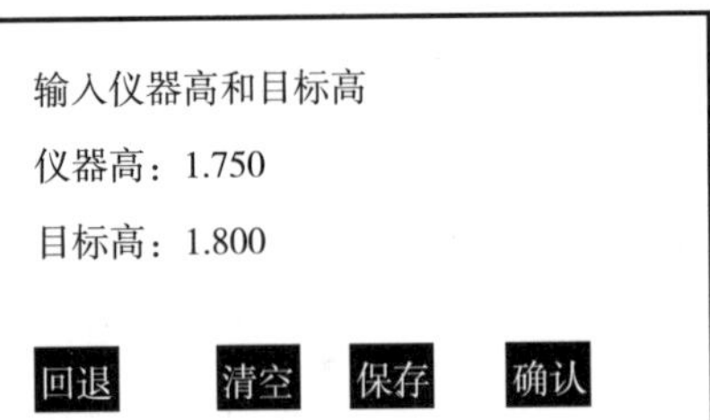

图 4–50　仪器高和目标高输入界面

仪器对仪器高和目标高的输入是有要求的，当超出 ±99.999 时，按“ENT”键时系统提示“仪器高超出”和“目标高超出”。如果希望本次的输入在下次开机也有效，则按“保存”键，将仪器高和目标高存到系统文件中。

5）后视

在第二界面中，按“F2”键后，进入后视（即后视点）坐标的输入对话框，如图 4–51 所示。输入后视点的坐标是为了建立地面坐标与仪器坐标之间的联系（本功能与测站功能一起使用）。设置后视点之后，要求瞄准目标点，确认后，仪器计算出后视点方位角，并将仪器的水平角显示成后视点方位角，由此建立仪器坐标与大地坐标的联系，此过程称为“设站”。为了避免重复动作，在此功能操作之前先进行“测站”功能的操作，然后进行后视坐标的输入并定向。定向时精确瞄准目标。定向操

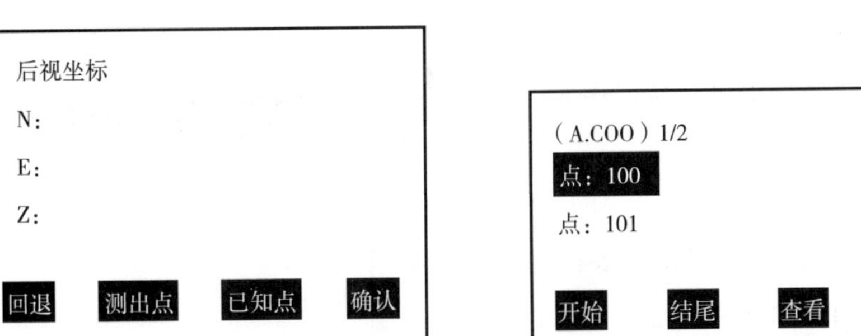

图 4–51 后视坐标对话框

图 4–52 已知点界面

作也可以在角度测量模式或本功能中，通过“置角”“置盘”“锁定”的方法来实现，如果定向已在角度模式下实现，则此时的后视就不是必需的。

如图 4–51 所示，后视点坐标的输入可以通过键盘输入和测出点调取、已知点调取三种方式实现。按“F3”键，选择“已知点”，从当前坐标文件中选择一个期望的点，进入点列表界面，如图 4–52 所示。

如果找不到，则保持原来的坐标并提示“文件中没有记录”；按“测出点”，则从当前的测量文件中调取坐标数据，操作同“已知点”类似。

因为在调取坐标时可以方便地更换文件，可以将坐标文件或代码文件进行分类后保存成多个小文件，然后再使用。这样，既便于对点名的记忆又提高仪器查找点的速度。

当按“ENT”键结束对话时，系统提示瞄准后视点，以便进行后视定向。

6）测站

其输入操作参照后视点的输入方法执行，该操作应在设置后视点之前进行。

7）偏心

在第三界面下，按“F1”键进入偏心功能，其是为那些在待测点处无法放置棱镜或无法实现测距，而需要获取待测点坐标信息的情况而设计的，偏心功能又分为：角度偏心、距离偏心（单距和双距）、平面偏心和圆柱偏心四个功能，这些功能将在偏心测量中详细描述。

8）放样

在第三界面下，按“F2”键进入坐标放样功能。使用放样功能可以将设计的数据放到地面点上去，此功能将放在放样中详细描述。

9）置角

在第三个界面里按“F3”键可以输入此时的后视方位角。注意此时必须瞄准后视点。

5. 菜单操作

在基本测量功能下，按“MENU”键出现菜单，如图 4-53 所示。

在菜单模式下，可以使用的功能键有：“◀”选择第一条，向上移动；“▶”选择向下移动一条；“ENT”执行当前选择的操作；“ESC”退出当前的菜单操作；“加速键 1、2、3、4、5、6、7、8、9”，在每一个菜单项前都有 1~9 的数字字符，这是菜单的加速键，当按下相应的数字键时，该菜单项所对应的功能被执行，建议使用这种便捷的方式来操作菜单。

菜单
1. 数据采集
2. 放样
3. 文件管理
4. 程序
5. 参数设置
6. 校正
7. 格网因子
8. USART输入输出定向
9. 选择盘

图 4-53　菜单界面

（1）数据采集

数据采集功能是对数据采集前准备工作的一个汇总。选择该功能后出现的菜单如图 4-54 所示。

1）选取文件

进入选取文件功能时对话框如图 4-55 所示。测量前应选择仪器数据保存的测量文件，调取已知点所用的坐标文件，快速查取所用的代码文件等。至于线型文件，则是道路放样所必需的文件。这些文件的选择并非都是必需的。当需要保存测量数据时，测量文件必须选择，当需要调取坐标时，坐标文件必须选择。如进行放样操作时，有大量的放样坐标数据需要输入到仪器，此时，可以将这些文件通过文件导入功能将外部的点导入到仪器的坐标文件中，当需要这些坐标数据时，将该文件选择为当前坐标文件，这样就可以在调取坐标时调用了。当调取代码信息时需要选择代码文件。

1. 选取文件
2. 设置测站点
3. 设置后视点
4. 设置方位角
5. 数据采集顺序
6. 数据采集选项

图 4-54　数据采集界面

选择文件
测量文件
坐标文件
> 编码文件
线型文件
保存　确定

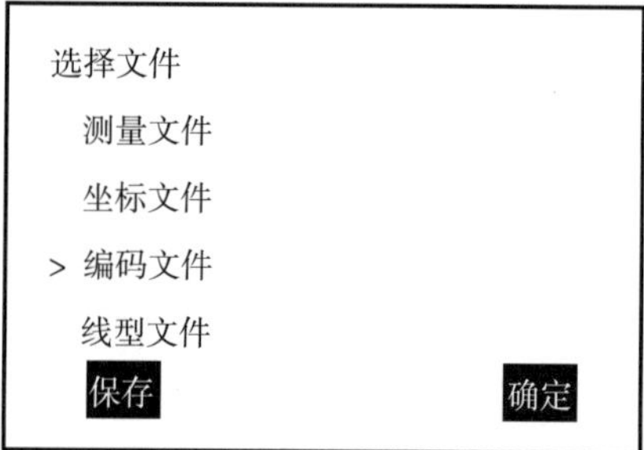

图 4-55　选取文件界面

2）设置测站点

该对话框汇集了对测站点的全部信息的输入，如图 4–56 所示。测站点坐标的输入可以通过键盘输入和文件输入。当选择“输入”时，通过键盘进行输入；选择“调取”和“查找”，通过文件进行输入。

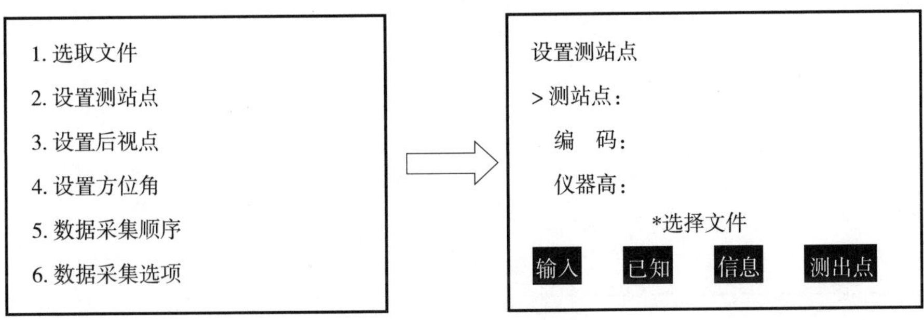

图 4–56　设置测站点界面

选择“输入”，按“F1”键，出现“设置测站点”编辑框，如图 4–57 所示。

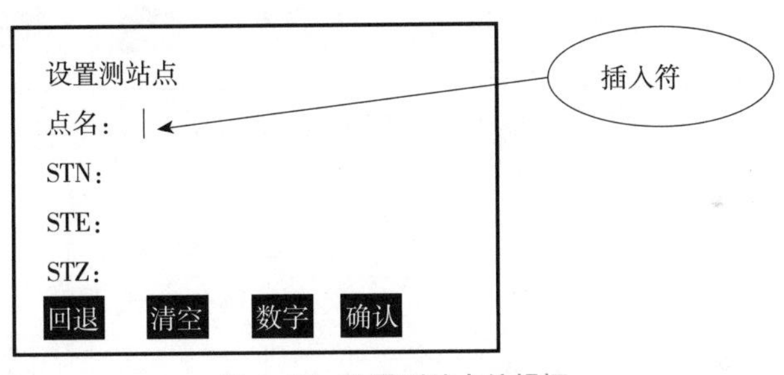

图 4–57　设置测站点编辑框

按“数字”软按键切换到字母输入状态，如图 4–58 所示。

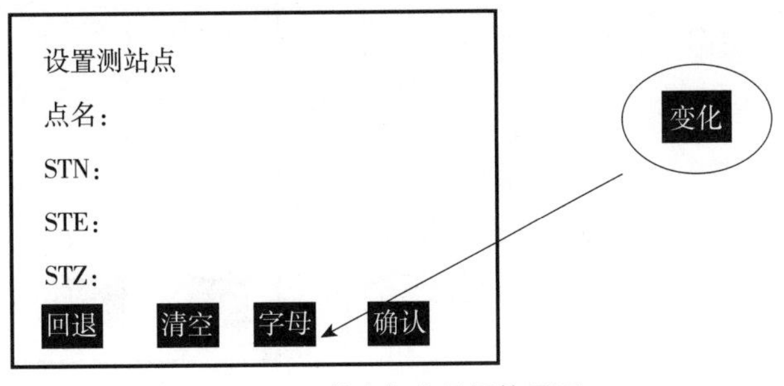

图 4–58　数字与字母切换界面

3）设置后视点

该功能的调取点与设置测站点一致。设置后视点的作用是为了使仪器坐标与大地坐标产生联系，输入后视点坐标后，还需要瞄准后视点进行后视定方位。后视方位角设定后仪器显示的水平角度即是大地方位角。

在输入或调取了后视点后，提示“请瞄准后视点”，确定要定向，按“ENT”键，否则按“ESC”键；按“ENT”键后，显示后视坐标，按“检查”键可以对后视点进行测量，检查结果。

测量后，显示理论上的距离值及测量的差值，按“坐标”键则显示测量的前后视点坐标，可以与输入的进行对比，如图 4–59 所示。按“保存”键则保存后视点测量数据。

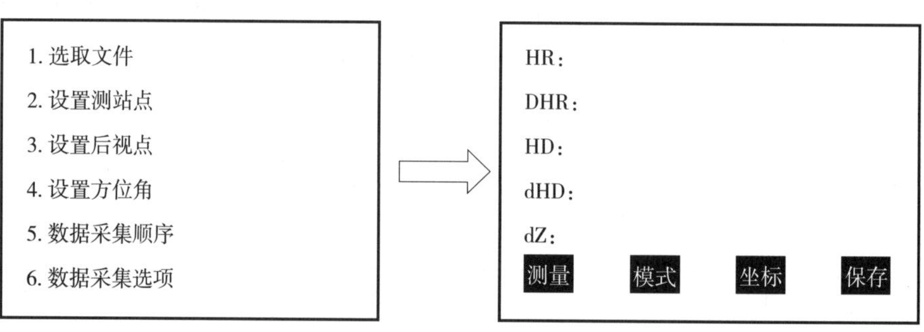

图 4–59　后视点界面

4）设置方位角

该功能与设置后视点的目的相同，只是该功能是在后视点的方位角已知的情况下才可进行的，直接瞄准后视点输入后视方位角即可。一次建站只需选择“设置后视点”和“设置方位角”之一，用于后视定向即可。

5）数据采集顺序

如图 4–60 所示，按“观测”键后，若设置的是“先采集”，则开始进行坐标测量，测量成功后，显示“记录”键，按“记录”键，可进入编辑点名界面，编辑好点名、代码等进行保存；若设置的是“先编辑”，则按“观测”键后，进入编辑点名、代码等数据的界面，确定后进行测量，按“记录”键再保存数据。

按“偏心”键，转到偏心功能菜单，可以进行偏心测量。

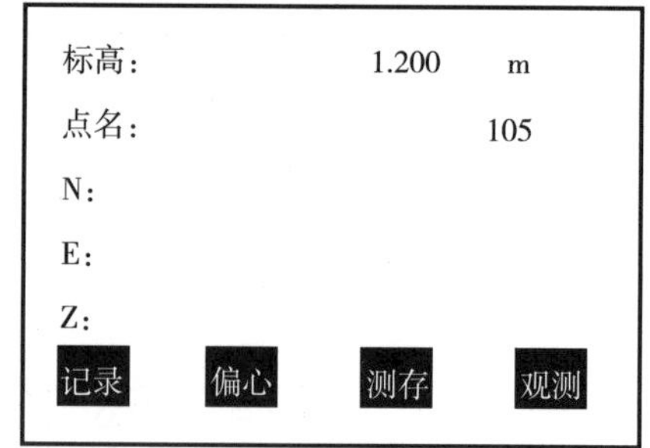

图 4–60　数据采集界面

按“测存”键，则启动测距，测量成功后自动保存坐标。

6）数据采集选项

①采集顺序

可以选择“先编辑”测点信息后测量，仍是“先采集”后编辑。

②同名检查

可以选择是否进行坐标点的重名检查。选择“不检查”，则在进行坐标测量后直接保存，不检查重名；选择“检查”，则保存坐标时先去检查是否有重名点，若存在则提示“找到同名点，ENT> 覆盖，ESC> 返回”，按“ESC”键则返回，按“ENT”键则覆盖之前的点数据。更换不存在的点名后也可保存。

③点名编辑

可以选择自动测存是否需要编辑点名等数据。选择“手动输入”，则测存时在保存界面进行点名、编码等输入；选择“系统自动”，则测存直接进行数据保存后点名 +1。

④记录选项

指定在数据采集时显示的坐标顺序是“NEZ”还是“ENZ”。

（2）放样

放样就是在地面上找出设计所需点的操作。放样需要以下步骤：选择放样文件，可进行测站坐标数据、后视坐标数据和放样点数据调用；设置测站点；设置后视点，确定方位角；输入所需的放样坐标，开始放样。放样菜单界面如图 4–61 所示。设置测站点和设置后视点是放样前的准备工作。

如果确认在其他功能中已经进行了设置测站点和后视点的操作，这些操作也可以不做，设置测站点的操作方法参见坐标测量中的测站，设置后视点的操作方法参见坐标测量中的后视。设置后视点和方位角的目的相同，即为了确定后视点的方位角，操作时请务必瞄准后视点。

放样

1. 仪高和标高
2. 设置测站点
3. 设置后视点
4. 设置方位角
5. 点放样
6. 极坐标法
7. 后方交会法
8. 间距放样
9. 输入坐标

图 4–61　放样菜单界面

1）点放样

①设置放样点

如图 4–62 所示，坐标点既可以通过键盘输入又可以通过文件调取。如果选择“测出点”或者“已知点”，则坐标从文件中一一调取，这就要求事先选择文件，但

也并非必要，因为此时如果还没有选择文件，系统将提示从文件列表中选择文件。然后从文件中调取坐标。调取坐标的方法参见测站部分说明。如果调取过坐标，则下次进入放样时，默认上次调取的文件和位置。

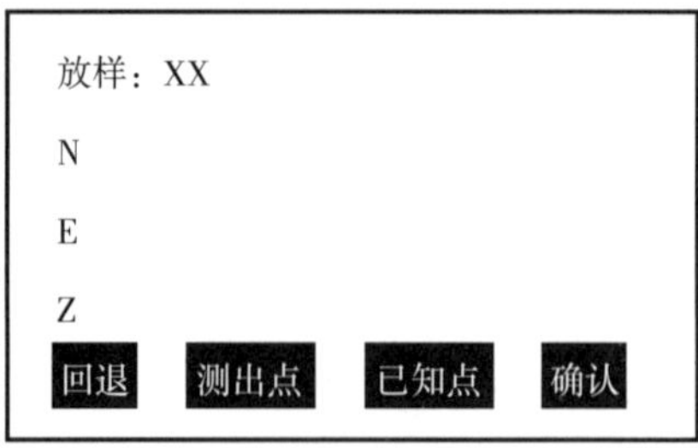

图 4–62　设置放样点界面

②放样测量

确认要放样的坐标后，按“ENT”键进入放样测量，界面如图 4–63 所示，按“F3”键，放样结果可在距离与坐标之间切换。

dHR 为负表示照准部顺时针旋转，可以达到期望的放样点，则逆时针旋转照准部；

dHD 为正表示棱镜要向仪器方向移动才能达到期望的放样点，反之则需要向背离仪器的方向移动；

dN 为负时表示要向北移动棱镜可以达到期望的放样点，反之要向南移动；

dE 为负时表示要向东移动棱镜可以达到期望的放样点，反之要向西移动；

dZ 为正时表示目标（棱镜）要向下挖方，反之向上填方。

“下点”表示进行下一个点的放样，在当前选择的文件中查找下一个坐标点，返回到输入放样坐标的界面并将坐标显示出来，按“确认”键即可直接进行放样。

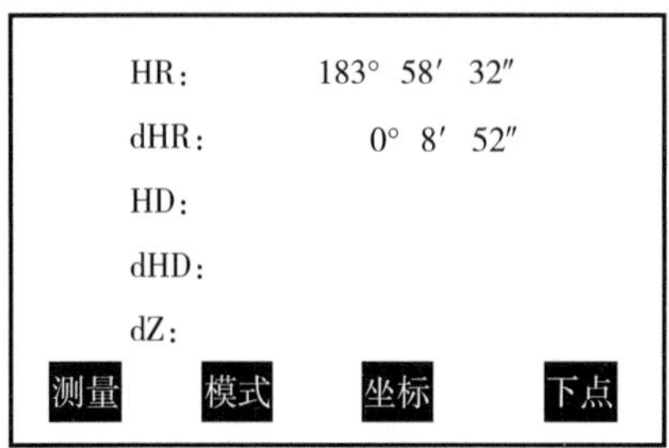

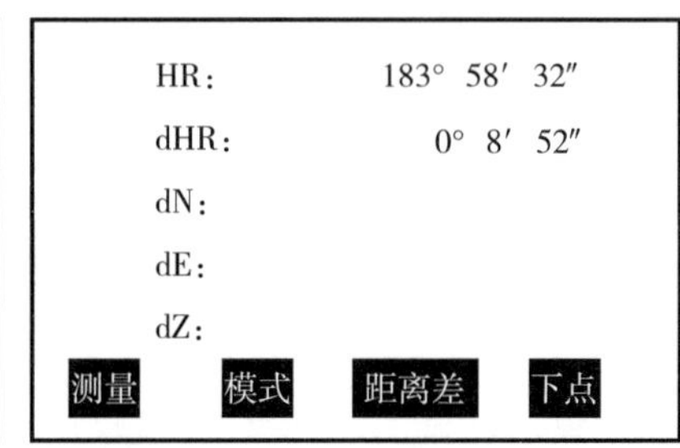

图 4–63　放样测量界面

2）快速设站

当现有控制点和放样点之间不能通视时，需要设置新点作为新的控制点，此时可以用侧视法（快速建设法）测定新的坐标点。选择此选项后的对话框如图 4–64 所示。按“测量”键，测出新点的坐标，根据选择存入相应的文件，以便后面调用。在这里，“数据采集顺序”和“保存方式”及“重名点检查”同样有效。

3）后方交会法

后方交会法步骤：

①输入第一点的坐标，对话框如图 4–65 所示。其输入方法参见“坐标测量”功能中的“测站”点的输入操作。按“ENT”键对输入进行确认后出现“后方交会－第 1 点”的测量对话框，如图 4–66 所示。

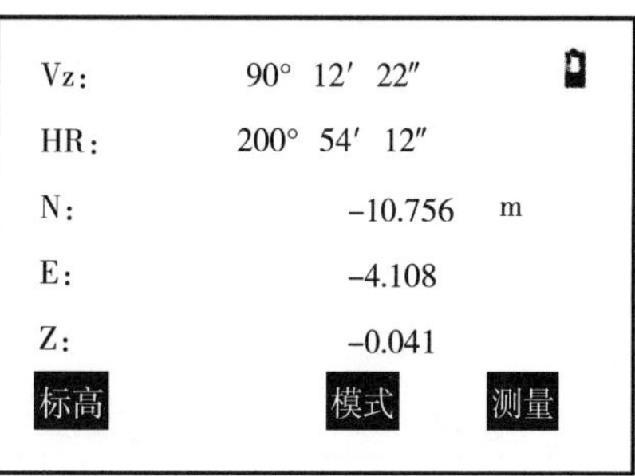

图 4–64 快速设站界面

②选择角度还是坐标（距离）方式进行后方交会。如果选择坐标方式则启动测距，完成后显示“下点”的提示，如图 4–67 所示。

③选择“下点”软按键。

重复①～③的操作，当进行两次以上的坐标测量，或三次以上的角度测量后，界面中出现“计算”软按键，如图 4–68 所示。

此时如果不需要继续进行后方交会，选择“计算”，则出现后方交会的结果，如图 4–69 所示。

此时可以按“F1”键（软按键“记录”）进行设站和记录。设站后从站点信息可以看出此时的站点名变为“RESSTTA”，坐标为交会出来的坐标。按“F4”键可以在

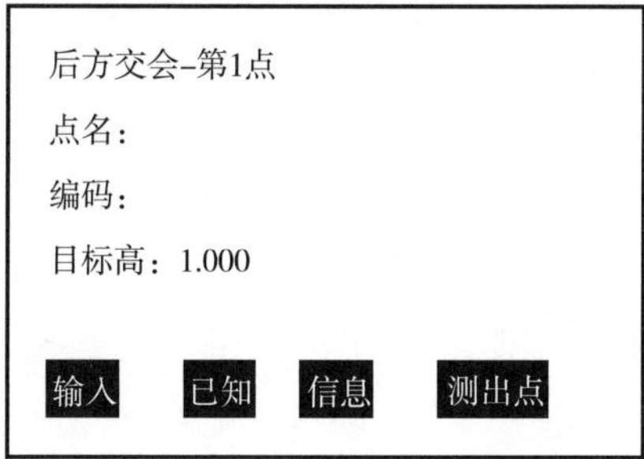

图 4–65 后方交汇输入第 1 点界面

图 4–66 “后方交会－第 1 点”测量界面

后方交会–第1点
Vz: 77° 18′ 30″
HR: 180° 34′ 55″
斜距： 4.987
目标高： 1.000
下点

图 4–67 “下点”的提示界面

后方交会–第3点
Vz: 77° 18′ 30″
HR: 180° 34′ 55″
斜距： 4.987
目标高： 1.000
下点
计算

图 4–68 计算界面

后方交会–结果

N:	0.002
E:	−0.003
Z:	0.000

记录　坐标

图 4–69　后方交会结果

后方交会–结果

dN:	0.002
dE:	0.003
dZ:	0.005
MdHD:	0.020

记录　坐标差

图 4–70　坐标差界面

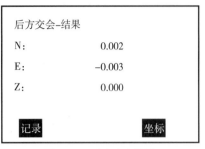

“坐标”和“坐标差”界面间切换，如图 4–70 所示。“坐标”表示当前所显示为计算仪器站点的 NEZ 坐标；“坐标差”表示后方交会存在多余观测项时，NEZ 坐标的不确定度。其中 MdHD 表示采用测距方式进行后方交会时水平距离的最大残差，该值太大说明交会点的数据不准确或者后视点的坐标输入有误。符号“NaN”表示计算错误；后方交会最多点数为 5 个点。

4）间距放样

某些场合要放出一条直线上的均匀的 N 个点，此种情况下选择间隔放样将大大提高工作效率。间隔放样的示意图如图 4–71 所示。进入间距放样时首先测出起点（棱镜 P_0）的坐标，然后测得终点（棱镜 P_1）的坐标。完成后出现间隔放样 – 输入界面，如图 4–72 所示。

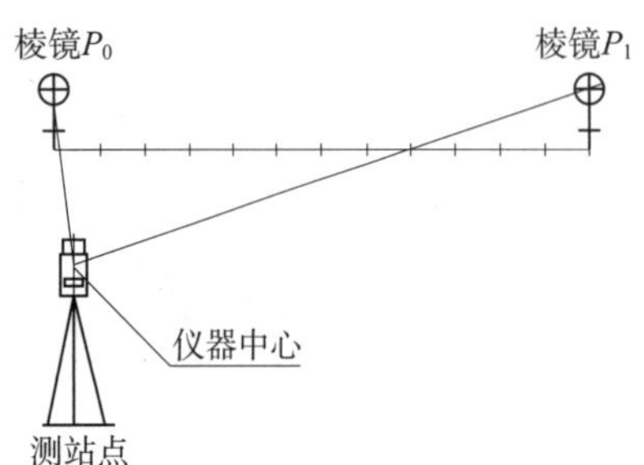

图 4–71　间隔放样的示意图

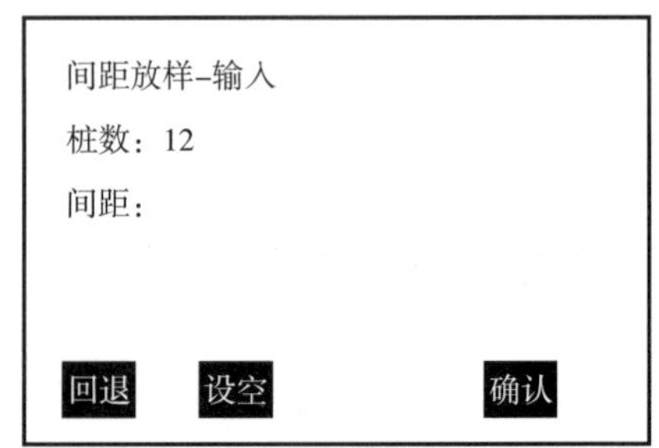
间距放样–输入

桩数：12

间距：

回退　设空　确认

图 4–72　间隔放样 – 输入界面

桩数是必须输入的，间距可以不输入，如图 4–71 所示，输入桩数 12，然后不输入间隔，即可在随后的间隔放样中放出均匀的中间点。如果输入间隔时表示从起点开始，在起 – 终点方向上，放出 N 个输入间隔的点。放样界面如图 4–73 所示，按◀▶键，可以依次放出各点。

5）输入坐标

某些情况下，少量的坐标文件需要在后面的测量工作中调用，此时可以手工

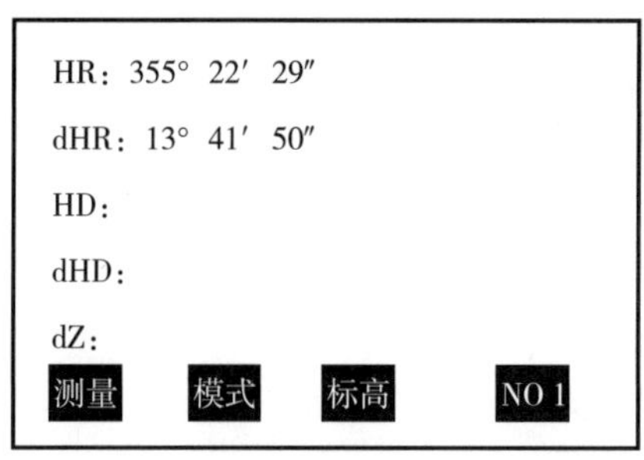

图 4–73 放样界面

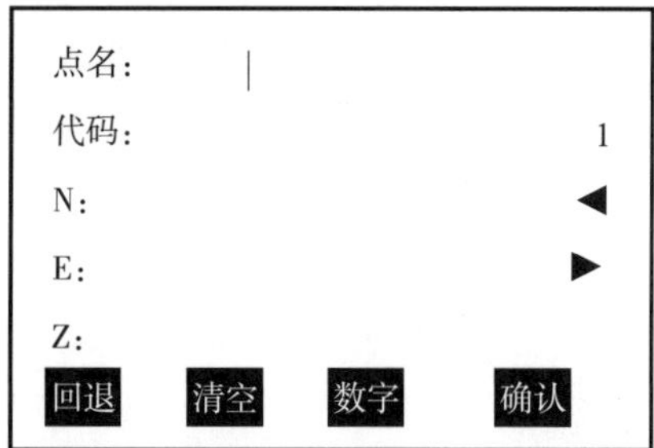

图 4–74 输入坐标界面

输入，保存到当前坐标文件中供随后使用。如图 4–74 所示，其中◀▶表示可以利用此方向键进行各点数据的顺序浏览，“1”表示当前录入或浏览的记录号。当录入完成 1 条记录后按“ENT”键接受，并进行下一条的录入，如果不希望继续录入，则按“ESC”键退出输入，此时系统提示：“是否保存记录”，选择保存时，将录入的点保存到当前坐标文件中。

6. 全站仪使用的注意事项与保养

全站仪是一种结构复杂、制造精密的仪器，在使用过程中应当遵循其操作规程，正确熟练地使用。

（1）使用时的注意事项

1）对新购置的仪器，首次使用时应结合仪器认真阅读仪器使用说明书。通过反复学习，熟练掌握仪器的基本操作、文件管理、数据通信等内容，最大限度地发挥全站仪的作用。

2）在阳光下或降雨中作业时应当给仪器打伞遮阳或遮雨。长时间处于高温环境中，可能对仪器的使用产生不良影响。

3）仪器应保持干燥，不要将仪器浸入水中，遇雨后应将仪器擦干，放在通风处，完全晾干后才能装箱。

4）全站仪望远镜不可直接照准太阳，以免损坏发光二极管。

5）在迁站时，应握住全站仪提手取下仪器，放在仪器箱中。

6）运输过程中应尽可能减轻振动，剧烈振动可能导致测量功能受损。

7）建议在电源打开期间不要将电池取出，否则存储的数据可能会丢失，应在电源关闭后再装入或取出电池。

（2）仪器的保养

1）应保持仪器清洁，不可用手去触摸镜头，应用镜头纸进行清洁。

2）应按说明书的要求进行电池充电。

3）定期对仪器的性能进行检查。

4）仪器出现故障时应与厂家联系修理，不可随意拆卸仪器。

4.1.6 距离测量仪器

1. 钢尺

钢尺量距是利用经检定合格的钢尺直接量测地面两点之间水平距离的方法，又称为距离丈量。其使用的工具简单，又能满足工程建设必需的精度要求，是工程测量中常用的距离测量方法。钢尺量距按精度要求不同，分为一般量距和精密量距。

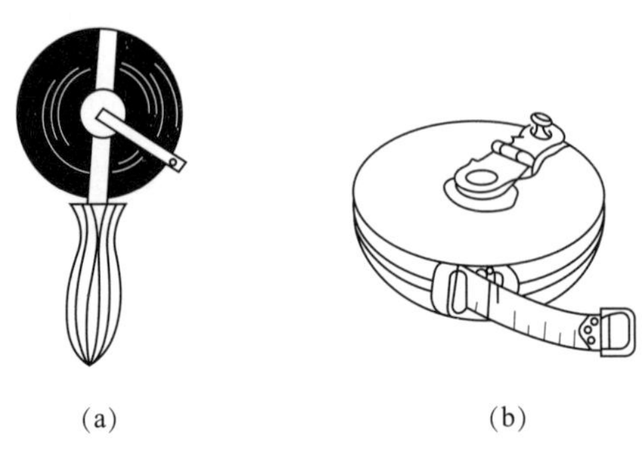

图 4–75 钢尺外形
（a）钢尺；（b）轻便钢卷尺

钢尺又称为钢卷尺，宽约 1~1.5cm，厚约 0.3~0.4mm，长度通常有 20m、30m、50m、100m 四种。尺的一端为扣环，另一端装有木手柄，绕在钢尺架上使用，如图 4–75（a）所示。另外，还有种稍薄些的钢带尺，称为轻便钢卷尺，其长度有 10m、20m、50m 等。轻便钢卷尺通常收卷在皮盒或铁皮盒内，如图 4–75（b）所示。

钢卷尺因长度起算的零点位置不同，有端点尺和刻线尺两种。端点尺的起算零点位置是尺端的扣环，如图 4–76（a）所示。刻线尺是以刻在尺端附近的零分划线起算的，如图 4–76（b）所示。端点尺使用比较方便，但量距精度较刻线尺低一些。

一般钢卷尺上的最小分划为厘米。在零端第一分米内刻有毫米分划。在每米和

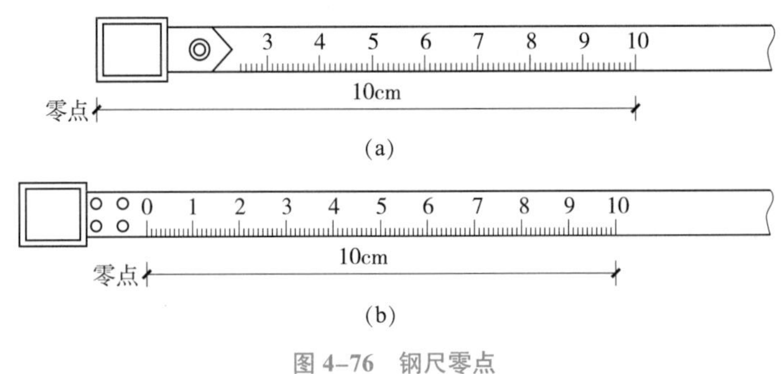

图 4–76 钢尺零点
（a）端点尺；（b）刻线尺

每分米的分划线处都注有数字。此外，在零端附近还注有尺长、温度及拉力等数值。这些说明在规定的温度、拉力条件下该钢尺的实际长度为多少。当条件改变时，钢尺的实际长度也随之改变。为了在不同条件下求得钢尺的实际长度，每支钢卷尺在出厂时都附有尺长方程式。实际工作中，应经常对钢卷尺长度进行检定。皮尺（实际上是布卷尺）的外形与轻便钢卷尺类似，整个尺子收卷在一个皮盒中，不过它是由麻或纱线与金属丝编织成的布带，布带长度有 20m、30m、50m 等，属于端点尺一类。由于布带受拉力的影响较大，所以皮尺常在量距精度要求不高时使用。

2. 辅助工具

钢尺量距的辅助工具有标杆、测钎、垂球等，如图 4-77 所示。标杆直径为 3cm，长度为 2~3m，杆身涂以 20cm 间隔的红、白漆，下端装有锥形铁尖，主要用于标定直线方向。测钎也称测针，用直径 5mm 左右的粗钢丝制成，长度为 30~40cm，上端弯成环形，下端磨尖，一般以 11 根为 1 组，穿在铁环中，用来标定尺的端点位置和计算整尺段数。垂球用于在不平坦地面丈量时将钢尺的端点垂直投影到地面。

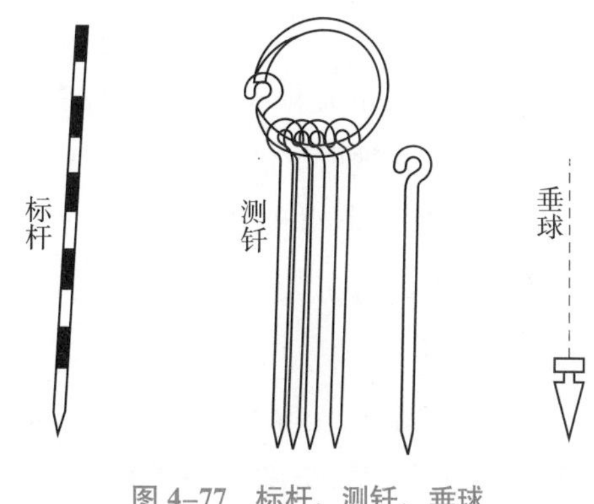

图 4-77　标杆、测钎、垂球

在进行精密量距时，还需配备弹簧秤和温度计。弹簧秤用于对钢尺施加规定的拉力，温度计用于测定钢尺量距时的温度，以便对钢尺丈量的距离施加温度改正。

3. 地面点的标定

距离测量首先是确定地面点的位置，要丈量两点间的距离必须先在地面上确定两端点的位置，并用标志将其标示在地面上。固定点位的标志种类很多，根据用途不同，可用不同的材料加工而成。在地形测量工作中，常用的有木桩、石桩及混凝土桩等，如图 4-78 所示。标志的选择，应根据点位的稳定性要求、使用年限要求以及土壤性质等因素决定，并考虑节约的原则，尽量做到就地取材。临时性的标志可以用长 30cm、顶面尺寸 4cm × 4cm 或 6cm × 6cm 的木桩打入地下，并在桩顶钉一小钉或划一个十字以表示点的位置。桩上还要进行编号，如果标志需要长期保存，可用石桩或混凝土桩，在桩顶预设瓷质或金属的点位标志来表示地面点的位置。

在测量时，为了使观测者能在远处瞄准点位，还应在点位上竖立各种形式的测量标志，即觇标。觇标的种类很多，常用的有测旗、标杆、三角锥标、测钎等，地

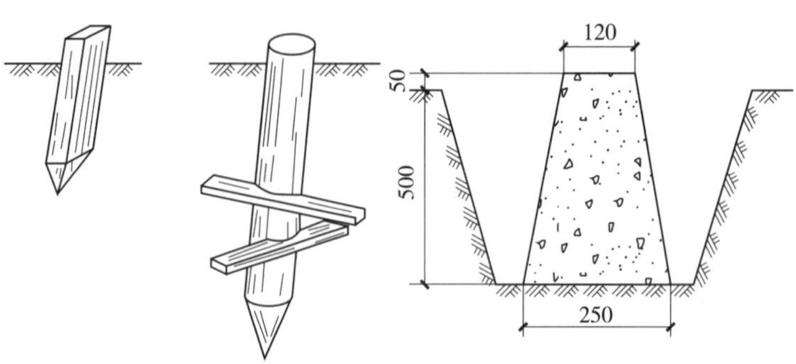

图 4–78　地面点标志（单位：mm）

形测量中常用的是标杆。立标杆时可以用细铁丝或线绳将标杆沿三个方向拉住，以将标杆固定在地面上。

4. 钢尺量距的误差及注意事项

（1）误差分析

1）尺长误差

钢尺的名义长度与实际长度不符就会产生尺长误差，用钢尺所量的距离越长，误差累积就越大。因此，新购的钢尺必须进行检定，以求得尺长改正值。

2）温度误差

钢尺丈量时的温度与钢尺检定时的温度不同，将产生温度误差，按照钢的线膨胀系数计算，丈量距离为 30m 时，温度每变化 1℃，对距离的影响为 0.4mm。在一般量距时，丈量温度与标准温度之差不超过 ±8.5℃时可不考虑温度误差，但精密量距时，必须进行温度改正。

3）拉力误差

钢尺在丈量时的拉力与检定时的拉力不同也会产生误差。拉力变化 68.6N，尺长将改变 1/10000。以 30m 的钢尺来说，当拉力改变 30~50N 时，引起的尺长误差将有 1~1.8mm。对于一般精度的丈量工作，如果拉力的变化小于 30N，误差可忽略。对于精确的距离丈量，则应使用弹簧秤，以保持钢尺的拉力是检定时的拉力，通常 30m 钢尺施加 100N 拉力，50m 钢尺施加 150N 拉力。

4）钢尺倾斜和垂曲误差

量距时，钢尺两端不水平或中间下垂成曲线都会产生误差，因此，丈量时必须注意保持钢尺水平。整尺段悬空时，中间应有人托住钢尺；精密量距时须用水准仪测定两端点高差，以便进行高差改正。

5）定线误差

由于定线不准确，所量得的距离是一组折线，由此产生的误差称为定线误差。丈量 30m 的距离，若要求定线误差不大于 1/2000，则钢尺尺端偏离方向线的距离不应超过 0.47m；若要求定线误差不大于 1/10000，则钢尺的方向偏差不应超过 0.21m。在一般量距中，用标杆目估定线能满足要求，但精密量距时需用经纬仪定线。

6）丈量误差

丈量时插测钎或垂球落点不准，前、后拉尺员配合不好以及读数不准等产生的误差均属于丈量误差。这种误差对丈量结果影响可正可负，大小不定，因此，在操作时应认真仔细、配合默契，以尽量减少误差。

（2）注意事项

1）伸展钢卷尺时，要小心慢拉，钢尺不可扭卷、打结。若发现有扭曲、打结情况，应细心解开，不能用力抖动，否则容易造成折断。

2）丈量前，应辨认清钢尺的零端和末端。丈量时，钢尺应逐渐用力拉平、拉直、拉紧，不能突然猛拉。丈量过程中，钢尺的拉力应始终保持检定时的拉力。

3）转移尺段时，前、后拉尺员应将钢尺提高，不应在地面上拖拉摩擦，以免磨损尺面分划。钢尺伸展开后，不能让车辆从钢尺上通过，否则极易损坏钢尺。

4）测针应对准钢尺的分划并插直。如插入土中有困难，可在地面上画一个明显的记号，并把测针尖端对准记号。

5）单程丈量完毕后，前、后拉尺员应检查各自手中的测针数目，避免算错整尺段数。测回丈量完毕，应立即检查限差是否合乎要求，不合乎要求时，应重测。

（3）钢尺的维护

1）钢尺易生锈，丈量结束后应用软布擦拭干净尺面的泥和水，然后涂上机油，以防生锈。

2）丈量过程中禁止车辆碾压钢尺，以防折断。

3）禁止将钢尺沿地面拖拉，以免磨损尺面刻划。

5. 磁方位角的测定

在独立测区的测量工作中，一般用罗盘仪测定磁方位角来确定直线的方向。这种方法虽精度不高，但仪器结构简单，使用方便。

（1）罗盘仪的构造

罗盘仪是主要用来测量直线的磁方位角的仪器，也可以粗略地测量水平角和竖直角。罗盘仪主要由刻度盘、望远镜和磁针三部分组成，如图 4–79 所示。磁针被支

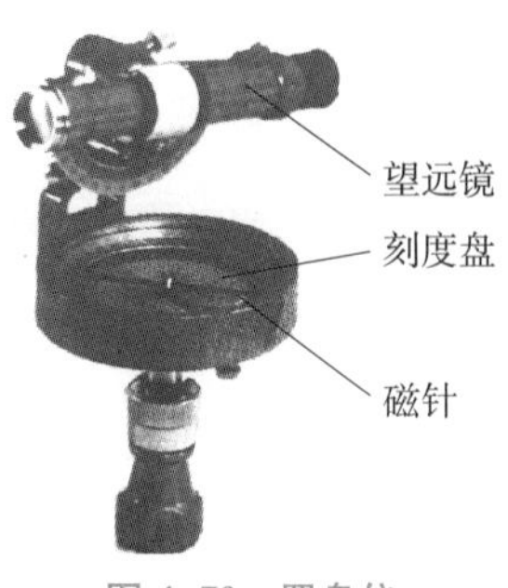

图 4–79　罗盘仪

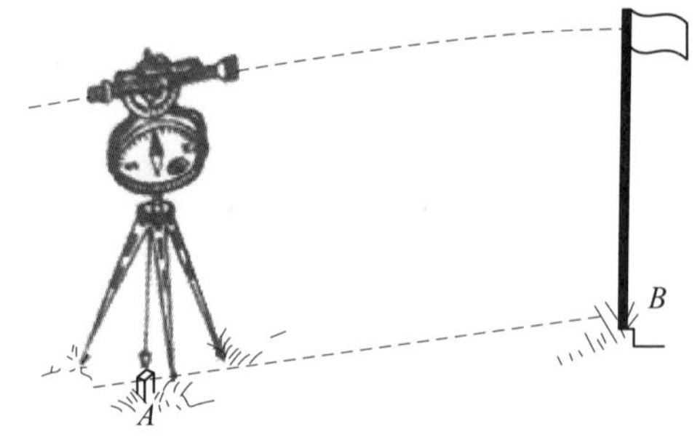

图 4–80　磁方位角测定

撑在度盘中心的顶针上，可以自由转动，当它静止时，一端指北，一端指南。刻度盘的刻划一般以 1° 或 30′ 为单位，每隔 10° 有一数字注记。刻度盘按反时针方向从 0° 注记到 360°。望远镜通过支架装在刻度盘上，望远镜的视准轴与度盘 0°~180° 对径方向线一致，物镜端为 0°，目镜端为 180°。望远镜可上、下、俯、仰转动，而在水平方向则连同度盘一起转动。

（2）直线磁方位角的测量

1）将仪器搬到测线的一端，并在测线另一端插上标杆，如图 4–80 所示。

2）安置仪器。先对中，将仪器装于三脚架上，并挂上垂球，移动三脚架，使垂球尖对准测站点，此时仪器中心与地面点处于同一条铅垂线上。再整平，松开仪器球形支柱上的螺旋，上、下俯仰度盘位置，使度盘上的两个水准气泡同时居中，旋紧螺旋，固定度盘，此时罗盘固定。

3）瞄准读数。转动目镜调焦螺旋，使十字丝清晰；转动罗盘仪，使望远镜对准测线另一端的目标，调节调焦螺旋，使目标成像清晰稳定，再转动望远镜，使十字丝对准立于测点上的标杆的最底部；松开磁针制动螺旋，等磁针静止后，从正上方读取磁针指北端的读数，即为测线的磁方位角。读数完毕后，拧紧磁针制动螺旋，将磁针顶起以防止磁针磨损。

（3）罗盘仪使用注意事项

1）在磁铁矿区或离高压线、无线电天线、电视转播台等较近的地方，有电磁干扰现象，不宜使用罗盘仪。

2）观测时，一切铁质物体如斧头、钢尺、测钎等不要接近仪器。

3）读数时，眼睛的视线方向与磁针应在同一竖直面内，以减小读数误差。

4）观测完毕后搬动仪器时应拧紧磁针制动螺旋，固定好磁针以防损坏磁针。

4.2 施工测量要求与方法

4.2.1 高程测量

1. 水准测量原理

高程基准是全国高程测量的起算依据，是建立高程系统和测量高程的基本依据。目前我国采用的高程基准为 1985 年国家高程基准。

高程基准面就是地面点高程的统一起算面，由于被大地水准面所包围形成的大地体与整个地球最为接近，通常采用大地水准面。为了长期、牢固地表示高程基准面的位置，作为传递高程的起算点，必须建立一个长期稳固的水准点，作为全国水准测量的起算高程，这个固定点称为水准原点。1985 年国家高程基准的水准原点高程为 72.260m。

（1）水准测量的原理

水准测量的基本原理是利用水准仪提供的水平视线，观测竖立在两点上的水准尺以测定两点间的高差，然后根据已知点的高程和测量的高差推算出未知点的高程。

如图 4–81 所示，在需要测定高差的 A、B 两点上分别竖立水准尺，在 A、B 两点的中点安置水准仪，水平视线在 A、B 两尺上的读数分别为 a、b，则 A、B 两点的高差为

$$h_{AB}=a-b \tag{4-4}$$

若水准测量是沿 AB 方向前进，则 A 点称为后视点，其竖立的标尺称为后视标尺，

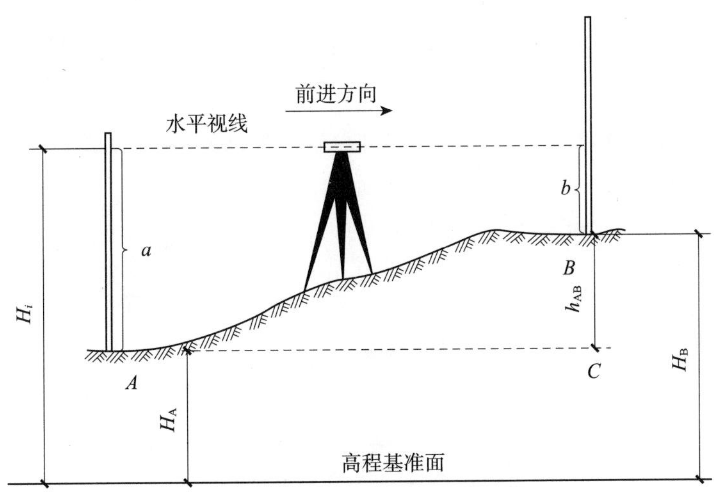

图 4–81　水准测量原理示意图

读数值 a 称为后视读数；B 点称为前视点，其竖立的标尺称为前视标尺，读数值 b 称为前视读数。因此，式（4–4）若用文字表达，则为两点间的高差等于后视读数减去前视读数。高差有正（+）有负（–），当 B 点高程比 A 点高时，前视读数 b 比后视读数 a 要小，高差为正；当 B 点比 A 点低时，前视读数 b 比后视读数 a 要大，高差为负。因此，水准测量的高差 h_{AB} 必须冠以"+"号或"–"号。

如果 A 点的高程 H_A 为已知，则 B 点的高程为

$$H_B=H_A+h_{AB}=H_A+(a-b) \tag{4-5}$$

A 点高程 H_A 加上后视读数 a 称为视线高程（简称视线高）用 H_i 表示。用 H_i 减去前视读数 b，可求得 B 点的高程，即

$$H_i=H_A+a \tag{4-6}$$

$$H_B=H_i-b \tag{4-7}$$

采用式（4–5）求高程的方法，称为高差法；采用式（4–7）求高程的方法，称为视线高法，其优点是安置一次仪器可以测得多个前视点高程，且测量比较方便。

（2）水准测量的方法

在实际工作中，当 A、B 两点相距较远，或者高差较大，仅安置一次仪器不可能测得其间的高差时，必须在两点间分段连续安置仪器和竖立标尺，连续测定两标尺点间的高差，最后取其代数和，求得 A、B 两点间的高差，这种测量方法称为连续水准测量。在测量过程中，高程已知的水准点称为已知点，未知点称为待定点。每安置一次仪器称为一个测站。除水准点外，其他用于传递高程的立尺点称为转点，简称 *ZD*，转点是一系列临时过渡点，转点既有前视读数又有后视读数，转点的选择将影响到水准测量的观测精度，因此，转点要选在坚实、凸起、明显的位置，在一般土地上应放置尺垫。每站测量时水准仪应置于两水准尺中间，使前、后视的距离尽可能相等。纳入水准路线的相邻两个水准点之间的线路称为测段，一条水准路线由若干个测段组成。

如图 4–82 所示，要测定 AB 之间的高差 h_{AB}，在 A、B 之间增设 n 个测站，测得每站的高差。

$$h_i=a_i-b_i\ (i=1,\ 2,\ 3,\ \cdots,\ n)$$

A、B 两点之间的高差为

$$h_{AB}=h_1+h_2+\cdots+h_n=\sum_{i=1}^{n}h_i=\sum_{i=1}^{n}(a_i-b_i)$$

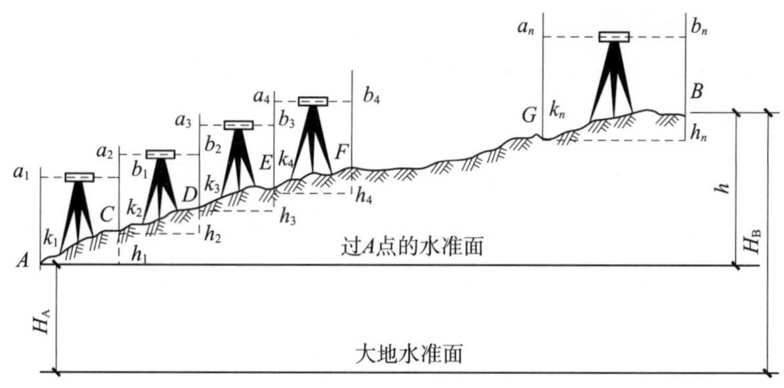

图 4–82 连续水准测量示意图

则

$$H_B = H_A + h_{AB} = \sum_{i=1}^{n} h_i = H_A + \sum_{i=1}^{n} (a_i - b_i) \tag{4-8}$$

（3）水准路线的布设

水准路线布设的基本形式包括附合水准路线、闭合水准路线和支水准路线，以及由这些基本形式组合成的水准网，如图 4–83 和图 4–84 所示。

1）附合水准路线。从一个已知高程水准点开始，沿一条路线进行施测，获取待定水准点的高程，最后附合到另一个已知的高程水准点上，这样的观测路线称为附合水准路线。

2）闭合水准路线。从一已知高程水准点出发，沿一条路线进行施测，以测定待定水准点的高程，最后仍回到原来的已知点上，从而形成一个闭合环线，这样的观

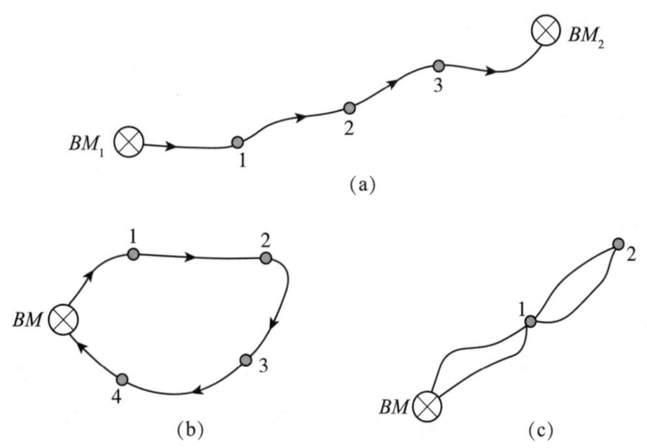

图 4–83 水准路线的基本布设形式

（a）附合水准路线；（b）闭合水准路线；（c）支水准路线

测路线称为闭合水准路线。

3）支水准路线。从一个高程水准点出发，沿一条路线进行施测，以测定待定水准点的高程，其路线既不闭合又不附合，这样的观测路线形式称为支水准路线。

4）水准网。若干条单一水准路线相互连接构成结点或网状形式，称为水准网。只有一个高程点的水准网称为独立水准网。有两个以上高程点的水准网称为附合水准网，如图 4-84 所示。

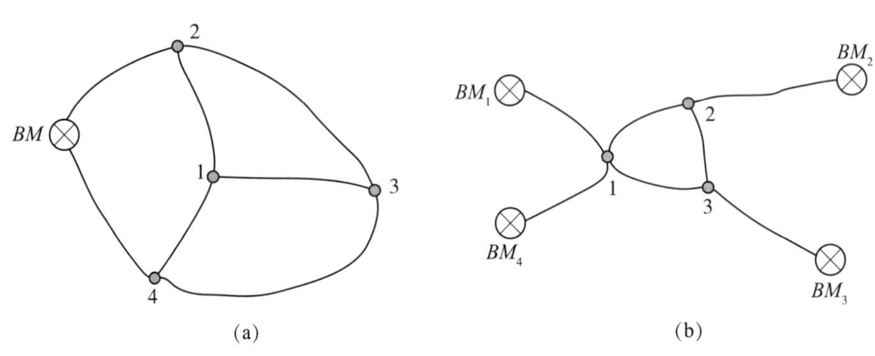

图 4-84　水准网布设形式

（a）独立水准网；（b）附合水准网

2. 普通水准测量

水准测量根据精度不同分为一、二、三、四等水准测量，等外水准测量等。一等水准测量精度最高，是建立国家高程控制网的骨干，同时也是研究地壳垂直位移及有关科学研究的主要依据。二等水准测量精度低于一等水准测量，是建立国家高程控制的基础。三、四等水准测量，其精度依次降低，直接为地形测图和各种工程建设服务。等外水准测量，通常被称为普通水准测量或图根水准测量，精度低于四等水准量，主要用于测定图根点的高程及用于一般性工程水准测量，是实际工作中最常见的测量高程工作。

普通水准测量包括拟定水准测量路线、踏勘、选点、埋石、观测、记录等工作，其主要技术要求见表 4-8。

普通水准测量的主要技术要求　　　　表 4-8

等级	路线长度	水准仪	水准尺	视线长度	观测次数		往返较差、附合或环线闭合差	
					与已知点联测	附合或环线	平地	山地
等外	5km	DS3	单面	100m	往返各一次	往一次	$\pm 40\sqrt{L}$ mm	$\pm 12\sqrt{n}$ mm

注：L 为水准路线长度（km）；n 为测站数。

（1）拟定水准路线

进行水准测量前必须先做技术设计，其目的在于从全局考虑，统筹安排，使整个水准测量任务有计划地顺利完成，此项工作的好坏将直接影响到水准测量的速度、质量及其相关的工程建设。因此，要求测量工作者在开展工作之前必须做好水准路线的拟定工作。

水准路线的拟定工作包括水准路线的选择和水准点位的确定。选择水准路线的基本要求是必须满足具体任务的需要，如施测国家三、四等水准测量，必须以高一等级的水准点为起始点，在高等级水准点基础上均匀地分布水准点的位置。不同等级的水准测量和不同性质的工程建设，其精度要求是不同的，因此拟定水准路线时应按规范要求进行。

拟定水准路线首先要收集现有的较小比例尺地形图，收集测区已有的水准测量资料，包括水准点的高程、精度、高程系统、施测年份及施测单位。设计人员还应到现场勘察，核对地形图的正确性，了解水准点的现状，如是保存完好还是已被破坏。在此基础上根据任务要求确定如何合理使用已有资料，然后进行图上设计。一般说来，精度要求高的水准路线应该沿公路布设，精度要求较低的水准路线也应尽可能沿各类道路布设，此目的是使测量工作尽可能地在坚实的地面上进行，从而使仪器和标尺都能保持稳定。为了不多设测站，并保证足够的精度，还应使路线的坡度尽量小。拟定水准路线的同时应考虑水准点的位置。对于较大测区，如果水准路线布成网状，则应考虑数据处理的初步方案，以便内业工作顺利进行。图上设计结束后，绘制一份水准路线布设图。图上按一定比例绘出水准路线、水准点的位置，注明水准路线的等级、水准点的编号。

（2）踏勘、选点、埋石

水准路线拟定后，便可根据设计图到实地踏勘、选点和埋石。踏勘，就是到实地查看图上设计是否与实地相符；选点，就是选择水准点具体位置；埋石，就是进行水准点的标定工作。水准点的选点要求是交通便利、土质坚硬、坡度较小且均匀等。

用水准测量方法测定的达到一定精度的高程控制点，称为水准点（bench mark，简记为 *BM*）。为了统一全国的高程系统和满足各种测量的需要，测绘部门在全国各地埋设并测定了很多水准点。国家等级水准点一般用石料或钢筋混凝土制成，深埋到地面冻结线以下，在标石的顶面设有用不锈钢或其他不易锈蚀材料制成的半球状标志，如图 4–85 所示；而有些水准点也可设置在稳定的墙脚上，称为墙上水准点，如图 4–86 所示。

水准点按性质可分为临时性水准点和永久性水准点两类。临时性水准点可选用

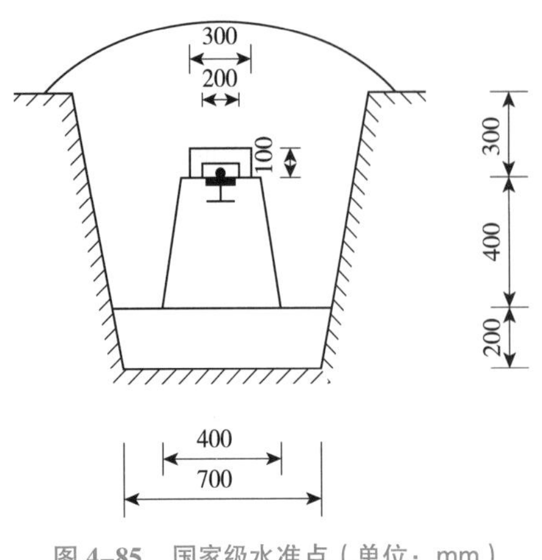

图 4–85　国家级水准点（单位：mm）

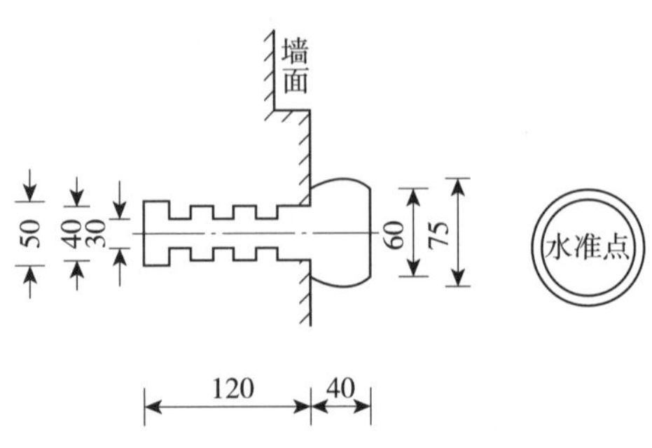

图 4–86　墙上水准点（单位：mm）

固定的坚硬标志，或将木柱打入地下作为标志，如图 4–87 所示。永久性水准点通常是标石，其又分为标准类型标石和普通标石两种。标准类型标石规格和埋设如图 4–85 所示，普通标石（工地永久性水准点）规格和埋设如图 4–88 所示。标石埋设工作最好是现场浇筑。

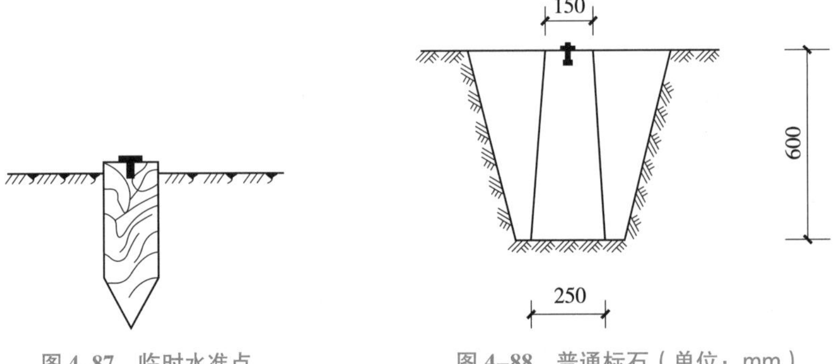

图 4–87　临时水准点

图 4–88　普通标石（单位：mm）

埋设水准点后，应绘出水准点与附近固定建筑物或其他地物的关系图，在图上还要写明水准点的编号和高程，称为点之记，以便于日后寻找水准点的位置。在水准点编号的前面通常加 *BM* 字样，作为水准点的代号。

（3）观测、记录

普通水准测量的外业观测程序如下。

1）将水准尺立于已知高程的水准点上作为后视尺，水准仪置于施测路线附近合适的位置，在施测路线的前进方向上取与后视距大致相等的距离放置尺垫，当尺垫

踩实后，将水准尺立在尺垫上作为前视尺。

2）观测员将仪器用圆水准器粗平之后瞄准后视标尺，用微倾螺旋将符合水准气泡精确居中，用中丝读后视读数，读至毫米，记录相应栏内。

3）调转望远镜瞄准前视标尺，此时水准管气泡一般将会有少许偏离，将气泡居中，用中丝读前视读数。

4）记录员根据观测员的读数在手簿中记下相应数字，并立即计算高差。

以上为第一个测站的全部工作。第一站工作结束之后，记录员告诉后标尺员向前转移并将仪器迁至第二测站。此时，第一测站的前视点便成为第二测站的后视点。按照相同的工作程序进行第二站的工作。依次沿水准路线方向施测，直至全部路线观测完为止。

【例 4–1】如图 4–89 所示，置水准仪于已知后视高程点 A 适当距离处，并选择好前视转点 ZD_1，将水准尺置于 A 点和 ZD_1 点上。将水准仪粗平后，先瞄准后视尺，消除视差。精平后读取后视读数值为 1.851m，并记入普通水准测量记录手簿中，见表 4–9。转动望远镜照准前视尺，精平后，读取前视读数值为 1.268m，并记录在表中，至此便完成了普通水准测量第一个测站的观测任务。将仪器搬迁到第二站，把第一站的后视尺移到第二站的转点 ZD_2 上，把第一站的前视变成第二站的后视。按第一站的观测顺序进行观测与计算，以此类推，测至终点 B。

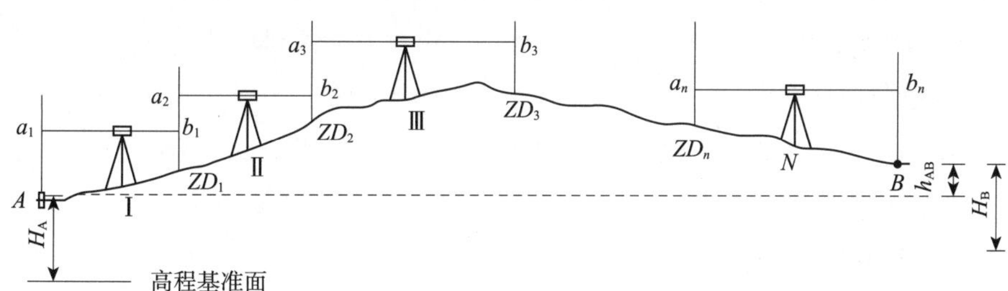

图 4–89　等外水准测量

普通水准测量记录手簿　　表 4–9

测点	水准尺读数（m）		高差（m）		高程（m）	备注
	后视读数 a	前视读数 b	+	−		
A	1.851		0.583		50.000	H_A=50.000
ZD_1	1.425	1.268	0.753		50.583	
ZD_2	0.863	0.672		0.718	51.336	
ZD_3	1.219	1.581			50.618	
B		0.346	0.873		51.491	

续表

测点	水准尺读数（m）		高差（m）		高程（m）	备注
	后视读数 a	前视读数 b	+	−		
Σ	5.358	3.867	2.209	0.718		
计算	$h_{AB}=\sum a-\sum b=+1.491$		$\sum h=+1.491$		$H_B=H_A+h_{AB}=51.491$	

5）计算校核。计算校核是对记录表中每一页高差和高程计算进行检核。计算校核的条件需满足以下等式：

$$\sum h=\sum a-\sum b=H_B-H_A \tag{4-9}$$

若等式成立，则说明高差和高程计算正确；否则说明计算有误。

（4）水准测量成果计算

水准测量外业结束后即可进行内业计算。计算前，必须对外业手簿进行检查，待没有错误方可进行成果计算。

水准测量时，一般将已知水准点和待测水准点组成一条水准路线，其基本形式有附合水准路线、闭合水准路线和支水准路线，如图 4–83 所示。在水准测量的实施过程中，测站校核只能校核一测站上是否存在错误，计算校核只能发现每页计算是否有误。对于一条水准路线而言，测站校核和计算校核都不能发现立尺点变动的错误，更不能说明整个水准路线测量的精度是否符合要求。同时，由于受温度、风力、大气折光和水准尺下沉等外界条件的影响，以及水准仪和观测者本身因素的影响，测量不可避免地存在误差。这些误差很小，在一个测站上反映不明显，但是随着测站数的增多，误差积累，有时也会超过规定的限差。因此，还必须对整个水准路线的成果进行校核计算。

1）高差闭合差的计算

①附合水准路线

理论上，附合水准路线各段测得的高差代数和应等于始、终两个已知水准点的高程之差，即：

$$\sum h_{理}=H_{终}-H_{始} \tag{4-10}$$

但是由于测量误差的影响，使得实测高差总和与其理论值之间有一个差值，这个差值称为附合水准路线的高差闭合差，即：

$$f_h=\sum h_{测}-(H_{终}-H_{始}) \tag{4-11}$$

②闭合水准路线

由于起点、终点均为同一水准点，因此，高差总和的理论值应等于零，即：

$$\sum h_{理}=0 \tag{4-12}$$

但是由于测量误差的存在，使得实测高差的总和不一定等于零，其值称为闭合水准路线的高差闭合差，即：

$$f_{\mathrm{h}}=\sum h_{测}-\sum h_{理}=\sum h_{i} \tag{4-13}$$

③支水准路线

通过往、返观测，往测高差与返测高差值的代数和理论上应为零，并以此作为支水准路线测量正确性与否的检验条件，即：

$$\sum h_{往}=-\sum h_{返} \tag{4-14}$$

如不等于零，则高差闭合差为：

$$f_{\mathrm{h}}=\sum h_{往}+\sum h_{返} \tag{4-15}$$

有时也可以用两组并测来代替一组往返测以加快工作进度。两组所得高差应相等，若不等，其差值即为支水准路线的高程闭合差，即：

$$f_{\mathrm{h}}=\sum h_{1}+\sum h_{2} \tag{4-16}$$

2）等外水准测量的高差闭合容许值计算

各种形式的水准测量，其高差闭合差均不应超过规定容许值，否则认为水准测量结果不符合要求。高差闭合差容许值的大小与测量等级有关。《工程测量标准》GB 50026—2020 中对不同等级的水准测量作出了高差闭合差容许值的规定。等外水准测量的高差闭合差容许值规定为：

$$山地：f_{\mathrm{h}容}=\pm 12\sqrt{n}\,\mathrm{mm} \tag{4-17}$$

$$平原：f_{\mathrm{h}容}=\pm 40\sqrt{L}\,\mathrm{mm} \tag{4-18}$$

式中　L——水准路线长度，km；

n——测站数。

高差闭合差是衡量观测质量的精度指标，其产生的原因很多，但其数值必须在容许值限值内。

3）高差闭合差的调整

当高差闭合差在允许值范围之内时，可进行闭合差的调整。附合或闭合水准路线高差闭合差分配的原则是将闭合差按距离或测站数成正比例反符号改正到各测段的观测高差上。高差改正数计算为：

$$v_{i}=-\frac{f_{\mathrm{h}}}{\sum L}\cdot L_{i} \tag{4-19}$$

$$v_i = -\frac{f_h}{\sum n} \cdot n_i \tag{4-20}$$

4）计算改正后的高差

对于附合或闭合水准路线，将各段高差观测值加上相应的高差改正数，可求出各段改正后的高差，即：

$$h_{i改} = h_{测} + V_i \tag{4-21}$$

对于支水准路线，当闭合差符合要求时，可按下式计算各段平均高差：

$$h_{平} = \frac{\sum h_{往} - \sum h_{返}}{2} \tag{4-22}$$

5）计算各点高程

根据改正后的高差，由起点高程逐一推算出其他各点的高程。最后一个已知点的推算高程应等于其已知高程，以此检查计算是否正确。

（5）水准测量的测站检核

为了确保每站观测高差的准确性，提高水准测量的精度，水准测量必须进行测站检核。所谓的测站检核，就是对每一站进行检核。常用的测站检核方法主要有以下两种。

1）变动仪器高法

在同一个测站上用不同的仪器高度测得两次高差，并对两次的测量值进行检核。检核要求为：改变仪器高度应大于 10cm，两次所测高差之差不超过容许值（如等外水准测量容许值为 ±6mm），取其平均值作为该测站最后结果，否则必须重测。

2）双面尺法

分别对双面水准尺的黑面和红面进行观测，利用前、后视的黑面和红面读数，分别算出两个高差。如果两次所测高差之差不超过容许值，取其平均值作为该测站最后结果，否则必须重测。

（6）普通水准测量、记录、资料整理的注意事项

1）在水准点（已知点或待定点）上立尺时，不得放尺垫。

2）水准尺应立直，不能左右倾斜，更不能前后俯仰。

3）在观测员未迁站之前，后视点尺垫不能移动。

4）前后视距离应大致相等，立尺时可用脚步丈量。

5）外业观测记录必须在编号、装订成册的手簿上进行。已编号的各页不得任意撕去，记录中间不得留下空页或空格。

6）必须在现场用铅笔、签字笔直接将外业原始观测值和记事项目记录在手簿中，

记录的文字和数字应端正、整洁、清晰，杜绝潦草模糊。

7）外业手簿中原始数据的修改以及观测结果作废时，禁止擦拭、涂抹与刮补，而应以横线或斜线划去，并在本格内的上方写出正确数字和文字。除计算数据外，所有观测数据的修改和作废必须在备注栏内注明原因及重测结果记于何处。重测记录前需加“重测”二字。在同一测站内不得有两个相关数字“连环更改”。例如，更改了标尺的黑面前两位读数后就不能再改同一标尺的红面前两位读数，否则就叫连环更改。有连环更改记录应立即废去重测。对于尾数读数有错误（厘米和毫米读数）的记录，不论什么原因都不允许更改，而应将该测站的观测结果废去重测。

8）有正、负意义的量在记录计算时都应带上“+”“-”号，正号不能省略。中丝读数要求读记四位数，前后的零都要读记。

9）作业人员应在手簿的相应栏内签名，并填注作业日期、开始及结束时刻、天气及观测情况和使用仪器型号等。

10）作业手簿必须经过小组认真地检查（记录员和观测员各检查一遍），确认合格后方可提交上一级检查验收。

3. 附合水准路线的内业计算

【例 4-2】某附合水准路线，A、B 为已知水准点，A 点高程为 65.376m，B 点高程为 68.623m，点 1、2、3 为待测水准点，各测段高差、测站数、距离如图 4-90 所示。试进行、附合水准路线的内业计算。

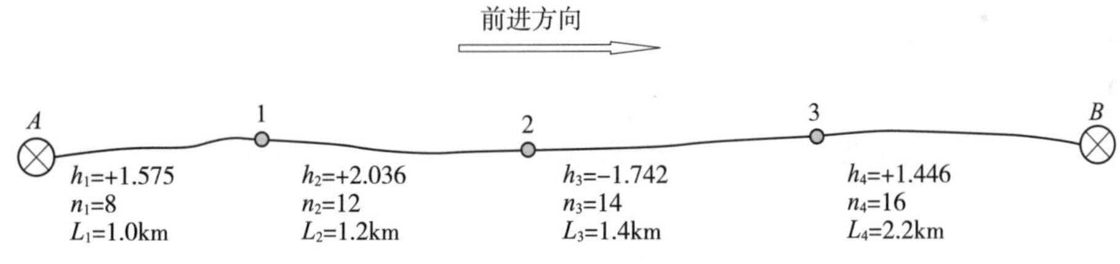

图 4-90　附合水准路线的内业计算

【解】（1）计算高差闭合差

$$f_h=\sum h_{测}-（H_B-H_A）=3.315-（68.623-65.376）=+0.068\text{m}$$

（2）判断闭合差是否超限

因是平地，故闭合差容许值为：$f_{h容}=\pm 40\sqrt{L}=\pm 40\sqrt{5.8}=\pm 96\text{mm}$

因为 $|f_h|<|f_{h容}|$，其精度符合要求。

（3）计算各测段闭合差的分配

$$v_1=-\frac{f_h}{\sum L}L=-\frac{0.068}{5.8}\times 1.0=-0.012$$

$$v_2=-\frac{f_h}{\sum L}L=-\frac{0.068}{5.8}\times 1.2=-0.014$$

$$v_3=-\frac{f_h}{\sum L}L=-\frac{0.068}{5.8}\times 1.4=-0.016$$

$$v_4=-\frac{f_h}{\sum L}L=-\frac{0.068}{5.8}\times 2.2=-0.026$$

（4）计算各测段改正后的高差

$$h_{1改}=h_{1测}+V_1=+1.575-0.012=+1.563\text{m}$$

$$h_{2改}=h_{2测}+V_2=+2.036-0.014=+2.022\text{m}$$

$$h_{3改}=h_{3测}+V_3=-1.742-0.016=-1.758\text{m}$$

$$h_{4改}=h_{4测}+V_4=+1.446-0.026=+1.420\text{m}$$

（5）计算各点的高程值

$$H_1=H_A+h_{1改}=65.376+1.563=66.939\text{m}$$

$$H_2=H_1+h_{2改}=66.939+2.022=68.961\text{m}$$

$$H_3=H_2+h_{3改}=68.961-1.758=67.203\text{m}$$

$$H_4=H_3+h_{4改}=67.203+1.420=68.623\text{m}$$

附合水准测量成果计算见表 4-10。

附合水准测量成果计算　　表 4-10

测段	测点	距离（km）	实测高差（m）	改正数（m）	改正后的高差（m）	高程（m）
1	BM_A	1.0	+1.575	−0.012	+1.563	65.376
2	BM_1	1.2	+2.036	−0.014	+2.022	66.939
3	BM_2	1.4	−1.742	−0.016	−1.758	68.961
4	BM_3	2.2	+1.446	−0.026	+1.420	67.203
Σ	BM_B	5.8	+3.315	−0.068	+3.247	68.623
辅助计算	$f_h=+0.068$　$f_{h容}=\pm 96\text{mm}$　$\sum L=5.8\text{km}$　$-f_h/\sum L=-12\text{mm/km}$					

【练习】某附合水准路线观测结果如图 4-91 所示，起始点 BM_A 的高程 H_A=68.441m，终点 BM_B 的高程 H_B=72.381m，试计算出 1、2、3 点的高程。

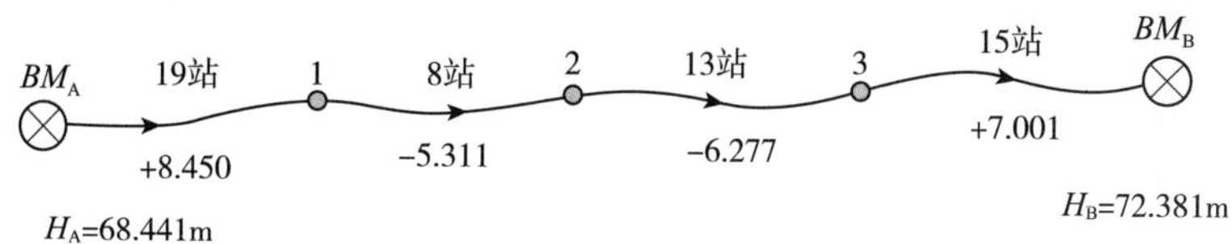

图 4–91　附合水准路线观测结果

4.2.2　角度测量

1. 角度测量原理

（1）水平角测量原理

水平角是指空间两条相交直线在某一水平面上垂直投影之间的夹角。如图 4–92 所示，地面上有高低不同的 A、B、C 三点。直线 BA、BC 在水平面 P 上的投影为 B_1A_1 与 B_1C_1，其夹角∠ $A_1B_1C_1$ 即为 BA、BC 两相交直线的水平角，用 β 表示。水平角的范围为 0°~360°。

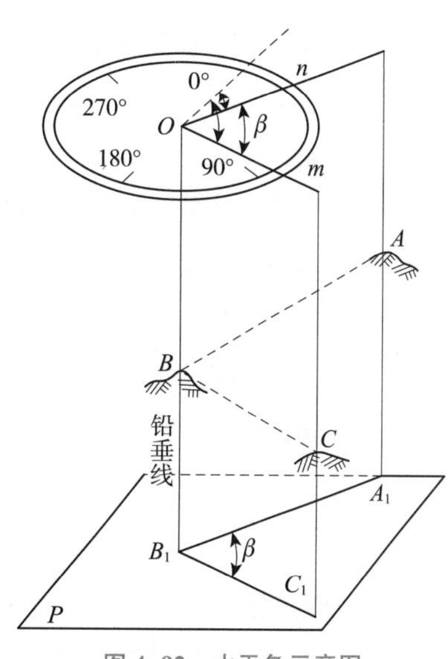

图 4–92　水平角示意图

为了测量 BA、BC 两相交直线水平角 β 的大小，可以在 B 点的上方某一高度水平放置一个有分划的圆盘，如图 4–92 所示，使其中心恰好位于过点 B 的铅垂线 BB_1 上。在度盘的中心上方，设置一个既可以水平转动又可以铅垂俯仰的望远镜照准装置。用望远镜分别照准 A、C 点，即可得到度盘上指标线处的读数 n、m。假设圆盘的刻划按顺时针注记，则很容易得出水平角 β 等于 C 点目标读数 m 减去 A 点目标（也称为起始目标）读数 n，即

$$\beta=m-n \tag{4–23}$$

（2）竖直角测量原理

竖直角是指在同一竖直面内，水平视线到空间直线间的夹角，也称高度角或垂直角，一般用 α 表示。如图 4–93 所示，O 点至地面目标 A 的竖直角 α_A 为视线 OA 与水平视线 OO' 的夹角。当空间直线位于水平视线之上时，称为仰角，α 为正值；当空间直线位于水平视线之下时，称为俯角，α 为负值。所以，竖直角的范围为 −90°~+90°。

在重力的作用下，地面上每一点均有一条指向地心的铅垂线（即自由落体方向），铅垂线的反方向（指向天顶）称为该点的天顶方向。如图 4–93 所示，在竖直平面内从天顶方向到空间直线之间的夹角称为天顶距，一般用 Z 表示，其范围为 0°~180°。则有 OA 直线方向的天顶距 Z 与竖直角 α 的关系为

$$\alpha=90°-Z \tag{4–24}$$

如图 4–93 所示，在望远镜照准装置的横轴一端安置一个均匀刻划的度盘，圆心与横轴重合，盘面铅垂，0°~180° 的直径方向与铅垂线同向，该度盘被称为竖直度盘；再于竖直度盘上设置一个与望远镜方向同步的读数指标线。这样，当望远镜照准目标 A 时，依指标线在竖直度盘上读取读数，该读数与水平位置的读数之差即为 O 点对于 A 点的竖直角 α。

图 4–93　竖直角

2. 水平角观测

（1）测回法

以盘左、盘右（即正、倒镜）分别观测两个方向之间水平角的方法，称为测回法。用盘左观测水平角时称为上半测回，用盘右观测水平角时称为下半测回，上半测回和下半测回合称一测回。这种测角方法只适用于观测两个方向之间的单个角度。如图 4–94 所示，欲测出地面上 OA、OB 两方向间的水平角 β，可先将经纬仪安置在角的顶点 O 上，进行对中、整平，并在 A、B 两点树立标杆或测钎作为照准标志。采用测回法观测一个测回的操作程序如下。

1）盘左位置

先盘左精确照准左方目标，即后视点 A，读数为 $a_{左}$，将水平度盘置在 0°00′ 或稍大的读数处（其目的是便于计算）并记入测回法测角记录表中。然后顺时针转动照准部照准右方目标，即前视点 B 读取水平度盘读数为 $b_{左}$，并记入记录表中。以上称为上半测回，其观测水平角值为：

$$\beta_{左}=b_{左}-a_{左} \tag{4–25}$$

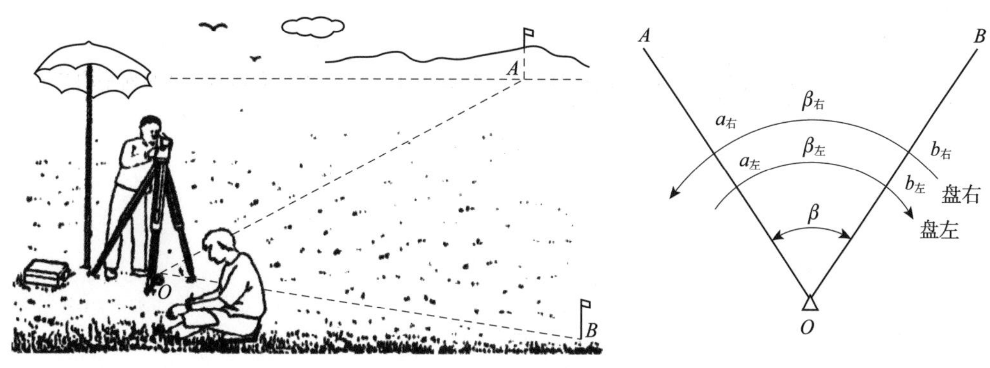

图 4–94 测回法观测水平角

2）盘右位置

倒转望远镜使盘左变为盘右，先精确照准右方目标，即前视点 B，读取水平度盘读数 $b_{右}$，并记入记录表中，再逆时针转动照准部照准左方目标，即后视点 A，读取水平度盘读数为 $a_{右}$，并记入记录表中，则得下半测回水平角值为：

$$\beta_{右}=b_{右}-a_{右} \tag{4–26}$$

3）一测回值

测回法通常有两个限差：一是两个半测回的角值之差，即上半测回角值和下半测回角值之差，称为半测回角值较差；二是各测回角值较差，又称为测回差。不同的仪器有不同的规定限值，对于 DJ6 型光学经纬仪，半测回角值较差 =36″；各测回角值较差 =24″。符合规定要求时，取其平均值作为一测回的观测结果。即一测回的水平角值为

$$\beta=\frac{1}{2}(\beta_{左}+\beta_{右}) \tag{4–27}$$

用测回法观测水平角时，一般在盘左位置时使起始方向（即左目标）的水平度盘读数配置为略大于 0° 的度数。DJ6 型光学经纬仪的配数方法为：在盘左位置瞄准左目标后，水平制动，拨动水平度盘拨盘手轮使水平度盘读数略大于零，即可见表 4–11 中的 0°02′24″，测回法观测水平角的记录、计算格式见表 4–11。

为了提高测角精度，同时削弱度盘分划误差的影响，角度观测往往需要进行几个测回，各测回的观测方法相同，但起始方向置数不同。设需要观测的测回数为 n，则各测回起始方向的度盘置数应按 $\frac{180°}{n}$ 递增，即：

测回法水平角观测记录手簿　　表 4-11

测站	测回	竖盘位置	目标	水平度盘读数（° ′ ″）	半测回角值（° ′ ″）	一测回角值（° ′ ″）	各测回平均角值（° ′ ″）
O	1	左	A	0 02 24	81 12 12	81 12 06	81 12 08
			B	81 14 36			
		右	B	261 14 36	81 12 00		
			A	180 02 36			
	2	左	A	90 03 06	81 12 06	81 12 09	
			B	171 15 12			
		右	B	351 15 12	81 12 12		
			A	270 03 00			

$$m_i=\frac{180°}{n}(i-1) \quad (4\text{–}28)$$

式中　n——测回数；

i——测回序号；

m_i——第 i 测回的度盘置数。

举例：当需要观测 3 个测回时，即每个测回起始方向读数应配置在 0°00′、60°00′、120°00′ 或稍大的读数。但应注意，不论观测多少个测回，第 1 测回的置数均应当为 0°。当各测回观测角值较差不超过规定限差时，取各测回平均值作为最后结果。

（2）方向观测法

在 1 个测站上当观测方向有 3 个或 3 个以上时，可将这些方向合为一组，通过观测各个方向的方向值（水平度盘读数值），然后计算出相应角值，这种观测方法称为方向观测法。当方向数超过 3 个时，自起始方向起，观测完所有方向后，应再次观测起始方向，这种观测方法称为全圆方向观测法。方向观测法的记录手簿参见表 4-12，测量的限差要求见表 4-13。

1）观测程序

如图 4-95 所示，欲观测 O 点到 A、B、C、D 各方向之间的水平角，可将经纬仪安置在 O 点上，进行对中、整平，并在 A、B、C、D 四点树立标杆或测钎作为照准标志，采用方向观测法观测 1 个测回的步骤如下：

选定一个距离适中、目标清晰的方向 A 作为起始方向（又称为零方向），以盘左位置照准目标 A，将水平度盘置在 0°00′ 或稍大的读数处，将读数记入表 4-12 所示的观测手簿的第 4 列。顺时针方向旋转照准部，依次照准目标 B、C、D，将各方向的水平度盘读数依次记入表 4-12 的第 4 列。由于总方向数超过 3 个，最后还要顺时针回到起始方向 A，读取水平度盘读数并记入表 4–12 的第 4 列，这一步称为归零，其目的是为了检查水平度盘的位置在观测过程中是否发生变动。上述全部工作称为盘左半测回或上半测回。

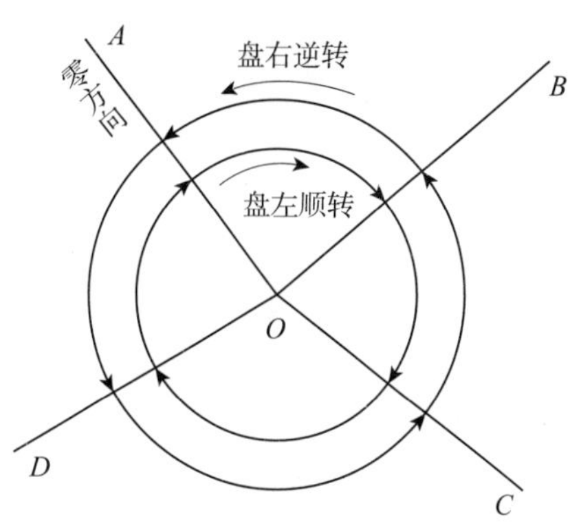

图 4–95 全圆方向观测法

倒转望远镜，用盘右位置照准目标 A，读数，记入表 4–12 的第 5 列，然后按逆时针方向依次照准目标 D、C、B、A，读数，依次记入表 4–12 的第 5 列，此为盘右半测回或下半测回，在下半测回观测中又两次照准目标 A，故称为下半测回归零。

上、下半测回合称一测回。同样，为了提高测角精度，可变换水平度盘位置观测几个测回，各测回变换起始方向度盘读数方法同测回法一样，即各测回起始方向仍应按$\frac{180°}{n}$（n 为测回数）的差值置数。

方向观测法记录手簿　　表 4–12

测站	测回数	目标	水平度盘读数		2c= 左 –（右 ±180°）（″）	平均读数 [左 +（右 ±180）]/2（° ′ ″）	一测回归零方向值（° ′ ″）	各测回归零方向值（° ′ ″）
			盘左（° ′ ″）	盘右（° ′ ″）				
1	2	3	4	5	6	7	8	9
O	第 1 测回	A	0 02 22	180 02 10	+12	（0 02 19） 0 02 16	0 00 00	0 00 00
		B	37 44 34	217 44 16	+18	37 44 25	37 42 06	37 42 11
		C	110 29 16	290 29 10	+06	110 29 13	110 26 54	110 26 56
		D	150 14 52	330 14 46	+06	150 14 49	150 12 30	150 12 26
		A	0 02 28	180 02 16	+12	0 02 22		
		归零差	$\Delta_{左}$=06″	$\Delta_{右}$=06″				
	第 2 测回	A	90 03 30	270 03 34	–04	（90 03 33） 90 03 32	0 00 00	
		B	127 45 52	307 45 46	+06	127 45 49	37 42 16	
		C	200 30 34	20 30 28	+06	200 30 31	110 26 58	
		D	240 15 52	60 15 58	–06	240 15 55	150 12 22	
		A	90 03 34	270 03 34	00	90 03 34		
		归零差	$\Delta_{左}$=04″	$\Delta_{右}$=00″				

方向观测法限差要求　　表 4–13

限差项目	DJ2 型	DJ6 型
半测回归零差 Δ	12″	24″
同一测回 2*c* 互差	18″	—
各测回归零方向值之较差	12″	24″

2）数据处理

①计算半测回归零差

起始方向 *A* 的两次读数之差的绝对值称为半测回归零差，用 Δ 表示，则有 $\Delta_{左}$、$\Delta_{右}$。归零差不应超过表 4–13 中的规定，如果归零差超限，应及时重测。

②计算两倍视准轴误差 2*c* 值

2*c* 属于仪器误差，高度角一致时，同一台仪器的 2*c* 值应当是个固定值。受测量精度要求及仪器本身条件等影响，目前仅对 DJ2 以上级别光学经纬仪的 2*c* 值有要求，对 DJ6 型光学经纬仪的 2*c* 值未作要求。同一方向上盘左盘右的读数之差，称为视准轴误差，简称 2*c*，即：

$$2c=\text{盘左读数}-(\text{盘右读数}\ \pm 180°) \tag{4–29}$$

式中，盘右读数大于 180° 时取“–”号，盘右读数小于 180° 时取“+”号。计算值填入表 4–12 的第 6 列中。2*c* 值变动的大小可以反映观测质量，一测回内各方向的 2*c* 值不应超过表 4–13 中的规定，如果超限，应在原度盘位置重测。

③计算平均读数

平均读数又称为各方向的方向值，计算时以盘左读数为准，将盘右读数加或减 180° 后，和盘左读数取平均值，即：

$$\text{平均读数}=\frac{\text{盘左读数}+(\text{盘右读数}\ \pm 180)}{2} \tag{4–30}$$

起始方向有两个平均读数，应再取这两个平均读数的平均值，记录在表 4–12 第 7 列相应单元格的上方，并加括号。

④计算一测回归零方向值

将各方向的平均读数减去起始方向的平均读数（即括号内的值），即得各方向的归零后的方向值，将数据记入表 4–12 的第 8 列。

⑤计算各测回归零方向值

多回观测时，若同一方向的各测回归零方向值之较差不超过表 4–13 中的规定，则取各测回归零方向值的平均值，作为该方向的最后结果，记入表 4–12 的第 9 列。

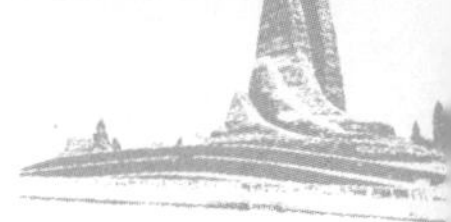

3）水平角观测注意事项

①仪器高度要和观测者的身高相适应；三脚架要踩实，仪器与脚架连接要牢固；操作仪器时不要手扶三脚架，走动时要防止碰动脚架，使用各种螺旋时用力要适当。

②对中要认真、仔细。特别是对于边长较短的水平角观测，对中要求应更严格。

③严格整平仪器。当观测目标间高低相差较大时，更需注意仪器整平。

④观测目标要竖直，尽可能用十字丝中心部位瞄准目标（标杆或测钎）底部，并注意消除视差。

⑤有阳光照射时，要打伞遮光观测：一测回观测过程中，不得再调整照准部管水准器气泡；如气泡偏离中心超过 1 格，应重新整平仪器，重新观测；在成像不清晰的情况下，要停止观测。

⑥对于一切原始观测值和记事项目，必须现场记录在正式的外业手簿中，字迹要清楚整齐、美观，不得涂改、擦改、重笔、转抄。手簿中各记事项目，每一测站或每一观测时间段的首末页都必须记载清楚，填写齐全。进行方向观测时，每站第 1 测回应记录所观测的方向序号、点名和照准目标，其余测回仅记录方向序号即可。

⑦在 1 个测站上，只有当观测结果全部计算、检查合格后方可迁站。

4）数据记录要求

①手簿项目填写齐全，不留空页，不撕页。

②记录数字字体正规，符合规定。

③读记错误的秒值不许改动，应重新观测。读记错误的度、分值，必须在现场更改，但同一方向盘左、盘右、半测回方向值三者不得同时更改 2 个相关数字，同一测站不得有 2 个相关数字连环更改，否则均应重测。

④凡更改错误，均应将错误数字、文字用横线整齐划去，在其上方写出正确数字或文字。原错误数字或文字应仍能看清，以便检查。需重测的方向或需重测的测回可用从左上角至右下角的斜线划去。凡划改的数字或划去的不合格结果，均应在备注栏内注明原因。需重测的方向或测回，应注明其重测结果所在页数。废站也应整齐划去并注明原因。

⑤补测或重测结果不得记录在测错的手簿页的前面。

3. 竖直角观测

（1）竖直度盘的结构与原理

经纬仪的竖直度盘（简称竖盘）垂直装在望远镜旋转轴（横轴）的一端，如图 4–96 所示，横轴垂直于竖盘且过竖盘中心，当望远镜在竖直面内绕横轴转动时，竖盘随望远镜一起转动，竖盘的影像通过棱镜和透镜所组成的光具组，成像在读数

显微镜的读数窗内。光具组的光轴和读数窗中测微尺的零分划线构成竖盘读数指标线，读数指标线相对于转动的度盘是固定不动的，因此，当转动望远镜照准高低不同的目标时，固定不动的指标线便可在转动的度盘上读到不同的读数。

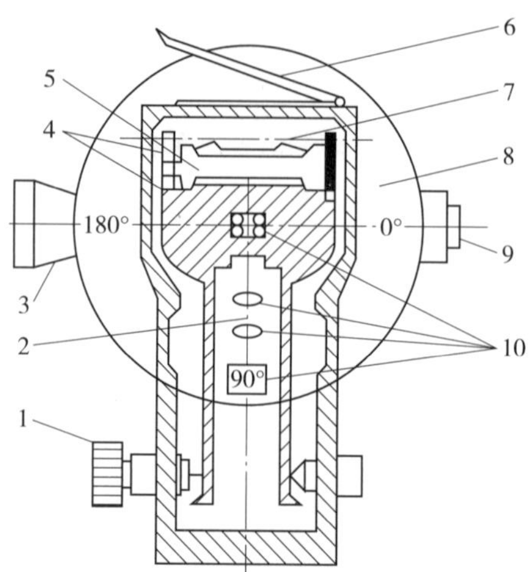

图 4–96　光学经纬仪竖盘构造

1—指标水准管微动螺旋；2—光具组光轴；3—望远镜；4—水准管校正螺钉；5—指标水准管；6—指标水准管反光镜；7—指标水准管轴；8—竖直度盘；9—目镜；10—光具组（透镜和棱镜）

光具组又和竖盘指标水准管相连，且竖盘指标水准管轴和光具组光轴相垂直。当转动竖盘指标水准管微动螺旋时，读数指标线做微小移动；当竖盘指标水准管气泡居中时，读数指标线处于正确位置。因此，在进行竖直角观测时，每次读取竖盘读数之前，都必须先使竖盘指标水准管气泡居中。

竖直度盘分划与水平度盘相似，但其注记形式较多，对于 DJ6 型光学经纬仪，竖盘刻度通常有 0°~360° 顺时针和逆时针注记两种形式，如图 4–97 所示。当竖直度盘的构造线水平（视准轴水平），竖盘水准管气泡居中时，竖盘盘左位置竖盘指标正确读数为 90°；同理，当视线水平且竖盘水准管气泡居中时，竖盘盘右位置竖盘指标正确读数为 270°。

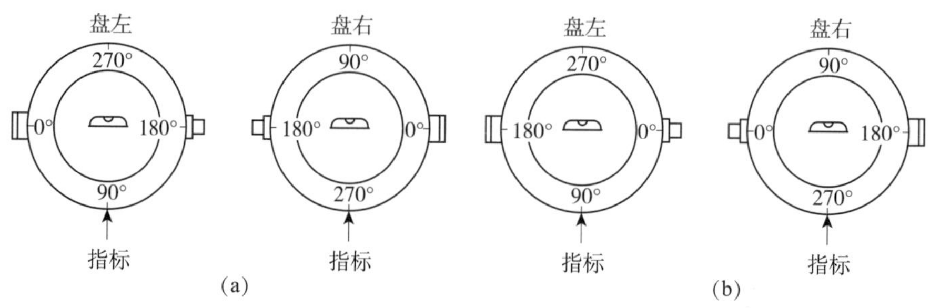

图 4–97　竖盘注记形式

（a）逆时针；（b）顺时针

（2）竖直角的计算

当经纬仪在测站上安置好后，首先应依据竖盘的注记形式推导出测定竖直角的计算公式，其具体做法如下：

1）在盘左位置把望远镜大致置于水平，这时竖盘读数值约为 90°（若置盘右位置，

约为 270°)，这个读数称为始读数。

2）慢慢仰起望远镜物镜，观测竖盘读数（盘左时记作 L，盘右时记作 R)，并将结果与始读数相比，看是增加还是减少。

3）以盘左为例，若 $L>90°$，则竖直角的计算公式为：

$$\alpha_{左}=L-90° \tag{4-31}$$

$$\alpha_{右}=270°-R \tag{4-32}$$

若 $L<90°$，则竖直角的计算公式为：

$$\alpha_{左}=90°-L \tag{4-33}$$

$$\alpha_{右}=R-270° \tag{4-34}$$

平均竖直角为：

$$L<90°：\alpha=\frac{\alpha_{左}+\alpha_{右}}{2}=\frac{(R-L)-180°}{2} \tag{4-35}$$

$$L>90°：\alpha=\frac{\alpha_{左}+\alpha_{右}}{2}=\frac{(L-R)+180°}{2} \tag{4-36}$$

竖直角计算公式是在假定读数指标线位置正确的情况下得出的，但在实际工作中，当望远镜视线水平且竖盘指标水准管气泡居中时，竖盘读数往往不是应有的常数，这是由于竖盘指标偏离了正确位置，使视线水平时的竖盘读数比该常数大或小了一定数值，这个偏离值称为竖盘指标差，一般用 X 表示。在测量竖直角时，用盘左、盘右观测取平均值的办法可以消除竖盘指标差的影响。竖直角观测中，同一仪器观测各个方向的指标差应当相等，若不相等则是由于照准、整平和读数存在误差所导致的。

竖盘指标差的计算公式为：

$$X=\frac{\alpha_{左}-\alpha_{右}}{2}=\frac{R+L-360°}{2} \tag{4-37}$$

在测站上安置仪器后，应先确定竖直角的计算公式，目前经纬仪多采用天顶式顺时针注记，当望远镜视线水平，竖盘指标水准管气泡居中时，盘左位置，视线水平读数为 90°，望远镜上仰，读数减小时，采用式（4–31）和式（4–32）计算竖直角；盘右位置，视线水平时读数为 270°，当望远镜上仰，读数增大时，采用式（4–33）和式（4–34）计算竖直角。

【例 4–3】用如图 4–98 所示的经纬仪，观测一高处目标，盘左时读数为 81°15′42″，盘右时读数为 278°44′24″，计算竖直角的大小。

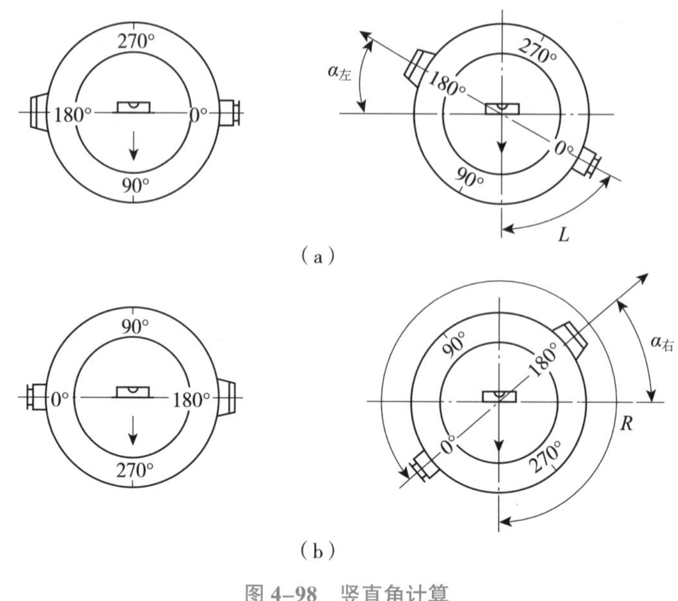

图 4-98　竖直角计算
（a）盘左；（b）盘右

【解】将盘左、盘右读数代入式（4-35），则

$$\alpha=\frac{\alpha_{左}+\alpha_{右}}{2}=\frac{(R-L)\ -180°}{2}$$

$$=\frac{278°44'24''-81°15'42''-180°}{2}=+8°44'21''$$

（3）竖直角观测的操作步骤

1）在测站上安置仪器，进行对中、整平、量取仪器高（测站点标志顶端至仪器横轴的垂直距离）。

2）当仪器整平后，用盘左位置照准目标，固定照准部和望远镜，转动水平微动螺旋和竖直微动螺旋，使十字丝的中丝精确切准目标的特定部位。

3）旋转竖盘指标水准器微动螺旋，使其气泡居中，重新检查目标切准情况，确认无误后即可读数，记入手簿中相应位置，即表 4-14 第 6 列相应位置。对于有自动安平补偿器的经纬仪，则无指标水准器，不需此项操作，观测时，切准目标后即可观测读数。

4）纵转望远镜，用盘右位置照准同一目标的同一特定部位，按 3）操作并读数，记入表 4-14 的第 6 列相应位置。

以上观测称为一测回。此观测法仅用十字丝的中丝照准目标，故称为中丝法。

图根控制的竖直角观测，一般要求用中丝法观测两测回，且两个测回要分别进行，不得用两次读数的方法代替。

当一个测站上要观测多个目标时，可将3~4个目标作为一组，先观测本组所有目标的盘左，再纵转望远镜观测本组所有目标的盘右，将该数分别记入手簿相应栏内，这样可以减少纵转望远镜的次数，节约观测时间，但要防止记簿时记错位置。

对某一目标观测一测回结束后，即可计算其指标差 X，记入表4–14的第7列；然后计算其竖直角 α 的大小，记入表4–14的第8列。当2个测回所测竖直角互差不超过限差规定（±24″）时，取其平均值作为最后结果，记入表4–14的第8列。在一个测站上一次设站观测结束后，如果本站所有指标差互差不超过限差要求（±24″）时，则本站竖直角观测合格，否则超限目标应重测。

竖直角观测记录手簿　　表4–14

测站	仪器高（m）	目标	目标高（m）	竖盘位置	竖盘读数（° ′ ″）	指标差（″）	半测回竖直角（° ′ ″）	一测回竖直角（° ′ ″）
1	2	3	4	5	6	7	8	9
O	1.56	*A*	2.64	左	81 48 36	+3	+8 11 24	+8 11 27
				右	278 11 30		+8 11 30	
		B	2.82	左	96 26 42	+24	−6 26 42	−6 26 18
				右	263 34 06		−6 25 54	

（4）竖直角观测的注意事项

1）横丝切准目标的特定部位，要在观测手簿相应栏内注明或绘图表示，不能含糊不清或没有交代。同一目标必须切准同一部位。

2）盘左、盘右照准目标时，应使目标影像位于纵丝附近两侧的对称位置上，这样有利于消除横丝不水平引起的误差。

3）每次读数前必须使指标水准器气泡居中（对自动安平经纬仪则无此要求）。

4）图根控制的竖直角观测时间段一般不予限制，但对于视线过长或通过江河湖海等水面时，应选择在中午前后进行观测，避免在日出前和日落后温差较大时观测。

5）每次设站应及时量取仪器高和观测目标高，量至厘米，记入观测手簿相应栏内，并将量取觇标高的特定部位在手簿相应栏内注明。

6）记录要求同水平角观测。

4.2.3 距离测量方法与直线定向

如果地面两点间距离较长，一整尺不能量完或由于地面起伏不平，不便用整尺段直接丈量，就须在两点间加设若个中间点，而将全长分成几小段。这种在某直线段的方向上确定一系列中间点的工作，称为直线定线，简称定线。定线方法有目估定线、经纬仪定线和拉线定线，一般量距时用目估定线，精密量距时用经纬仪定线，距离不长时可用拉线定线。

1. 直线定线

（1）目估定线

如图 4–99 所示，设 *A* 和 *B* 为地面上相互通视、待测距离的两点。现要在直线 *AB* 上定出等分段点 1、2，具体方法为：先在 *A*、*B* 两点上竖立标杆，甲站在 *A* 杆后约 1m 处，指挥乙左右移动标杆，直到甲在 *A* 点沿标杆的同一侧看见 *A*、1、*B* 三点处的花杆在同一直线上。用同样方法可定出点 2。直线定线一般应由远到近，即先定分段点 1，再定分段点 2。为了不挡住甲的视线，乙应持标杆站立在直线方向的左侧或右侧。

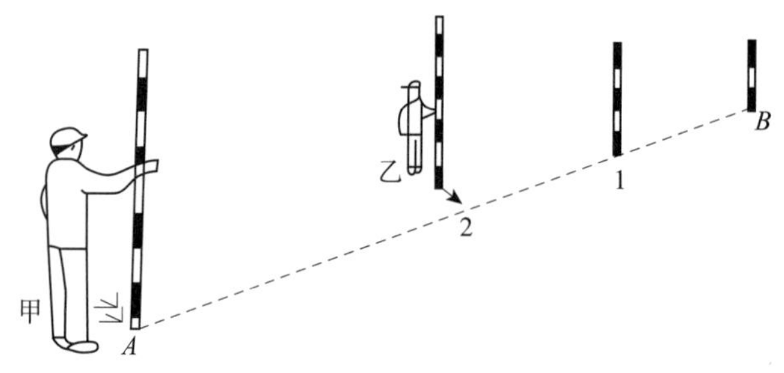

图 4–99 目估定线

在实际工作中，*A*、*B* 两点可能由于地形或障碍物阻挡而不通视，如图 4–100 所示，*A*、*B* 两点在高地两侧，此时可以采用逐渐趋近的方法进行定线。首先在 *A*、*B* 两点上竖立标杆，甲乙两人各持标杆分别选择在 C_1 和 D_1 处站立，要求 *B*、D_1、C_1 位于同一直线上，且甲能看到 *B* 点，乙能看到 *A* 点。为此，可先由甲站在 *C* 处指挥乙移动至 BC_1 直

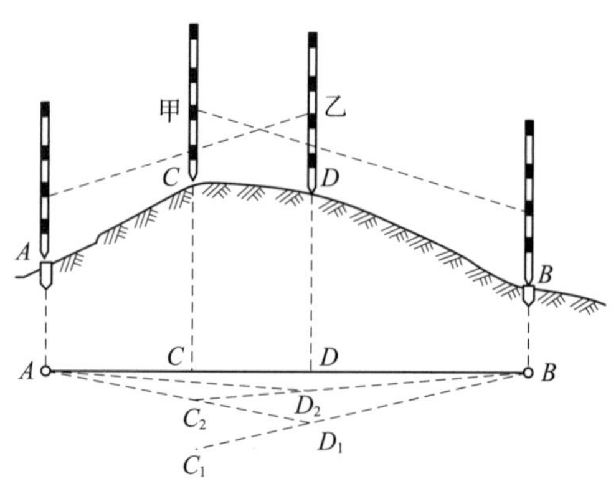

图 4–100 逐渐趋近定线

线上的 D_1 处。然后由站在 D_1 处的乙指挥甲移动至 AD_1 直线上的 C_2 处，要求甲站在 C_2 处能看到 B 点。接着再由站在 C_2 处的甲指挥乙移至能看到 A 点的 D_2 处，这样逐渐趋近，直到 C、D、B 在一条直线上，同时 A、C、D 也在一条直线上，这时说明 A、C、D、B 均在同一条直线上。

（2）经纬仪定线

当直线定线精度要求较高时，可用经纬仪等角度测量仪器定线。如图 4–101 所示，欲在 AB 直线上确定出 1、2 点的位置，可将经纬仪安置于 A 点，用望远镜照准 B 点，固定照准部制动螺旋，然后将望远镜向下俯视，将十字丝交点投测到 AB 线上相应点，打下木桩，并在桩顶钉小钉以确定出 1 点的位置。同法标定出 2 点的位置。

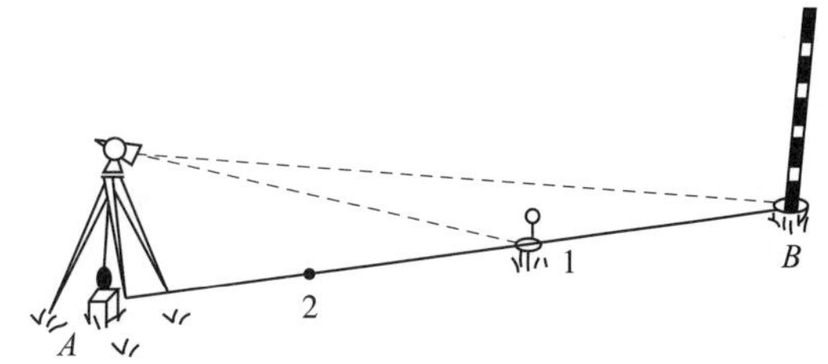

图 4–101 经纬仪定线

（3）拉线定线

在建筑工程施工过程中，常利用一根拉直的细线将轴线定位于两端点处，沿细线位置弹墨线或撒白灰，作为施工的依据，这就是拉线定线。

2. 量距方法

（1）一般量距

1）平坦地面

在平坦地区，量距精度要求不高时，可采用整尺法量距，直接用钢尺沿地面丈量。如图 4–102 所示，量距前，先在直线两端点 A、B 处立标杆，然后由后拉尺员持钢尺零点一端，前拉尺员持钢尺末端并持一束测钎按定线方向沿地面拉紧钢尺，前拉尺员在尺末端分划处垂直插下一个测钎，这样就可以量定一个尺段。然后，前、后拉尺员同时将钢尺抬起（悬空，勿在地面拖拉）前进。后拉尺员走到第一根测钎处，用零端对准测钎，前拉尺员拉紧钢尺在整尺端处插下第二根测钎，依次继续丈量。每量完一尺段，前进时后拉尺员要注意收回测钎，最后一尺段不足一整尺时，前拉

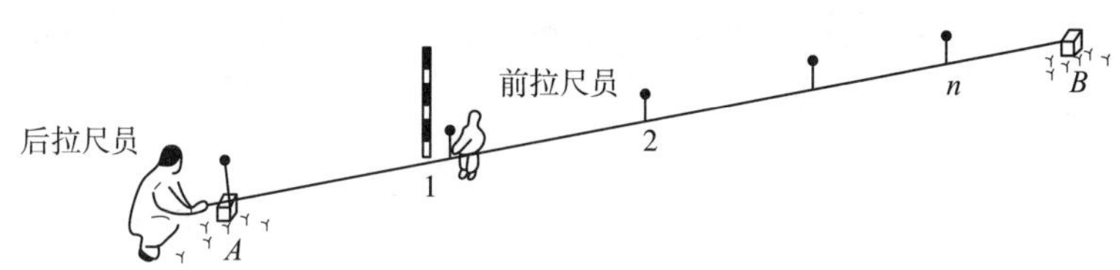

图 4–102 平坦地面量距

尺员在 B 点标志处读取尺上刻划值，后拉尺员手中测钎数为整尺段数。设整尺段数为 n，钢尺长度为 l_0，不到一个整尺段距离为余长 Δl，则水平距离 D 可按下式计算：

$$D=n\cdot l_0+\Delta l \tag{4-38}$$

2）倾斜地面

当在高低起伏的地面量距时，一般采取抬高尺子一端或两端，使尺子呈水平以量得直线的水平距离。如图 4–103（a）所示，在丈量时，使尺子一端对准地面标志点，将另一端抬高使尺子水平（目估）。拉紧后，悬挂垂球线使其对准尺上分划线，再以测钎标出垂球尖端所对的地面点位，即为该分划线的水平投影位置。连续分段测量，可求得 AB 直线的水平距离。

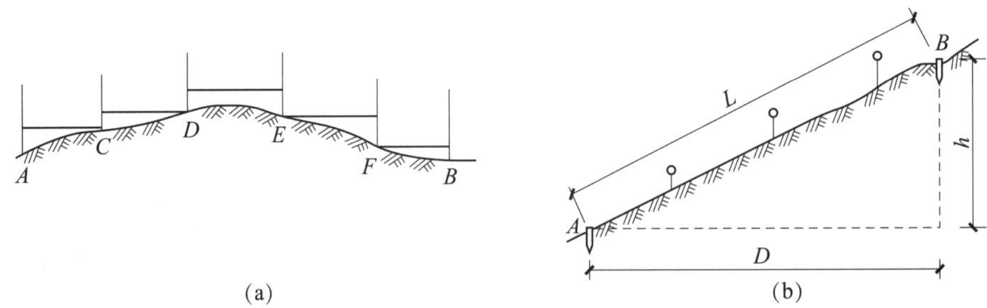

图 4–103　倾斜地面量距

（a）高低起伏的地面量距；（b）高差较大但坡度均匀的量距

如果两点间高差较大，但地面坡度比较均匀，大致成一倾斜面，如图 4–103（b）所示，则可沿地面丈量倾斜距离 L，用水准仪测定两点间的高差 h，则水平距离 D 的计算公式为：

$$D=\sqrt{L^2-h^2} \tag{4-39}$$

为了防止错误和提高丈量精度，通常要进行往返丈量，一般用相对误差来衡量距离丈量结果的精度。钢尺量距的精度与测区的地形和工作条件有关。对于图根水准测量，钢尺量往返之差的相对误差不得大于 1/3000。符合限差规定时取平均值作为最终丈量结果。

【例 4–4】一条直线往测长度为 327.57m，返测长度为 327.51m，求其最终测量值。

【解】该直线长度的测量值：

$$D_{平均}=\frac{1}{2}（D_{往}+D_{返}）=\frac{1}{2}\times（327.57+327.51）=327.54\text{m}$$

该直线相对误差为：

$$K=\frac{|D_{往}-D_{返}|}{D_{平均}}=\frac{|327.57-327.51|}{327.54}=\frac{1}{5459}$$

根据上述限差，该次丈量结果合乎要求，则其测量的最终结果为 327.54m。

（2）精密量距

当量距精度要求在 1/10000 以上时，要用精密量距法。精密量距可以采用钢尺悬空丈量并在尺段两端同时读数的方法进行。丈量前，先用仪器定线，并在方向线上标定出略短于测尺长度的若干线段。各线段的端点用木桩标志，桩顶面刻划“十”字表示端点点位。量距时需要 5 人，其中 2 人拉尺，2 人读数，1 人指挥兼记录、观测温度。以 30m 的钢尺，标准拉力为 100N 为例，如图 4–104 所示，丈量时，从直线一端开始，将钢尺一端连接在弹簧秤上，钢尺零端在前，末端在后。然后将钢尺两端置于木桩上，2 位拉尺员用检定时的拉力把钢尺拉直后，前、后读尺员同时进行读数，读到毫米，记簿员随即将读数记入手簿，表 4–15 以同样方法逐段丈量（应往返丈量）。这种丈量方法要求每尺段应进行 3 次读数，每次读数前，稍许移动钢尺，使尺上不同分划对准端点，每次移动量可在 10cm 范围内变动。若 3 次读数算得的尺段长度的较差限度在规定限度内（按不同要求而定，一般要求不超过 2~5mm），可取 3 次的平均值作为该尺段的最后结果。若其中 1 次读数超限，应再进行 1 次读数。对每一尺段进行读数时，还应在丈量前或丈量后用仪器测定温度。

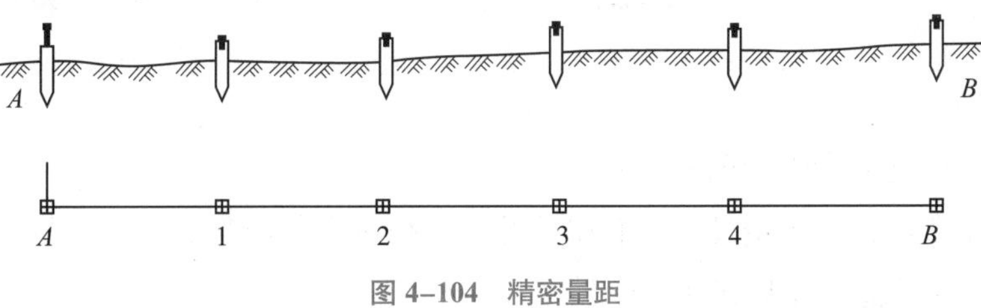

图 4–104 精密量距

精密量距记录计算表 表 4–15

钢尺号码：No.12 钢尺膨胀系数：1.25×10^{-5}/℃ 钢尺检定时温度：20℃

钢尺名义长度：30m 钢尺检定长度：30.005m 钢尺检定时拉力：100N

尺段编号	实测次数	前尺读数（m）	后尺读数（m）	尺段长度（m）	温度（℃）	高差（m）	温度改正数（m）	倾斜改正数（m）	尺长改正数（m）	改正后尺段长（m）
A–1	1	29.4350	0.0410	29.3940	+25.5	+0.36	+2.0	−2.2	+4.9	29.3977
	2	510	580	930						
	3	025	105	920						
	平均			29.3930						

续表

尺段编号	实测次数	前尺读数（m）	后尺读数（m）	尺段长度（m）	温度（℃）	高差（m）	温度改正数（m）	倾斜改正数（m）	尺长改正数（m）	改正后尺段长（m）
1–2	1	29.9360	0.0700	29.8660	+26.0	+0.25	+2.2	−1.0	+5.0	29.8714
	2	400	755	645						
	3	500	850	650						
	平均			29.8652						
2–3	1	29.9320	0.0175	29.9055	+26.5	−0.66	+2.3	−7.3	+5.0	29.9057
	2	300	250	050						
	3	380	315	065						
	平均			29.9057						
3–4	1	29.9253	0.0185	29.9050	+27.0	−0.54	+2.5	−4.9	+5.0	29.9083
	2	305	255	050						
	3	380	310	070						
	平均			29.9057						
4–*B*	1	15.9755	0.0765	15.8990	+27.5	+0.42	+1.4	−5.5	+2.6	15.8975
	2	540	555	985						
	3	805	810	995						
	平均			15.8990						
总和				134.9686			+10.3	−20.9	+22.5	134.9806

记录：　　　　　　　　　　计算：　　　　　　　　　　校核：

（3）钢尺量距的结果整理

钢尺量距时，由于钢尺长度有误差并受量距时的环境影响，对量距结果应进行以下几项改正才能保证距离测量精度。

1）尺长改正

钢尺名义长度为 l_0，一般和实际长度不相等，每量一段都需加入尺长改正。假设在标准拉力、标准温度下经过检定钢尺的整段实际长度为 l，则任一长度 L 的尺长改正数 ΔD_L 为：

$$\Delta D_{\mathrm{L}} = \frac{\Delta l}{l_0} \cdot L = \frac{l - l_0}{l_0} \cdot L \tag{4-40}$$

式中　Δl——钢尺整尺段的尺长改正；

l——钢尺实际长度；

l_0——钢尺所刻注长度，即名义长度；

L——钢尺丈量的任一长度。

2）温度改正

钢尺长度受温度影响会伸缩。当野外量距时如发生温度与检定钢尺时温度 t_0 不一致的情况，要进行温度改正，则长度 L 的温度改正数 ΔD_t 为：

$$\Delta D_t = L\alpha(t - t_0) \tag{4-41}$$

式中 α——钢尺膨胀系数，一般为 12.5×10^{-6}；

t——丈量时钢尺温度；

t_0——钢尺的检定温度。

3）倾斜改正

设某尺段两端的高差为 h，丈量斜距为 L，水平距离为 D，则其倾斜改正数 ΔD_h 为：

$$\Delta D_h = D - L \approx -\frac{h^2}{2L} \tag{4-42}$$

经过以上三项改正后就可求得水平距离为：

$$D = L + \Delta D_L + \Delta D_t + \Delta D_h \tag{4-43}$$

3. 钢尺检定

由于制造误差、长期使用产生的变形等原因，钢尺的名义长度和实际长度往往不一样，因此在精密量距前必须对钢尺进行检定。钢尺检定一般用平台法，由专门的计量单位在特定的钢尺检定室进行。将钢尺放在长度为 30m 或 50m 的水泥平台上，平台两端安装有施加拉力的拉力架，给钢尺施加标准拉力，然后用标准尺量测被检定的钢尺，得到在标准温度标准拉力下的实际长度，最后给出尺长随温度变化的函数式，称为尺长方程式，即：

$$l = l_0 + \Delta l + \alpha(t - t_0)l_0 \tag{4-44}$$

式中 l——钢尺实际长度；

l_0——钢尺名义长度；

Δl——尺长改正数，即钢尺在温度 t 时的改正数；

α——钢尺膨胀系数，一般为 12.5×10^{-6}；

t——距离丈量时的温度；

t_0——钢尺检定时的温度（一般换算到标准温度 20℃）。

【例 4-5】某钢尺的名义长度为 50m，当温度为 20℃时，其真实长度为 49.994m，求钢尺的尺长方程式。

【解】根据题意，l_0=50m，t=20℃，Δl=49.994−50=−0.006m，则

该钢尺的尺长方程式为 $l=50-0.006+12.5\times10^{-6}\times50\times(t-20)$。

4. 直线定向

确定地面上两点之间的相对位置，除了需要测定两点之间的水平距离外，还需确定两点所连直线的方向。在测量上，直线方向是以该直线与某一基本方向线之间的夹角来确定的，确定直线方向与基本方向之间的关系，称为直线定向。

（1）标准方向

1）真子午线方向

地球表面任意一点指向地球南、北极的方向线为该点的真子午线，真子午线的切线方向为该点的真子午线方向，可以应用天文测量方法或者陀螺经纬仪来测定地球表面任意一点的真子午线方向。地面上两点真子午线之间的夹角称为子午线收敛角，用 γ 表示。

2）磁子午线方向

地球表面任意一点与地球磁场南、北极连线所组成的平面与地球表面的交线称为该点的磁子午线，磁子午线在该点的切线方向称为该点的磁子午线方向。磁针静止时所指的方向为该点的磁子午线方向，可以使用罗盘仪来测定。

由于地球的南、北极与地球磁场的南、北极不重合，因此过地表任意一点 P 的真子午线方向与磁子午线方向也不重合，两者间的夹角为磁偏角，用 δ 表示。当磁子午线在真子午线东侧时，称为东偏，为正；当磁子午线在真子午线西侧时，称为西偏，为负。我国磁偏角的变化范围为 −10°~+6°。

3）坐标子午线方向

坐标子午线方向又称坐标纵轴方向，它是指直角坐标系中坐标纵轴的方向。地面上各点真子午线都是指向地球的南、北极。但由于不同点的真子午线方向是不平行的，这给计算工作带来不便，因此，在普通测量中，一般采用坐标子午线作为标准方向，这样测区内地面各点的标准方向是相互平行的。

在高斯平面直角坐标系中，中央子午线与坐标子午线方向一致，除中央子午线外，其他地区的真子午线与坐标子午线不重合，两者所夹的角即为中央子午线与该地区子午线之间所夹的收敛角 γ。当坐标子午线在真子午线东侧时，γ 为正；当坐标子午线在真子午线西侧时，γ 为负。

（2）直线方向的表示方法

1）方位角

测量中直线的方向常用方位角表示，方位角是指由标准方向的北端顺时针方向

旋转至该直线方向的水平夹角。方位角的取值范围是 0°~360°。因为标准方向有三种，所以坐标方位角也有三种，如图 4–105 所示。

以真子午线北端起算的方位角为真方位角，用 A 表示。

以磁子午线北端起算的方位角为磁方位角，用 A_m 表示。

以坐标子午线（坐标纵轴）北端起算的方位角为坐标方位角，用 α 表示。

根据真子午线、磁子午线、坐标纵轴子午线三者之间的相互关系，如图 4–105 所示，方位角有以下联系：

$$A=A_m+\delta \text{（}\delta\text{ 东偏为正，西偏为负）} \tag{4–45}$$

$$A=\alpha+\gamma \text{（}\gamma\text{ 东偏为正，西偏为负）} \tag{4–46}$$

因此：

$$\alpha=A_m+\delta-\gamma \tag{4–47}$$

2）正反坐标方位角

测量工作中的直线都是具有一定方向的，一条直线的坐标方位角由于起始点的不同而存在着两个值。如图 4–106 所示，A 是起点，B 是终点，通过起点 A 的坐标纵轴方向与直线 AB 所夹的坐标方位角 α_{AB} 为直线 AB 的正坐标方位角；过终点 B 的坐标纵轴方向与直线 BA 所夹的坐标方位角 α_{BA}，为直线 AB 的反坐标方位角（是直线 BA 的正坐标方位角）。由于在同一坐标系内各点的坐标北方向均是平行的，所以一条直线的正反坐标方位角相差 180°，即

$$\alpha_{AB}=\alpha_{BA}\pm 180° \tag{4–48}$$

3）象限角

所谓象限角就是坐标纵线与目标直线所夹的锐角，常用 R 表示，其取值范围为 0°~90°。如图 4–107 所示，在测量坐标系中，直线 OA 位于第 Ⅰ 象限，象限角是

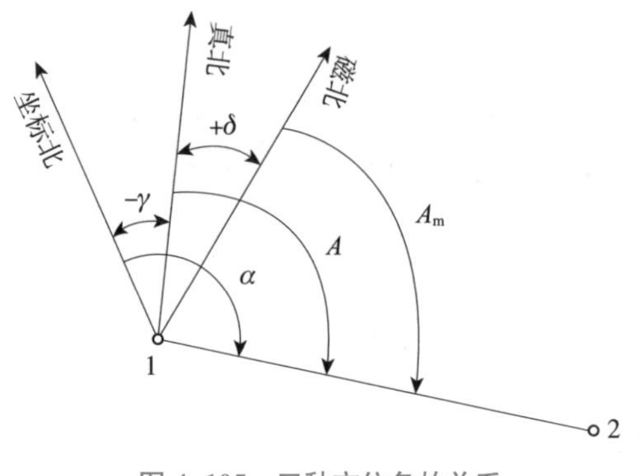

图 4–105　三种方位角的关系

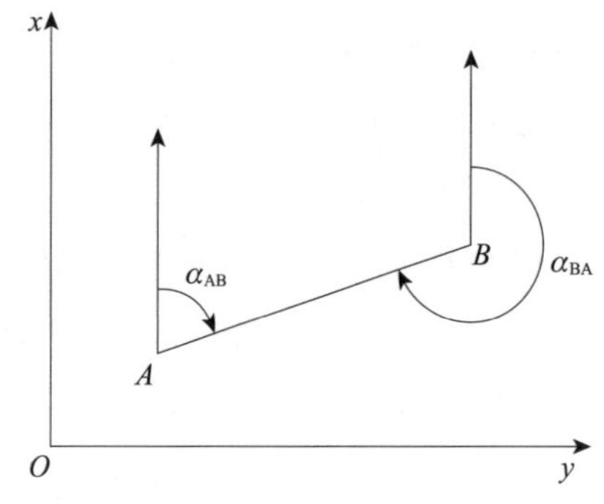

图 4–106　正反坐标方位角

R_{OA}；线 OB 位于第四象限，象限角是 R_{OB}；直线 OC 位于第三象限，象限角是 R_{OC}；直线 OD 位于第二象限，象限角是 R_{OD}。

坐标方位角和象限角均是表示直线方向的方法，它们之间既有区别又有联系。在实际测量中经常用到两者互换，由图 4–107 可以推算出它们之间的互换关系，见表 4–16。

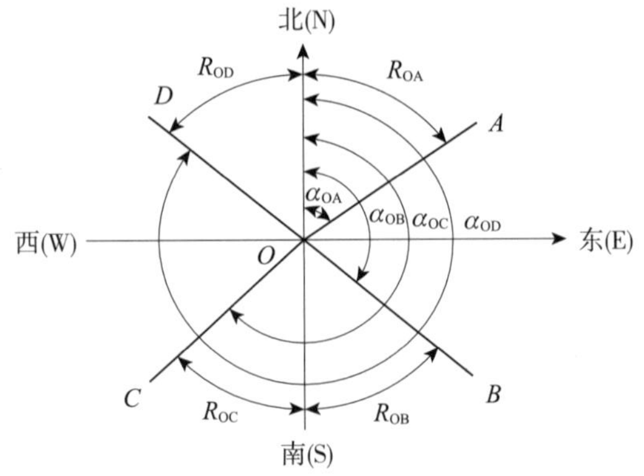

图 4–107 坐标方位角与象限角

坐标方位角和象限角的换算 表 4–16

直线方向	由坐标方位角 α 求象限角 R	由象限角 R 求坐标方位角 α
第一象限（北东）	$R=\alpha$	$\alpha=R$
第四象限（东南）	$R=180°-\alpha$	$\alpha=180°-R$
第三象限（西南）	$R=\alpha-180°$	$\alpha=180°+R$
第二象限（西北）	$R=360°-\alpha$	$\alpha=360-R$

5. 坐标计算

1）坐标正算

根据已知点的坐标和已知点到待定点的坐标方位角、边长计算待定点平面直角坐标的方法称为坐标正算。如图 4–108 所示，已知 A 点坐标为（X_A，Y_A），AB 两点之间的水平距离为 D_{AB}，直线 AB 的坐标方位角为 α_{AB}，则待定点 B 的坐标为：

$$\begin{cases} x_B = x_A + D_{AB}\cdot\cos\alpha_{AB} \\ y_B = y_A + D_{AB}\cdot\sin\alpha_{AB} \end{cases} \tag{4–49}$$

式（4–49）为坐标正算公式，由于坐标方位角和坐标增量都具有方向性，在实际应用中要注意下标的书写。

2）坐标反算

根据两个已知点的平面直角坐标，反过来计算它们之间水平距离和方位角的方法，称为坐标反算。如图 4–108 所示，假设已知 A 点坐标为（X_A，Y_A），B 点坐标为（X_B，Y_B），则可得直线 AB 的坐标增量为：

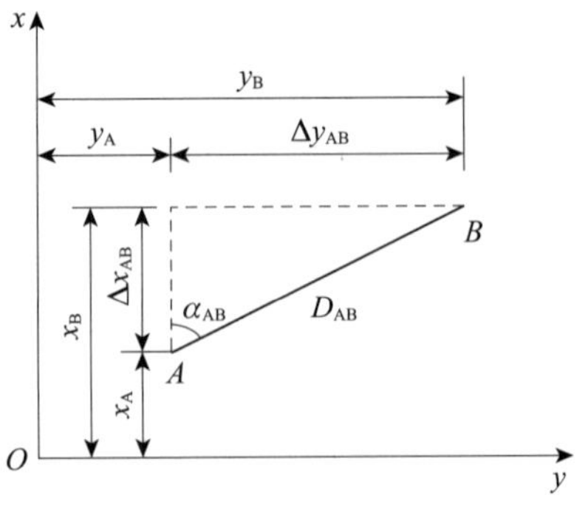

图 4–108 坐标计算

$$\begin{cases}\Delta x_{AB}=x_B-x_A\\ \Delta y_{AB}=y_B-y_A\end{cases}\tag{4-50}$$

由此可得直线 *AB* 的象限角：

$$R_{AB}=\arctan\left|\frac{\Delta y_{AB}}{\Delta x_{AB}}\right|=\arctan\left|\frac{y_B-y_A}{x_B-x_A}\right|\tag{4-51}$$

根据 Δx_{AB}、Δy_{AB} 的正负符号判断象限角 R_{AB} 所在的象限，然后根据表 4–16 中象限角与坐标方位角的换算公式计算方位角 α_{AB}。

AB 两点之间的水平距离可以根据下面任一公式进行计算。

$$D_{AB}=\frac{\Delta x_{AB}}{\cos\alpha_{AB}}=\frac{\Delta y_{AB}}{\sin\alpha_{AB}}\tag{4-52}$$

$$D_{AB}=\sqrt{(x_B-x_A)^2+(y_B-y_A)^2}\tag{4-53}$$

3）坐标方位角的推算

在实际工作中并不需要直接测定每条直线的坐标方位角，而只需通过与已知坐标方位角的直线连测后推算出各直线的坐标方位角即可，如图 4–109 所示。

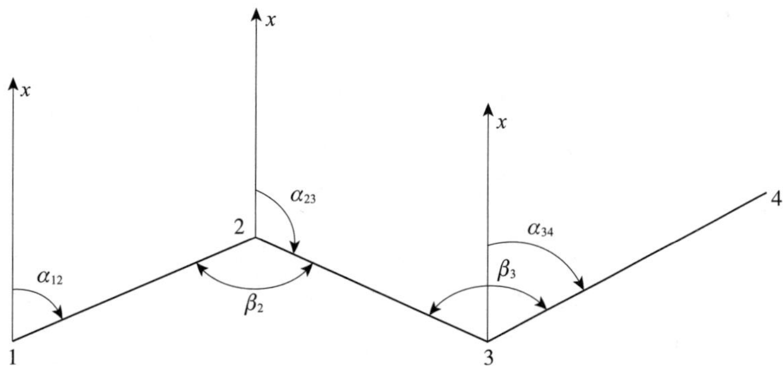

图 4–109　坐标方位角推算

由图 4–109 可知：

$$\alpha_{23}=\alpha_{12}-\beta_2+180°$$

$$\alpha_{34}=\alpha_{23}+\beta_3-180°$$

因 β_2 在推算路线前进方向的右侧，该转折角称为右角；β_3 在左侧，称为左角。从而归纳出推算坐标方位角的一般公式为：

$$\alpha_{前}=\alpha_{后}+\beta_{左}-180° \quad (4\text{–}54)$$

$$\alpha_{前}=\alpha_{后}-\beta_{右}+180° \quad (4\text{–}55)$$

计算中如果 $\alpha_{前}>360°$，应自动减去 360°；如果 $\alpha_{前}<0°$，则应自动加上 360°。

4.3 冰景观建筑基础施工

4.3.1 冰景观基础施工要求

（1）实冰砌筑不得采用周边型冰围砌，中间用冰块、碎冰填芯的方法砌筑。

（2）每皮冰块砌筑高度应水平一致，冰砌体水平缝、垂直缝宽度不应大于 2mm，且应注水冻实，冰缝冻结面积率不应小于 80%。

（3）内部设计为填充碎冰或为空心的冰景观建筑应设实体冰砌体基座，基座高度不应小于冰建筑高度的 1/10，且不应小于 1m。

4.3.2 基础施工工艺

基础施工工艺流程包括地表清理、抄平放线、落底冰层、砌筑基础。

（1）地表清理：地基表面应清理平整，清理表面松散土层，局部应夯实，经浇水冻实后，方可进行上部施工。

（2）抄平放线：当地基表面坡度小于 1% 且高差小于 100mm 时，可采用分层浇水、冻实、找平；地基表面坡度大于 1% 或相对高差大于 100mm 时，抄出水平线，钉好桩，挂水平线。

（3）落底冰层：按照水平线，分层浇水，形成均匀的冰层，先均匀浇一层水，待冻实后，再浇水冻一层，直至满足标高要求。

（4）砌筑基础：实冰砌筑应采用砌筑冰块分层组砌的施工方法，先试摆底层，保证冰块应规格统一、上下皮错缝搭接，搭接长度为冰块长度的 1/2 且不应小于 200mm；再砌筑底层冰基础，均匀浇水，砌筑冰块。

4.4 冰景观脚手架施工

冰景观脚手架制作材料通常有竹、木、钢管或合成材料等。冰建筑中常用钢管材料制作的脚手架有扣件式钢管脚手架、碗扣式钢管脚手架、承插式钢管脚手架、门式脚手架；其中扣件式钢管脚手架应用广泛，必须采用双排脚手架，如图 4–110 所示，立杆纵距一般为 1.2~1.8m；横距一般为 0.9~1.5m。

图 4–110 双排扣件式钢管脚手架

4.4.1 脚手架搭设的材料要求

1. 钢管

（1）脚手架钢管应采用现行国家标准《直缝电焊钢管》GB/T 13793—2016 或《低压流体输送用焊接钢管》GB/T 3091—2015 中规定的 Q235 普通钢管，钢管的钢材质量应符合现行国家标准《碳素结构钢》GB/T 700—2006 中 Q235 级钢的规定。脚手架各种杆件采用外径 48mm、壁厚 3.5mm 的 3 号钢焊接钢管，使用生产厂家合格并有合格证的产品，其力学性能应符合国家现行标准《碳素结构钢》GB/T 700—2006 中 Q235 级钢的规定，用于立杆、大横杆、斜杆的钢管长度为 4~6m，小横杆、拉结杆的钢管长度为 2~3m。

（2）脚手架每根钢管的最大质量不应大于 25.8kg。

（3）钢管应无裂纹、凹陷、锈蚀，钢管外涂刷防锈漆并定期复涂以保持完好。所有进场的脚手架用钢管安排专人按要求逐根检查，符合要求的才能使用，否则按退货处理。

2. 扣件

钢管连接必须采用合格的扣件，应使用与钢管管径相配合、符合我国现行标准的可锻铸铁扣件，其材质应符合现行国家标准《钢管脚手架扣件》GB 15831—2006 的规定，严禁使用加工不合格、锈蚀和有裂纹的扣件。扣件与钢管的贴合面必须整形，保证与钢管扣紧时接触良好。扣件活动部位应能灵活转动。进场扣件必须安排专人逐个检查，并按要求进行复试，复试合格之后才能使用；不合格扣件按退货处

理。扣件夹紧钢管时，开口处的最小距离不小于 5mm，扣件的活动部位转动灵活，旋转扣件的两旋转面间隙要小于 1mm，扣件螺栓的拧紧力距达 65N · m 时扣件不得破坏。

3. 脚手板

冰景观施工中常采用木脚手板。木脚手板材质应符合现行国家标准《木结构设计规范》GB 50005—2017 二级材质的规定。脚手板厚度不应小于 50mm，两端宜各设置两道直径不小于 4mm 的镀锌钢丝箍。禁止使用有扭纹、破裂和横透疖的木板，脚手板安装如图 4–111 所示。

图 4–111　脚手板安装

4. 安全网

立网采用 2000 目安全网，水平网采用菱形网目锦纶安全网，安全网网绳、边绳、系绳的直径，网眼尺寸，承载能力符合国标《安全网》GB 5725—2009 的规定，同时必须具有产品质量检验合格证。

已使用过的安全网必须经过检查和试验合格后方可使用，超过使用期限的安全网严禁使用。安全网必须使用定点厂家的产品，非定点厂家的产品禁止进入施工现场。

4.4.2　施工操作要点

（1）脚手架的基础梁必须水平设置，同一受力面顶面高差不应大于 5cm，并使架体垂直面以下立杆必须垂直、平稳放在基础底座上。

（2）脚手架必须配合施工进度搭设，一次搭设高度不得超过相邻连墙件以上两步。

（3）严禁将不同规格的钢管混合使用；对接扣件开口必须朝上或朝内设置。立杆、横向水平杆、纵向水平杆及剪刀撑等钢管必须同时设置，如图 4–112 所示。

（4）栏杆和挡脚板必须设置在立杆的内侧，上栏杆高度为 1.2m，中栏杆应居中设置；挡脚板高度不得小于 180mm。

（5）施工时要严格控制脚手架使用荷载，确保有较大的安全储备，一般为不超过 $1kN/m^2$。

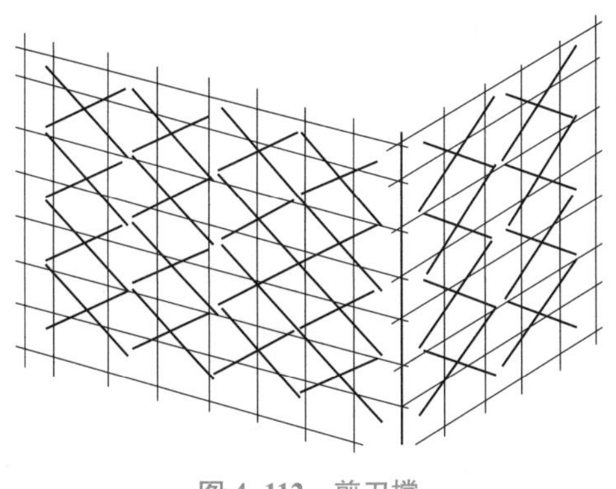

图 4–112 剪刀撑

图 4–113 钢管扣件脚手架搭设

4.4.3 搭设工程

钢管扣件脚手架搭设，如图 4–113 所示，保证地基平整、坚实，设置的底座和垫板严禁滑动。

（1）根据内外支撑杆设置情况及荷载大小，常用的敞开式双排脚手架立杆横距一般为 1.05~1.55m，砌筑脚手架步距一般为 1.20~1.35m，立杆纵距为 1.2~2.0m。其允许搭设高度为 34~50m。

（2）纵向水平杆宜设置在立杆的内侧，其长度不宜小于 3 跨，纵向水平杆可采用对接扣件，也可采用搭接。如采用对接扣件，则对接扣件应交错布置；如采用搭接连接，搭接长度不应小于 1m，并应等间距设置 3 个旋转扣件固定。

（3）脚手架主节点（即立杆、纵向水平杆、横向水平杆三杆紧靠的扣接点）处必须设置一根横向水平杆，用直角扣件扣接且严禁拆除。主节点处两个直角扣件的中心距不应大于 150mm。在双排脚手架中，横向水平杆靠墙一端的外伸长度不应大于立杆横距的 0.4 倍，且不应大于 500mm；作业层上非主节点处的横向水平杆，宜根据支承脚手板的需要等间距设置，最大间距不应大于纵距的 1/2。

（4）作业层脚手板应铺满、铺稳，离开墙面 120~150mm；狭长型脚手板，如冲压钢脚手板、木脚手板、竹串片脚手板等，应设置在三根横向水平杆上。当脚手板长度小于 2m 时，可采用两根横向水平杆支承，但应将脚手板两端与其可靠固定，严防倾覆。宽型的竹笆脚手板应按其主竹筋垂直于纵向水平杆方向铺设，且采用对接平铺，四个角应用镀锌钢丝固定在纵向水平杆上。

（5）每根立杆底部应设置底座或垫板。脚手架必须设置纵、横向扫地杆。纵向扫地杆应采用直角扣件固定在距底座上皮不大于 200mm 处的立杆上。横向扫地杆也应采用直角扣件固定在紧靠纵向扫地杆下方的立杆上。当立杆基础不在同一高度上

时，必须将高处的纵向扫地杆向低处延长两跨与立杆固定，高低差不应大于 1m。靠边坡上方的立杆轴线到边坡的距离不应小于 500mm。

（6）冰建筑脚手架搭设后不能与冰建筑连接，设置独立的内外支撑系统和剪刀撑，确保脚手架整体稳定。

1）剪刀撑宜从转角处起，每间隔 6 跨设置一道剪刀撑，由底至顶连续布置。

2）每副剪刀撑跨越立杆的根数不应少于 4 根，也不应超过 7 根，与纵向水平杆成 45°~60°。

（7）检查时遇到以下现象应及时处理：扫地杆缺失，纵横交接处未连接，扫地杆距地距离过大或过小等；脚手板开裂、厚度不够、搭接不满足规范要求；开口脚手架未设斜撑；脚手板下小横杆间距过大；防护栏杆间距大于 600mm；扣件连接不紧，扣件滑移等。

4.4.4 搭设安全网

（1）认真执行安全操作规程，操作人员持证上岗，严禁酒后作业，高处作业必须系安全带。

（2）安全网必须有产品质量检查合格证，安全网必须有检验记录。

（3）外脚手架一律采用 2000 目密目网立网，内设兜网，从二层楼面起支挂兜网，往上每隔二层设置一道，安全网必须完好无损、牢固可靠。

（4）网与网之间拼接紧密，拉结必须牢靠，防护安全网不得任意拆除。

（5）安装立网时，操作人员必须确定牢固（架子）后，方可攀登立网。

（6）安全网架设完后，必须由工程负责人负责组织验收，验收合格后方可使用。

（7）对使用中的安全网每周检查一次，使用前必须进行试验。

（8）支挂安全网及拆除安全网设施时，操作人员必须系好安全带，挂点必须安全可靠。

（9）安全网的绑扎必须采用尼龙绳，严禁使用钢线代替，脚手架工程必须有专人维护检查，发现网、绳等破损或老化时必须及时更换，如图 4–114 所示。

图 4–114　安全网的绑扎

4.4.5 脚手架拆除工程

（1）脚手架拆除现场必须设置警戒区域，悬挂警戒标志，警戒区域内严禁非操作人员通行或在脚手架下方停留。

（2）仔细检查吊运机械包括索具是否安全可靠，吊运机械不允许搭设在脚手架上。

（3）强风、阴雨天等特殊天气，严禁进行脚手架拆除。

（4）所有高处作业人员必须严格按高处作业规定执行和遵守安全纪律、拆除工艺要求。

（5）拆除人员进入岗位以后，先进行检查，加固松动部位。清除步层内的材料、物件及垃圾块，所有清理物必须输送至地面，严禁高处抛掷。

（6）按搭设的逆向程序进行拆除，后搭的先拆、先搭的后拆。

（7）不允许分面拆除或上下同时拆除，认真做到一步一清、一杆一清。

（8）所有连墙杆、斜拉杆、登高措施必须随脚手架步层拆除同步进行，不准先行拆除。

（9）所有杆件与扣件拆除时必须分离，不允许杆件上附着扣件输送至地面或两杆同时拆下输送至地面。

（10）所有脚手架拆除必须自外向里竖立、搬运，防止自里向外翻开后，脚手板面物件直接从高处坠落伤人。

（11）所有指挥、操作人员必须戴安全帽；所有超过 1.5m 的高处作业人员必须戴安全带。

4.5 冰砌体砌筑施工

4.5.1 冰砌体内钢结构施工

对配有竖向钢筋和箍筋的冰建筑，竖向钢筋与冰块间的缝隙应采用冰沫拌水分层塞填冻实，但水平箍筋应在冰砌体上凿出水平冰槽放置并注水冻实，不得高出冰面或放置在冰缝内。

型钢过梁、型钢骨架与冰砌块的缝隙，应采用注水或冰沫拌水塞填。

预埋件与冰砌体应注水冻实，不得有缝隙。

冰建筑施工脚手架和垂直运输设备应独立搭设，不得与冰建筑接触。

冰景观建筑外部应选用透明度高、无杂质、无裂纹的冰砌块。

冰砌块间的冻结用水应选用洁净的天然水或自来水。

冰景观建筑施工，应采用组砌方式，可采用垂直升降机或起重机运输砌块。

施工时，灌注用水的温度宜为0℃，并应采用专用注水工具灌注冰缝，注水冻结率不应小于80%。

施工期间，应对冰砌体进行温度监测。当冰体温度高于设计温度或砌筑水不能冻结时，应停止施工，并应采用遮光、防风材料遮挡等保护冰景的措施。

冰砌块尺寸应根据冰砌体（墙）厚度和冰料尺寸确定，各砌筑面应平整且每皮冰块高度的允许误差为 ±5mm，冰块长度和宽度的允许误差为 ±10mm。

冰砌体墙的砌筑应符合下列规定：

（1）内部采用碎冰填充的大体量冰建筑或冰景，当外侧冰墙高度大于6m时，冰墙组砌厚度不应小于900mm，当外侧冰墙高度小于6m时，冰墙组砌厚度不应小于600mm，且应满足冰墙高厚比的要求；

（2）冰砌体组砌上下皮冰块应上、下错缝，内外搭砌；错缝、搭砌长度应为冰砌体长度的1/2，且不应小于120mm；

（3）每皮冰块砌筑高度应一致，表面用刀锯划出注水线；冰砌体的水平缝及垂直缝不应大于2mm，且应横平竖直，砌体表面光滑、平整；

（4）单体冰景观建筑中同一标高的冰砌体（墙）应连续同步砌筑；当不能同步砌筑时，应错缝留斜槎，留槎部位高差不应大于1.5m；

（5）采取空心砌筑方式的大体量冰景观建筑，冰体间应采取构造措施进行拉结，内部非承重部分可采用碎冰填充。

大体量冰景观建筑施工应符合下列要求：

（1）应用砌筑冰块组砌，不宜填充碎冰；

（2）确需填充碎冰时，所用的碎冰应密实，最大粒径不应大于300mm，并应分层填充，每层厚度不应大于1.5m，且应注水冻实，但不得溢出冰景外立面；

（3）透过主立面冰体不应观察到碎冰肌理。

采用的冰块应根据设计要求，采用加工楔形冰块用的模具制作，且楔形冰块边长误差不得大于3mm。冰碹中的各楔形冰块间的竖向冰缝宽度不得大于2mm，并应注满水冻实。

采用圆拱形冰碹过梁的楔形冰碹高度不应小于洞口宽度的1/10，当冰碹高度大

于 550 ㎜时，应分两层砌筑；冰块矢高应按规范取值；冰块洞口长度大于楔形冰块底边长度时，每层冰块应错缝砌筑，错缝长度应为楔形冰块底边长度的 1/2。

冰砌体中安放灯具的孔洞应根据设计要求预留。灯具孔洞距冰砌体外表面的距离应符合相关规范的规定，冰砌体中灯具孔洞内的碎冰应清理干净。对较高的冰建筑宜留出检修人员出入的隐蔽洞口和上下通行的竖向检修井，检修井内应设置钢筋爬梯。

彩色冰块各砌筑面应平整；彩色冰砌体的冰缝、彩色冰与非彩色冰间的冰缝，应采用水及彩色冰沫拌合填充或勾缝。

冰景观建筑外部完工后，应自上而下进行精细净面处理。

冰砌体应按现行国家标准《砌体结构设计规范》GB 50003—2011 确定静力计算方案进行静力计算，且可按刚性方案设计。

当冰砌体结构作为一个刚体，需验算整体稳定（抗倾覆、抗滑移等）时，应按式（4–56）中最不利组合进行验算，满足表 4–17 的要求。

$$\gamma_0\left(1.2S_{G2k}+1.4\gamma_L S_{Q1k}+\gamma_L\sum_{i=2}^{n}S_{Qik}\right)\leqslant 0.8S_{G1k} \tag{4–56}$$

墙、柱的计算高度 H_0　　表 4–17

<table>
<tr><th rowspan="2">冰建筑构件类别</th><th rowspan="2">楼盖或屋盖类别</th><th rowspan="2">横墙间距 S（m）</th><th colspan="3">带壁柱墙、带冰构造柱墙或周边拉结的墙</th></tr>
<tr><th>$S>2H$</th><th>$2H\geqslant S>H$</th><th>$S=H$</th></tr>
<tr><td rowspan="2">冰建筑为刚性方案</td><td>装配式有檩体系轻型楼、屋盖</td><td>$S<20$</td><td rowspan="2">H</td><td rowspan="2">$0.4S+0.2H$</td><td rowspan="2">$0.6S$</td></tr>
<tr><td>瓦材屋面的木屋盖和轻钢屋盖</td><td>$S<16$</td></tr>
<tr><td rowspan="2">冰建筑为非刚性方案</td><td>装配式有檩体系轻型楼、屋盖</td><td>$S\geqslant 20$</td><td colspan="3" rowspan="2">$1.5H$</td></tr>
<tr><td>瓦材屋面的木屋盖和轻钢屋盖</td><td>$S\geqslant 16$</td></tr>
<tr><td colspan="2">构件上端为自由端</td><td colspan="4">$2.0H$</td></tr>
</table>

注：①构件在底层时，构件高度 H 取楼板顶面或上水平支承点到构件下端支承距离；构件在其他层时，构件高度 H 取楼板或其他水平支点间的距离；
②构件上端为自由端时，构件高度 H 取构件长度；
③无壁柱的山墙，构件高度 H 可取层高加山墙尖高度的 1/2；带壁柱的山墙、带冰构造柱的山墙，构件高度 H 可取壁柱、冰构造柱处的山墙高度；
④无盖的三边支承墙，构件高度 H 取上端自由边到墙下端支承点的距离，且在无盖的三边支承墙中，宜设置冰圈梁和壁柱或冰构造柱。

冰砌平拱洞口宽度不得大于 3m，并应按表 4–18 选用型钢过梁。

槽钢、角钢过梁选用表　　表 4–18

冰洞口宽度 L_n（mm）	型钢类别	型钢间距（mm）	型钢规格数量
$L_n < 1000$	槽钢	500	2[8
	角钢	500	2L50×5
$1000 \leqslant L_n < 2000$	槽钢	500	2[10
	角钢	500	2L75×6
$2000 \leqslant L_n \leqslant 3000$	槽钢	500	2[12
	角钢	500	2L110×8

注：①型钢过梁上部冰砌体分皮错缝搭砌，上下皮错缝长度为冰块长度的 1/2，当过梁上部冰砌体有外加荷载时，型钢规格应根据计算确定；
②型钢过梁支承长度不宜小于 300mm。

4.5.2 水浇冰景施工

（1）水浇冰景应根据设计要求扎制骨架，然后进行喷水浇洒施工。骨架可一次制成，也可在喷水浇洒过程中继续扎制骨架。

（2）水浇冰景施工可采用机械喷洒，也可采用人工喷洒方式，将水分次喷洒在树枝或其他材料的骨架上，逐渐加厚冰层，冻制成冰挂、冰乳石、冰山、冰洞等景观。

（3）水浇冰景施工的环境温度应在 -20℃以下，分层多次喷水完成。

（4）水浇冰景应采用自来水或无杂质的地下水，喷洒时应控制流量、强度和雾化度。

4.5.3 冰雕制作

（1）制作冰雕用冰块除特殊要求外，应无杂质、气泡、裂纹。

（2）大型冰雕作品应根据设计要求，用冰块组砌成几何整体后再进行雕刻。

（3）小型冰雕作品可采用整块冰块，也可采用冰砌块组砌成冰坯后进行雕刻，但冰砌体的纹理、砌缝应符合作品的要求。

（4）用冰砌块组砌冰坯时，冰砌块宜斜面组砌，冰缝间隙不得大于 2mm，注水冻结面积率不应小于 80%，表面光滑。

（5）大型冰雕可先制作小样，也可直接在冰坯上放大样。

（6）冰雕作品可采用圆雕、浮雕、透雕、凹影雕等多种艺术表现手法进行雕刻。

（7）冰雕作品应体现冰的透明、折光、坚硬、易碎、易风化的特点，写意和写实相结合，注重刀法，纹理清晰，力度适当，突出镂空技巧和整体艺术表现，如图 4–115 所示。

（8）冰雕可根据主题采用具象和抽象的手法进行雕刻。具象手法应精细、深刻、栩栩如生；抽象手法应利用几何形体，表现体量的组合关系。

（9）在冰雕制作中，应注意以面为主，雕法要强烈、有深度、突出镂空效果。

4.5.4 冰灯与冰花制作

1. 冰灯制作

可根据功能不同制成吊挂式、落地式等形式多样、体量精致小巧的冰灯，且冰体上应留有足够的通风散热口。

冰灯可按下列步骤制作：

（1）根据设计要求制作模具；

（2）将清水或彩色水注入模具并进行冷冻，冰坯壁厚宜为 20~40mm；

（3）在冰坯适当位置打出孔洞，倒出冰坯内未冻结的水；

（4）在冰坯表面绘制或雕刻图案；

（5）在冰体内部安装照明灯具；

（6）安装辅助构件。

（a）

（b）

（c）

图 4–115　冰雕制作表现手法

2. 冰花制作

冰花可采用下列方法制作，如图 4–116 所示。

（1）将清水注入模具或容器内，在低温下冻结成内空的冰坯，在冰体内、外采用描绘、雕刻、镶嵌山水、渔舟、花卉、树木、古灯、古建筑、人物等写意形式，形成浮雕冰景。

（2）将清水注入模具或容器内，放入鱼类、昆虫、植物、花卉、小动物造型或标本，冻结后形成冰景。

图 4–116　冰花制作

（3）将清水注入模具或容器内，在冻制过程中掺入不同密度、不同溶解性、不同扩散性的彩色溶液，制作成特殊效果冰景。

冰花宜采用外部照明，光源可选用投光灯或其他彩色灯光。

冰花的下部应设高度不低于 1m，用冰或其他材料制作的展览平台。

CHAPTER 05

5 雪景观建筑施工

雪景观建筑的基本要求

模板施工

雪雕制作

5.1 雪景观建筑的基本要求

5.1.1 雪景观基础要求

（1）建筑高度大于10m且落地短边长度大于6m的雪体建筑应进行基础设计，地基承载力一般情况下应按非冻土强度计算，且应考虑雪体建筑周边土的冻胀因素，采取相应的防冻胀措施。

（2）对于高度大于10m的雪体建筑基础，不能满足天然地基设计条件时，应采用水浇冻土地基等加固措施进行地基处理。处理后的地基承载力应达到设计要求，并应进行冻土地基下卧层的验算及基础冻胀稳定性验算。

（3）建筑高度小于10m的雪体建筑可采用自然地面用水浇透冻实的冻土地基；冻土厚度大于400mm时，厚度应按400mm取值，小于400mm时按实际冻土厚度取值。冻土地基承载力值应通过原位测试确定，并进行冻土地基下卧层的验算及稳定性计算。

（4）雪体建筑应按现行国家标准《砌体结构设计规范》GB 50003—2011确定静力计算方案进行静力计算，可按刚性方案设计。

5.1.2 雪景观施工要求

（1）雪景观建筑施工前，建设单位应组织设计、施工、监理单位相关人员，进行图纸会审和技术交底。

（2）施工单位应编制雪景观建筑施工组织设计，制定施工方案，并应对施工支撑结构进行承载力和稳定验算，确定高处作业、施工测量、机具选用、型钢埋设、构件安装、冰雪切割和运输等技术措施。

（3）建筑高度超过30m的冰建筑，施工期内应按现行行业标准《建筑变形测量规范》JGJ 8—2007的有关规定进行沉降和变形观测。

（4）对涉及结构安全和使用功能的材料和设备，应进行进场检验。

（5）雪景观建筑主体完成后，应对外表面进行抛光处理，达到冰砌体透明，雪体表面光洁。

（6）雪景观建筑用雪可采用天然雪或人造雪；大型雪景观用雪应适当提高人工制雪含水率，小型雪景观可适当降低人工制雪含水率。

（7）雪景观建筑雪坯模板应搭建牢固，并应根据填雪进度分层安装；填充用雪应干净，不应有较大雪块和杂质；雪坯应压制均匀，密度应符合规范的规定。

（8）雪景观建筑可采用雕刻和塑造的方式，大型雪雕塑表面相邻面的高度差不宜小于 100mm。

（9）雪景观上镶嵌其他材质装饰物应牢固，并应考虑承重和风化因素；较大型的镶嵌物宜设置独立基础，或采取加固措施。

（10）雪雕作品完成后，应给出预留量，以便进行维护。

（11）以雪为材料的活动类建筑，应满足结构要求、保证安全和方便维护。

5.2 模板施工

5.2.1 模板的种类

模板是一种临时性支护结构，按设计要求制作，使构件按规定的位置、几何尺寸成形，保持其正确位置，并承受建筑模板自重及作用在其上的外部荷载。进行模板工程的目的，是保证工程质量与施工安全、加快施工进度和降低工程成本。

模板按所用的材料不同，分为木模板、钢木模板、钢模板、钢竹模板、胶合板模板、塑料模板、玻璃钢模板、铝合金模板等。其应满足如下要求：

（1）木模板的树种可按各地区实际情况选用，一般多为松木和杉木。由于木模板木材消耗量大、重复使用率低，为节约木材，应尽量少用或不用木模板；

（2）钢木模板是以角钢为边框，以木板作面板的定型模板，其优点是可以充分利用短木料并能多次周转使用；

（3）胶合板模板是以胶合板为面板，角钢为边框的定型模板。以胶合板为面板，克服了木材的不等方向性的缺点，受力性能好。这种模板具有强度高、自重小、不翘曲、不开裂及板幅大、接缝少的优点；

（4）钢竹模板是以角钢为边框，以竹编胶合板为面板的定型板。这种模板刚度较大、不易变形、质量轻、操作方便；

（5）钢模板一般均做成定型模板，用连接构件拼装成各种形状和尺寸，适用于多种结构形式，在施工中广泛应用。钢模板一次投资量大，但周转率高，在使用过程中应注意保管和维护、防止生锈以延长钢模板的使用寿命；

（6）塑料模板、玻璃钢模板、铝合金模板具有质量轻、刚度大、拼装方便、周转率高的特点，但由于造价较高，在施工中尚未普遍使用。

5.2.2 模板支设

模板是使构件按所要求的几何尺寸成型的模型板。模板系统包括模板和支架系统两大部分。此外尚须适量的紧固连接件。在结构施工中，对模板的要求是保证工程结构各部分形状尺寸和相互位置的正确性，具有足够的承载能力、刚度和稳定性，构造简单，装拆方便。接缝不得漏浆。模板工程量大，材料和劳动力消耗多。正确选择模板形式、材料及合理组织施工对加速结构施工进度和降低工程造价具有重要作用。

1. 木模板

为了节约木材，应尽量不用木模板。但有些工程或工程结构的某些部位由于工艺等需要，仍需使用木模板。

木模板一般是在木工车间或木工棚加工成基本组件（拼板），然后在现场进行拼装。拼板的构图如图 5–1 所示，其板条用拼条钉成，板条厚度一般为 25~50cm，宽度不宜超过 200cm（工具式模板不超过 150cm），以保证在收缩时缝隙均匀，浇水

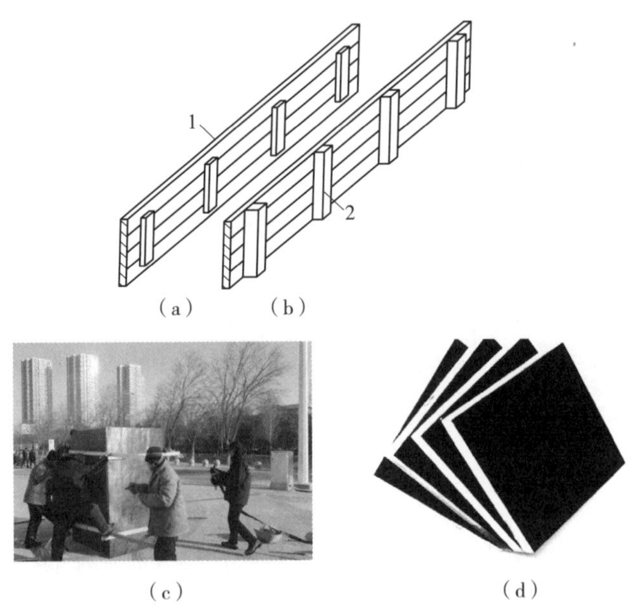

图 5–1 拼板的构图
（a）拼条平放；（b）拼条立放；（c）拼板；（d）板料
1—板条；2—拼条

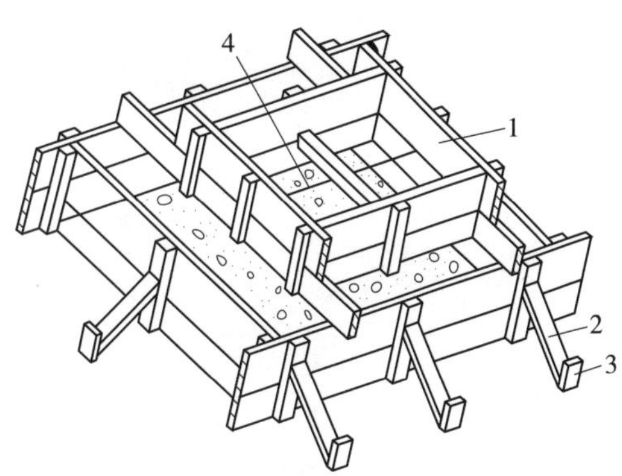

图 5–2 阶梯形基础模板
1—拼板；2—斜撑；3—木桩；4—铁丝

后易于密缝，受潮后不易翘曲，底部的拼板由于承受较大的荷载要加厚至 40~50mm。拼板的拼条根据受力情况可以平放也可以立放。拼条间距取决于侧压力和板条厚度，一般为 400~500mm。

木模板施工相关要求如下。

（1）如土质较好，阶梯形基础模板的最下一级可不用模板而进行原槽浇筑，如图 5–2 所示。安装时，要保证上、下模板不发生相对位移，如有杯口还要在其中放入杯口模板。

（2）方形柱模板由两块相对的内拼板夹在两块外拼板之间拼成，也可用短横板（门子板）代替外拼板钉在内拼板上，如图 5–3 所示。

柱底一般有一钉在底部混凝土上的木框，用以固定柱模板底板的位置。柱模板底部开有清理孔，沿高度每间隔 2m 开有浇筑孔。模板顶部根据需要开有与梁模板连接的缺口。为承受混凝土的侧压力和保持模板形状，拼板外面要设柱箍。柱箍间距与混凝土侧压力、拼板厚度有关。由于柱子底部混凝土侧压力较大，因而柱模板越靠近下部柱箍越密。

2. 组合钢模板

组合钢模板由钢模板和配件两大部分组成，其可以拼成不同尺寸、不同形状的模板，以适应施工需要。组合钢模板尺寸适中、轻便灵活、装拆方便，既适用于人工装拆，也可预拼成大模板、台模等，然后用起重机吊运安装。

（1）钢模板

钢模板有通用模板和专用模板两类。通用模板包括平面模板、阴角模板、阳角模板和连接角模板，如图 5–4 所示；专用模板包括倒棱模板、梁腋模板、柔性模板、搭接模板、可调模板及嵌补模板。本节主要介绍常用的通用模板。平面模板由面板、边框、纵横肋构成，如图 5–4（a）所示。边框与面板常用 2.5~3.0mm 厚钢板冷轧冲压整体成型，纵横肋用 3mm 厚扁钢与面板及边框焊成。为便于连接，边框上有连接孔，边框的长向及短向其孔距均一致，以便横竖都

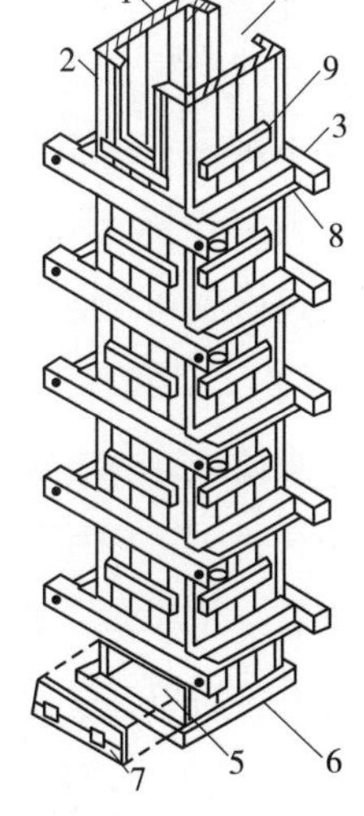

图 5–3 方形柱模板
1—内拼板；2—外拼板；3—柱箍；4—梁缺口；5—清理孔；6—木框；7—盖板；8—拉紧螺栓；9—拼条；10—三角板

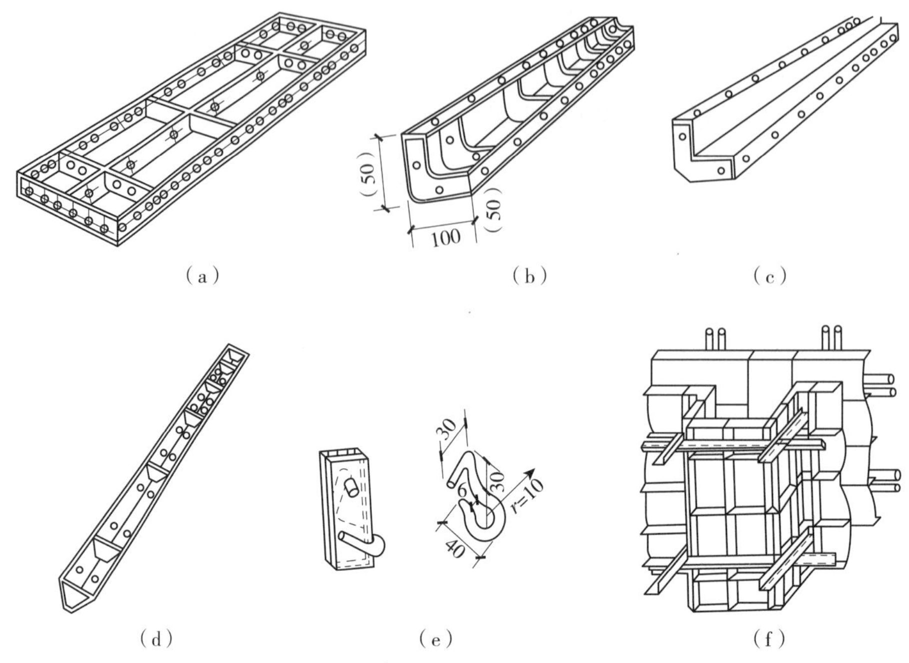

图 5–4　组合钢模板（单位：mm）

（a）平面模板；（b）阴角模板；（c）阳角模板；（d）连接角模板；
（e）U 形卡；（f）附墙柱模板

能拼接。平面模板的长度有 1800mm、1500mm、1200mm、900mm、750mm、600mm、450mm 七种规格，宽度有 100~600mm（以 50mm 进级）十一种规格，因而可组成不同尺寸的模板。在构件接头处（如柱与梁接头）及一些特殊部位，可用专用模板嵌补。不足模数的空缺也可用少量木模板补缺，用钉子或螺栓将方木与平面模板边框进行孔洞连接。阴角模板、阳角模板用在结构的阴、阳角，连接角模板用作两块平面模板拼成 90° 角时的连接件。

（2）钢模配板

采用组合钢模板时，同一构件的模板展开可用不同规格的钢模板进行多种方式的组合排列，因而形成不同的配板方案。配板方案对支模效率、工程质量和经济效益都有一定影响。合理的配板方案应满足：钢模块数少，木模嵌补量少，并能使支承件布置简单，受力合理。配板原则为：

1）优先采用通用规格及大规格的模板，这样模板的整体性好，又可以减少装拆工作。

2）合理排列模板，宜以其长边沿梁、板、墙的长度方向或柱的方向排列，以利于使用长度规格大的钢模板，并扩大钢模板的支承跨度。如结构的宽度恰好是钢模板长度的整数倍，也可将钢模板的长边沿结构的短边排列。模板端头接缝宜错开布置，

以提高模板的整体性，并使模板在长度方向易保持平直。

3）合理使用角模板，对无特殊要求的阳角，可不用阳角模板，而用连接角模板代替。阴角模板宜用于长度大的阴角，柱头、梁口及其他短边转角（阴角）处，可用方木嵌补。

4）便于模板支承件（钢楞或桁架）的布置，对形状较方整的预拼装大模板及钢模板端头接缝集中在一条线上时，直接支承钢模板的钢楞，其间距布置要考虑接缝位置，应使每块钢模板都有两道钢楞支承。对端头错缝连接的模板，其直接支承钢模板的钢楞或桁架的间距，可不受接缝位置的限制。

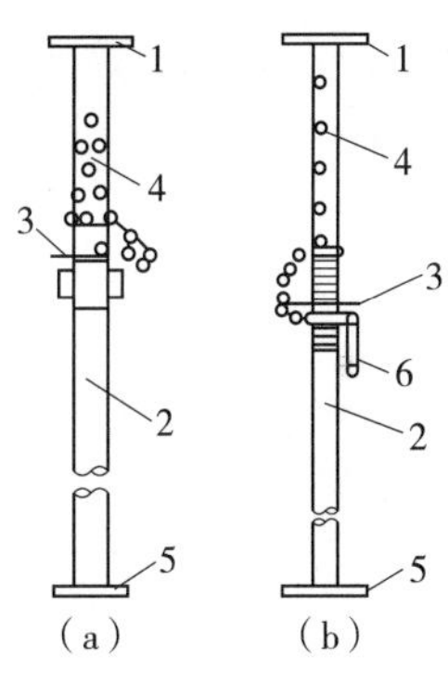

图 5-5 钢管顶撑
（a）对接扣连接；
（b）回转扣连接
1—顶板；2—套管；
3—转盘；4—插管；
5—底板；6—转动手柄

钢管顶撑由套管及插管组成，如图 5-5 所示。其高度可通过借插销粗调，通过螺旋微调。钢管支架由钢管及扣件组成，支架柱可用钢管对接（用对接扣连接）或搭接（用回转扣连接）接长。支架横杆步距为 1000~1800mm。

5.2.3 模板拆除

雪结构模板的拆除日期，取决于结构的性质、模板的用途（强度）和硬化速度。及时拆除，可提高模板的周转，为后续工作创造条件。如过早拆除模板，因雪未达到一定强度，过早承受荷载会产生变形甚至会造成重大质量事故。

1. 模板拆除的相关规定

（1）非承重模板（如侧板），应在雪能保证其表面及棱角不因拆除模板而受损坏时，方可拆除。

（2）在拆除模板过程中，如发现有影响雪结构安全的质量问题时，应暂停拆除。经过处理后，方可继续拆除。

2. 拆除模板注意事项

（1）拆除模板时不要用力过猛，拆下来的模板要及时运走、整理、堆放以便再用。

（2）模板及其支架拆除的顺序及安全措施应按施工技术方案执行。拆除模板程序一般是后支的先拆，先拆除非承重部分，后拆除承重部分，且一般是谁安谁拆。重大复杂模板的拆除，事先应制定模板拆除方案。

（3）拆除模板时，应尽量避免雪料表面或模板受到损坏，注意整块板落下伤人。

5.3 雪雕制作

5.3.1 雪料填压施工

1. 施工要求

具体要求见第 5.1.2 节，雪坯制作如图 5-6 所示。

图 5-6 雪坯制作

2. 雪料压实

雪料压实施工包括运输雪、填雪料、压实及检测密实度。施工时应分层均匀填加雪料，分层夯实，保证雪料密实度。

5.3.2 雪雕制作

（1）雪景观建筑用雪可采用天然雪。在雪量较小的地区，雪景观建筑用雪宜采用人造雪。

（2）中小型艺术类雪雕作品完成后，应进行表面处理，形成保护层。

（3）以雪为材料的活动类设施，应满足结构要求、保证安全和方便维修。

雪雕制作的其他要求见 5.1.2 节的（7）~（9）条，雪雕作品如图 5–7 所示。

（a）

（b）

（c）

图 5–7　雪雕作品（一）

（d） （e）

（f） （g）

图 5–7 雪雕作品（二）

CHAPTER 06

6 冰雪景观供电与照明施工

电力电缆供电施工

供电设备安装

照明施工

6.1 电力电缆供电施工

6.1.1 电缆的种类及基本结构

电缆种类很多，在输配电系统中，最常用的电缆是电力电缆和控制电缆。

电力电缆是用来输送和分配大功率电能的，按其所采用的绝缘材料可分为纸绝缘、橡皮绝缘、塑料绝缘电力电缆。

纸绝缘电力电缆有油浸纸绝缘和不滴流浸渍纸绝缘两种，油浸纸绝缘电缆具有耐压强度高、耐热性能好、使用寿命长等优点，是主要产品，目前工程上使用仍较多，但其对工艺要求比较复杂，敷设时弯曲半径不能太小，尤其低温时敷设，电缆要经过预先加热，施工较困难，电缆连接及电缆头制作技术要求也很高。不滴流浸渍纸绝缘电力电缆解决了油的流淌问题，加上允许工作温度提高，特别适用于垂直敷设。

橡皮绝缘电力电缆一般在 500V 以下交流或 1000V 以下直流电力线路中使用。绝缘层为橡胶加上各种配合剂，经过充分混炼后挤包在导电线芯上，经过加温硫化而成。其柔软，富有弹性，适合于移动频繁、敷设弯曲半径小的场合。常用作绝缘的胶料有天然胶 – 丁苯胶混合物、乙丙胶、丁基胶等。

塑料绝缘电力电缆包括聚氯乙烯绝缘、聚乙烯绝缘和交联聚乙烯绝缘电力电缆等。聚氯乙烯绝缘电力电缆没有敷设落差限制，制造工艺简单，敷设、连接及维护都比较方便，抗腐蚀性能也比较好。因此，在工程上得到了广泛的应用，特别是在 1kV 以下电力系统中已基本取代了纸绝缘电力电缆。其最大缺点是存在树枝化击穿现象，这限制了其在更高电压时的使用。

控制电缆是在变电所二次回路中使用的低压电缆，运行电压一般在 500V 以下交流或 1000V 以下直流，芯数为 4~61 芯。控制电缆的绝缘层材料及规格型号的表示与电力电缆相同。

电缆的基本结构都是由导电线芯、绝缘层及保护层 3 个主要部分组成，其结构如图 6–1 所示。

（1）导电线芯

电缆按导电线芯的数量可分为单芯、双芯、三芯、四芯和五芯；按线芯的形状可分为圆形、半圆形、椭圆形和扇形等；按线芯的材质可分为铜和铝两种。

（2）绝缘层

电缆按绝缘层的材料可分为纸绝缘、橡皮绝缘、塑料绝缘（即聚氯乙烯绝缘、聚乙烯绝缘、交联聚乙烯绝缘）。

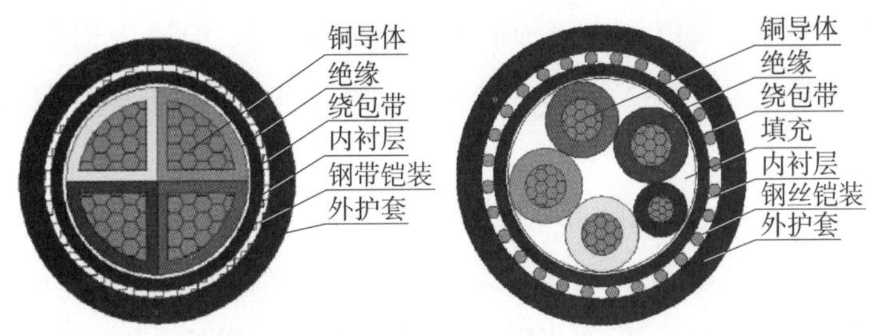

图 6-1 电缆结构图

（3）保护层

电力电缆保护层分内护层和外护层两部分。内护层所用材料有铝套、铅套、橡套、聚氯乙烯护套和聚乙烯护套等。外护层是用来保护内护套的，包括铠装层和外护套。

6.1.2 电缆的型号及名称

我国电缆产品的型号由汉语拼音字母组成，有外护层时在字母后加上 2 个阿拉伯数字。常用电缆型号字母含义及排列次序见表 6-1。

表示电缆外护层的两个数字，前一个数字表示铠装结构，后一个数字表示外护层结构。电缆外护层代号的含义见表 6-2。

常用电缆型号字母含义及排列次序　表 6-1

类别	绝缘种类	线芯材料	内衬层	其他特征	外护层
电力电缆不表示 K——控制电缆 Y——移动式软电缆 P——信号电缆 H——市内电话电缆	Z——纸绝缘 X——橡皮 V——聚氯乙烯 YJ——交联聚乙烯	T——铜（省略） L——铝	Q——铅护套 L——铝护套 H——橡套 （H）F——非燃性橡套 V——聚氯乙烯护套 Y——聚乙烯护套	D——不滴流 F——分相铅包 P——屏蔽 C——重型	2 个数字（含义见表 6-2）

电缆外护层代号的含义　表 6-2

第一个数字		第二个数字	
代号	铠装层类型	代号	外被层类型
0	无	0	无
1	—	1	纤维绕包
2	双钢带	2	聚氯乙烯护套
3	细圆钢丝	3	聚乙烯护套
4	粗圆钢丝	4	—

根据电缆的型号，可以读出该种电缆的名称。如 ZLQD20 为铝芯不滴流纸绝缘铅包双钢带铠装电力电缆；VV23 为铜芯聚氯乙烯绝缘及护套双钢带铠装聚乙烯护套电力电缆。

电缆型号实际上是电缆名称的代号，不能反映电缆的具体规格、尺寸。完整的电缆表示方法是型号、芯数 × 截面、工作电压、长度。如 VV23—3 × 50—10—500，即表示 VV23 型，3 芯 50mm^2 电力电缆，其工作电压为 10kV，电缆长度为 500m。

6.1.3 电力电缆施工的一般规定

（1）冰雪景观建筑所用电缆应采用在 -25℃及以下能够正常工作且绝缘等级符合要求的铝合金电缆。

（2）低压电力电缆芯数和导线截面的选择应符合下列规定：

1）低压配电系统的接地形式为 TN-C-S 且保护线与中性线合用同一导体时，应采用四芯电缆。

2）低压配电系统的接地形式为 TN-S 且保护线与中性线各自独立时，应采用五芯电缆。

3）低压配电系统的接地形式为 TT 时，应采用四芯电缆。

4）1kV 以下电源中性点直接接地时，三相四线制系统的电缆中性导体截面面积应满足线路最大不平衡电流持续工作状态的要求；对有谐波电流影响的回路，应考虑谐波电流的影响，且应符合下列规定：

①以气体放电灯为主要负荷的回路，中性导体截面面积不得小于相导体截面面积；

②其他负荷回路，中性导体截面面积不得小于相导体截面面积的 1/2。

采用单芯电缆作接地（PE）线时，中性导体、保护导体的截面面积应符合表 6-3 的规定；保护接地中性导体截面应符合下列规定：

铜芯线，不应小于 10mm^2；

铝芯线，不应小于 16mm^2。

5）保护地线的截面面积应满足回路保护电器可靠动作要求，且应符合表 6-3 的规定。

6）交流供电回路由多根电缆并联组成时，应采用相同材质、相同截面的导体。

（3）电缆进场时供方应提供产品合格证、产品安全认证标志、产品检测检验报告和其他有效证明文件。

满足热稳定要求的保护导体允许最小截面（mm^2）　　表 6-3

电缆相芯线截面（S）	保护导体允许最小截面
$S \leq 16$	S
$16 < S \leq 35$	16
$S > 35$	$S/2$

（4）电缆进场时，应进行外观检查和绝缘测试，并应符合下列规定：

1）电缆保护层不得破损；

2）电缆绝缘层不得有损伤，电缆应无压扁、扭曲，铠装应不松卷，耐寒电缆（电线）外护层应有明显标识和制造厂标；

3）应进行绝缘测试并填写现场测试报告单。

（5）电缆运送应符合下列规定：

1）成盘电缆运送时不得平放，卸车时应采用电缆盘吊卸，并不得直接抛装；

2）非成盘电缆应按电缆最小弯曲半径卷成圆盘，在四个点位处捆紧后搬运，不得在地面上拖拉；截断后存放的电缆芯线应在接头处加铅封，应采取绝缘和防潮措施。

（6）安装前，电缆应在温度 10℃及以上的环境中至少放置 24h，并应安排好电缆放线顺序。

（7）电缆敷设应符合下列规定：

1）电缆敷设前应查看电缆外表面有无损伤。

2）电缆敷设时，应排列整齐，不得交叉，位置固定。在电缆埋设线处应设置标志牌。标志牌设置应符合下列规定：

①在电缆的始、终端头，转弯、分支接头等处应设置标志牌；

②标志牌上应注明线路编号；并联使用的电缆应有顺序号，标志牌上的字迹应清晰，不易脱落；当设计无标号时，应写明型号、规格及起讫地点。

3）电缆敷设时，在电缆的终端头和电缆头应留有备用长度。直埋电缆应留取总长度的 1.5%~2% 作为余量，并应呈波浪形敷设。

4）电缆通过冰景，或在地下埋设时，应加装保护管或保护罩；易受到机械损伤的部位应采用金属钢管保护。伸出冰建筑物保护管的长度不应小于 250mm。

5）设有变电所或箱式变电站的供电回路至各功能分区的配电箱的线路，可采用耐低温铠装电力电缆，也可采用无铠装电力电缆加装钢管，并应采用直埋方式安装。

6）在景区、广场、道路，配电线路不能暗敷设时，应在地面上安装镀锌钢管加以保护，并应用冰雪碎末加水冻实覆盖，且不得突出地面。

6.1.4 电线电缆的敷设

1. 主干电缆直埋敷设

主干电缆是由总配电室引到分配电箱（柜）的电缆，一般可采用直埋敷设。

电缆直埋敷设是沿已选定的线路挖掘地沟，然后把电缆埋在沟内。在电缆根数较少，且敷设距离较长时多采用此法。

将电缆直埋在地下，因不需其他结构设施，故施工简便，造价低廉，节省材料。同时，由于埋在地下，电缆散热好，对提高电缆的载流量有一定的好处，但存在挖掘土方量大和电缆可能受土中酸碱物质的腐蚀等缺点。

（1）开挖电缆沟

按图纸用白灰在地面上划出电缆行经的线路和沟的宽度。电缆沟的宽度取决于电缆的数量，如数条电力电缆与控制电缆在同一沟中，则应考虑散热等因素，其宽度和形状见表 6–4 和图 6–2。

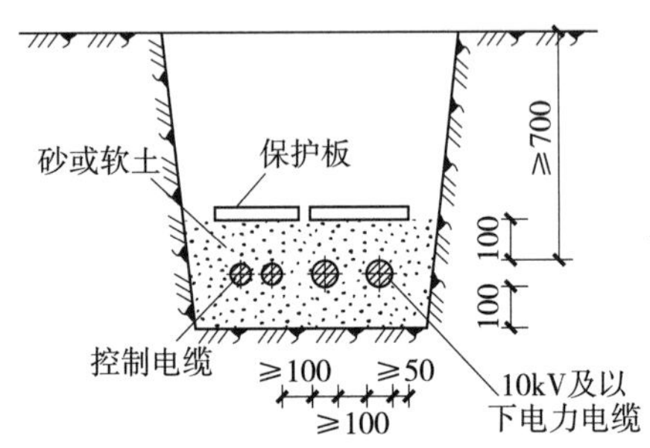

图 6–2 10kV 以下电缆沟的宽度（单位：mm）

电缆沟宽度表 表 6–4

电缆沟宽度 B（mm）		控制电缆根数 0	1	2	3	4	5	6
10kV 及以下电力电缆根数	0		350	380	510	640	770	900
	1	350	450	580	710	840	970	1100
	2	500	600	730	860	990	1120	1250
	3	650	750	880	1010	1140	1270	1400
	4	800	900	1030	1160	1290	1420	1550
	5	950	1050	1180	1310	1440	1570	1800
	6	1100	1200	1330	1460	1590	1720	1850

电缆沟的深度一般要求不小于 800mm，以保证电缆表面距地面的距离不小于 700mm。当遇障碍物或冻土层以下，电缆沟的转角处，要挖成圆弧形，以保证电缆的弯曲半径。电缆接头的两端以及引入建筑和引上电杆处需挖出备用电缆的预留坑。

专用冰雪景观园区内，由于没有其他活动，电缆可直接埋在冰雪下 100mm 处。

（2）预埋电缆保护管

当电缆与铁路、公路交叉，电缆进建筑物隧道，穿过楼板及墙壁，以及其他可能受到机械损伤的地方，应事先埋设电缆保护管，然后将电缆穿在管内，这样能防

止机械损伤电缆，而且也便于检修时电缆的拆换。电缆与铁路、公路交叉时，其保护管顶面距轨道底或公路面的深度不小于 1m，管的长度除满足路面宽度外，两边还应各伸出 1m。保护管可采用钢管或水泥管等。管的内径应不小于电缆直径的 1.5 倍。管道内部应无积水且无杂物堵塞。如果采用钢管，应在埋设前将管口加工成喇叭形，在电缆穿管时，可以防止管口割伤电缆。

电缆穿管时，应符合下列规定：

1）每根电力电缆应单独穿入一根管内，但交流单芯电力电缆不得单独穿入钢管内；

2）裸铠装控制电缆不得与其他外护电缆穿入同一根管内；

3）敷设在混凝土管、陶土管、石棉水泥管的电缆，可使用塑料护套电缆。

（3）埋设隔热层

当电缆与热力管交叉或接近时，其最小允许距离为平行敷设 2m，交叉敷设 0.5m。如果不能满足这个要求时，应在接近段或交叉前后 1m 范围内做隔热处理，其方法如图 6–3 所示。在任何情况下，不能将电缆平行敷设在热力管道的上面或下面。

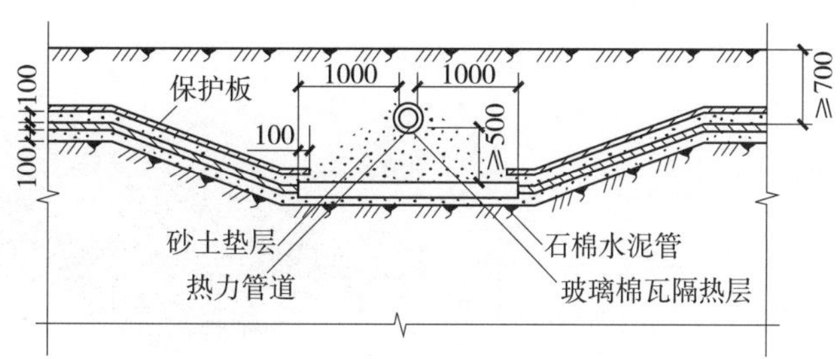

图 6–3 电缆与热力管道交叉的隔热法（单位：mm）

（4）敷设电缆

首先将运到现场的电缆进行核算，弄清每盘电缆的长度，确定中间接头的地方。按线路的具体情况，配置电缆长度，避免造成浪费。在核算时应注意不要把电缆接头放在道路交叉处，建筑物的大门口以及其他管道交叉的地方，如在同一条电缆沟内有数条电缆并列敷设时，电缆接头的位置应互相错开，使电缆接头保持 2m 以上的距离，以便日后检修。

电缆敷设常用的方法有两种，即人工敷设和机械牵引敷设。无论采用哪种方法，都要先将电缆盘稳固地架设在放线架上，使其能自由地活动，然后从盘的上端引出电缆，逐渐松开放在滚轮上，用人工或机械向前牵引，如图 6–4 所示，在施放过程中，电缆盘的两侧应有专人协助转动，并备有适当的工具，以便随时刹住电缆盘。

电缆放在沟底，不要拉得很直，使电缆长度比沟长 0.5%~1%，这样可以防止电缆在冬季停止使用时，不致因冷缩长度变短而受过大的拉力。

图 6–4　电缆用滚轮敷设方法

电缆的上、下须铺以不小于 100mm 厚的细砂，再在上面铺盖一层砖或水泥预制盖板，其覆盖宽度应超过电缆两侧各 50mm。以便将来挖土时，可表明土内埋有电缆，使电缆不受机械损伤。电缆沟回填土应充分填实，覆土要高于地面 150~200mm，以防松土沉陷。完工后，沿电缆线路的两端和转弯处均应竖立一根露在地面上的混凝土标桩，在标桩上注明电缆的型号、规格、敷设日期和线路走向等，以便日后检修。

2. 冰雕内管线敷设

冰雕内的管线敷设可在不影响整体美观的情况下，直接在冰体上用电锯或无齿锯的工具凿开冰槽，冰面开槽如图 6–5 所示。

管线采用护套线穿塑料管的方式敷设于所凿开的冰槽内，然后用水将冰槽重新浇筑，冰槽浇筑如图 6–6 所示。

图 6–5　冰面开槽

图 6–6　冰槽浇筑

6.1.5　电缆终端头和中间接头的制作

1. 10kV 交联聚乙烯电缆热缩型中间接头的制作

热缩型中间接头所用主要附件和材料有：相热缩管、外热缩管、内热缩管、未硫化乙丙橡胶带、热熔胶带、半导体带、聚乙烯带、接地线（25mm^2 软铜线）、铜屏蔽网等。

制作工艺如下：

（1）准备工作

把所需材料和工具准备齐全，核对电缆规格型号，测量绝缘电阻，确定剥切尺寸，锯割电缆铠装，清擦电缆铅（铝）包。

（2）剖切电缆外护套

先将内、外热缩管套入一侧电缆上，将需连接的两电缆端头 500mm 一段外护套剖切剥除。

（3）剥除钢带

自外护套切口向电缆端部量 50mm，装上钢带卡子；然后在卡子外边缘沿电缆周长在钢带上锯一环形深痕，将钢带剥除。

（4）剖切内护套

在距钢带切口 50mm 处剖切内护套。

（5）剥除铜屏蔽带

自内护套切口向电缆端头量取 100~150mm，将该段铜屏蔽带用细铜线绑扎，其余部分剥除。屏蔽带外侧 20mm 的一段半导体布保留，其余部分去除。电缆剖切尺寸如图 6–7 所示。

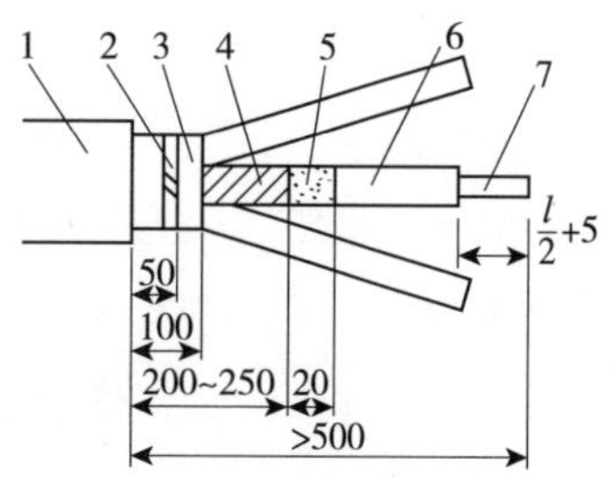

图 6–7 电缆剖切尺寸（单位：mm）
1—外护套；2—钢带卡子；3—内护套；4—铜屏蔽带；5—半导体布；6—交联聚乙烯绝缘；7—线芯；l—连接管长度

（6）清洗线芯绝缘、套相热缩管

为了除净半导电薄膜，用无水乙醇清洗三相线芯交联聚乙烯绝缘层表面，并分相套入铜屏蔽网及相热缩管。

（7）剥除绝缘、压接连接管

剥除线芯端头交联聚乙烯绝缘层，剥除长度为连接管长度的 1/2 加 5mm，然后用无水乙醇清洁线芯表面，将清洁好的两端头分别从连接管两端插入连接管，用压接钳进行压接，每相接头不少于 4 个压点。

（8）包绕橡胶带

在压接管上及其两端裸线芯外包绕未硫化乙丙橡胶带，采用半迭包方式绕包 2 层，与绝缘接头处的绕包一定要严密。

（9）加热相热缩管

先在接头两边的交联聚乙烯绝缘层上适当缠绕热熔胶带，然后将事先套入的相热缩管移至接头中心位置，用喷灯沿轴向加热，使热缩管均匀收缩，裹紧接头。注意加热收缩时，不应产生皱褶和裂缝。

（10）焊接铜屏蔽带

先用半导体带将两侧半导体屏蔽布缠绕连接，再展开铜屏蔽网与两侧的铜屏蔽带焊接，每一端不少于 3 个焊点。

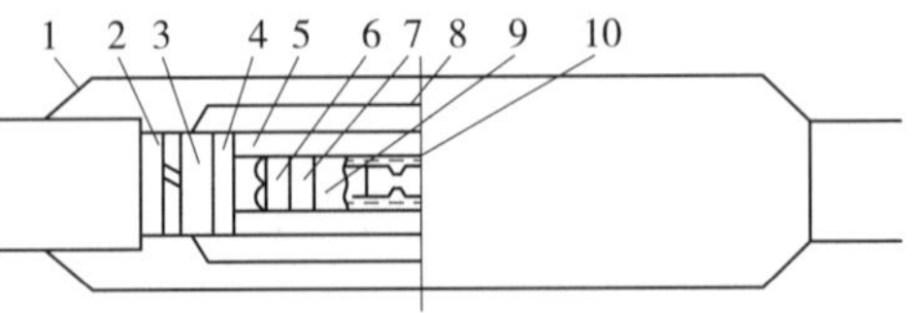

图 6–8　交联聚乙烯电缆热缩中间头结构

1—外热缩管；2—钢带卡子；3—内护套；4—铜屏蔽带；5—铜屏蔽网；6—半导体屏蔽带；7—交联聚乙烯绝缘层；8—内热缩管；9—相热缩管；10—未硫化乙丙橡胶带

（11）加热内热缩管

先将 3 根线芯并拢，用聚氯乙烯带将线芯及填料绕包在一起，在电缆内护套处适当缠绕热熔胶带；然后将内热缩管移至中心位置，用喷灯加热使之均匀收缩。

（12）焊地线

在接头两侧电缆钢带卡子处焊接接地线。

（13）加热外热缩管

先在电缆外护套上适当缠绕热熔胶带，然后将外热缩管移至中心位置，用喷灯加热使之均匀收缩。制作完毕的中间接头结构如图 6–8 所示。其安装要求按施工验收规范执行。

2. 10kV 纸绝缘电力电缆热缩终端头制作

10kV 纸绝缘电缆热缩型终端头的外形如图 6–9 所示，其制作工艺如下：

（1）准备材料工具，核对电缆规格、型号，测量绝缘电阻，根据设备接线位置确定电缆所需长度，割去多余电缆等。

（2）确定剥切尺寸，锯割电缆铠装，清擦铅（铝）包，并将铠装切口向上 130mm 以上部分的铅（铝）包剥除，焊接地线。

（3）将铅（铝）包切口以上 25mm 部分统包绝缘纸保留，其余剥除，并将电缆线芯分开。

（4）用干净的白布蘸汽油或无水乙醇，将线芯绝缘表面的油渍擦净，在铅（铝）包切口以上 40~50mm 处至距线芯末端 60mm 处套上隔油管，并加热使之收缩，紧贴线芯绝缘。所用加热器一般以“液化气烤枪”为宜，也可使用喷灯。加热温度一般控制在 110~130℃内。加热收缩时，应从管子中间向两端逐渐延伸，或从一端向另一端延伸，以利于收缩时排出管内空气，加热火焰应螺旋状前移，以保证隔油管沿圆周方向充分、均匀受热收缩。

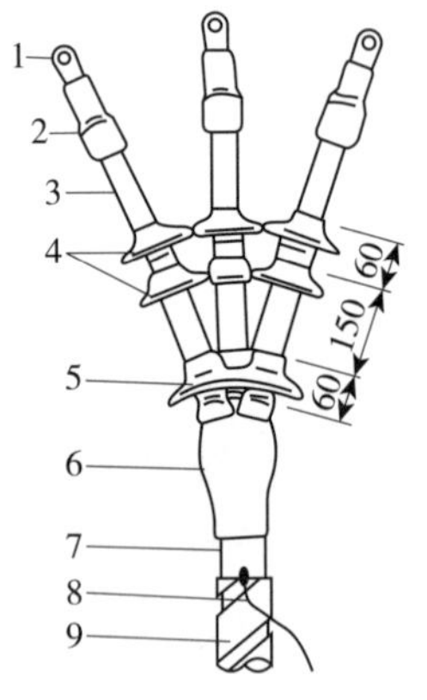

图 6–9　10kV 纸绝缘电缆热缩型终端头（单位：mm）

1—接线端子；2—密封套；3—绝缘管；4—防雨罩；5—共用防雨罩；6—三叉套；7—电缆铅包；8—接地线；9—钢带

（5）套应力管，下端距铅（铝）包切口 80mm，并自下而上均匀加热，使其收缩紧贴隔油管。

（6）在铅（铝）包切口和应力管之间，包绕耐油填充胶，包成苹果形，中部最大直径约为统包绝缘外径加 15mm，填充胶与铅（铝）包口重叠 5mm，以确保隔油密封。三叉口线芯之间也应填以适量的填充胶。

（7）再次清洁铅（铝）包密封段，并预热铅（铝）包，套上三叉分支手套。分支手套应与铅（铝）包重叠 70mm。先从铅（铝）包口位置开始加热收缩，再往下均匀加热收缩铅（铝）包密封段，随后再往上加热收缩，直至分支指套。

（8）剥切线芯端部绝缘（剥切长度为接线端子管孔深加 5mm），压接接线端子。用填充胶填堵绝缘端部的 5mm 间隙及压坑，并与上下均匀重叠 5mm。

（9）套绝缘外管，下端要插至手套的三叉口，从下往上加热收缩后，使其上端与接线端子重叠 5mm，多余部分割弃。

至此，户内热缩型终端头即制作完毕。

（10）对于户外终端头，则应加装防雨罩，安装尺寸如图 6-9 所示。先套入三孔防雨罩（三相共用），自由就位后加热收缩，然后每相再套两个单孔防雨罩，热缩完毕之后，再安装顶端密封套，装上相序标志套。户外式终端头即制作完毕。

制作热缩型电缆终端头值得注意的是：在安装三叉分支手套时，宜先对填充胶预热，并将电缆定位，套上分支手套后，按所需分叉角度摆好线芯后再进行加热，避免在三叉分支手套热缩定型后，再大幅度地改变电缆线芯的分叉角度，造成手套分叉口及指套根部开裂。

6.2 供电设备安装

大型冰雪景观园区内设有餐饮、休息等功能性建筑物，因此，需要给供暖、烹饪、造雪机等设备供电，配电柜安装的工序包括：基础槽钢埋设，开箱检查、清扫与搬运，配电柜组立，配电柜电器安装，盘柜校线，控制电缆头制作及压线等。

6.2.1 基础槽钢埋设

配电柜的安装通常以角钢或槽钢作基础，其放置方式如图 6-10 所示。

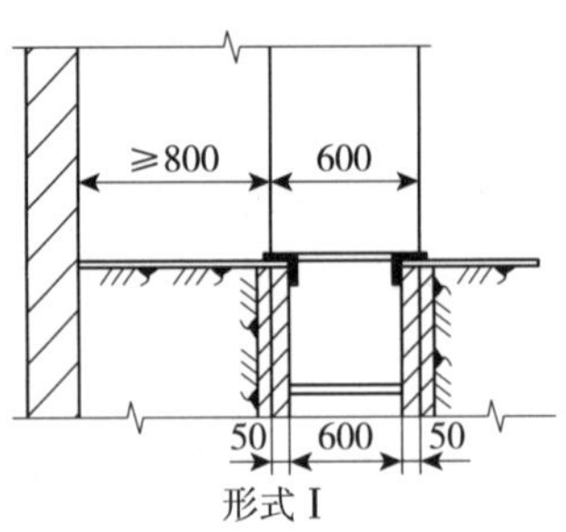

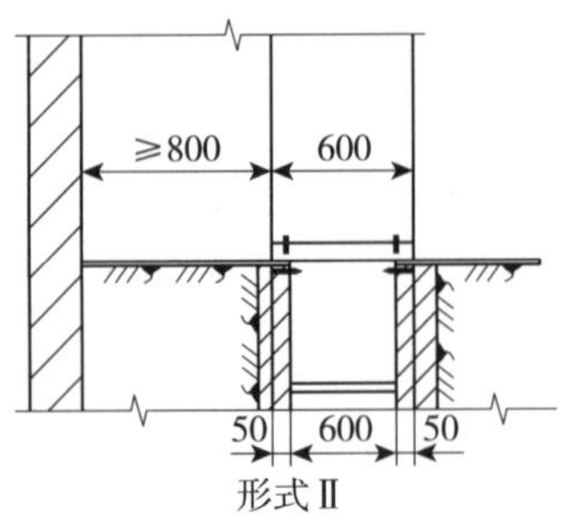

图 6–10　配电柜基础型钢放置方式（单位：mm）

型钢的埋设方法，一般有下列两种：

（1）直接埋设法

此种方法是在浇筑混凝土时，直接将基础槽钢埋设好。首先将 10 号或 8 号槽钢调直、除锈，并在有槽的一面预埋好钢筋钩，按图纸要求的位置和标高在浇筑混凝土时放置好。在浇筑混凝土前应找平、找正。找平的方法是用钢水平尺调好水平，并应使两根槽钢处在同一水平面上且平行。找正则是按图纸要求尺寸反复测量，确认准确后将钢筋头焊接在槽钢上。

（2）预留槽埋设法

此种方法是在土建施工时预先埋设固定基础槽钢的地脚螺栓，待地脚螺栓达到安装强度后，将基础槽钢用螺母固定在地脚螺栓上。基础槽钢安装如图 6–11 所示。槽钢埋设允许偏差应符合表 6–5 的规定。槽钢顶部宜高出室内抹光地面 10mm。

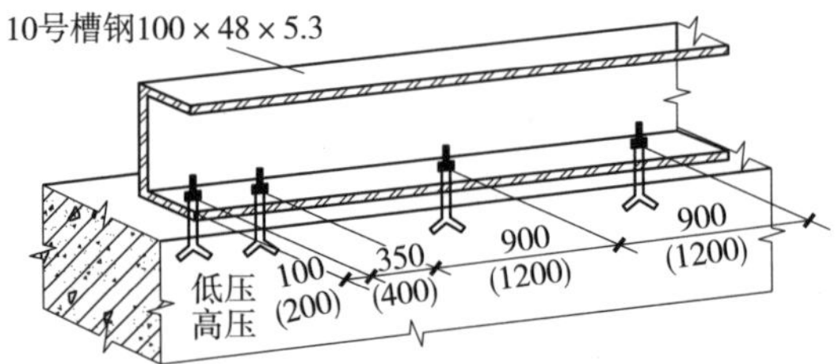

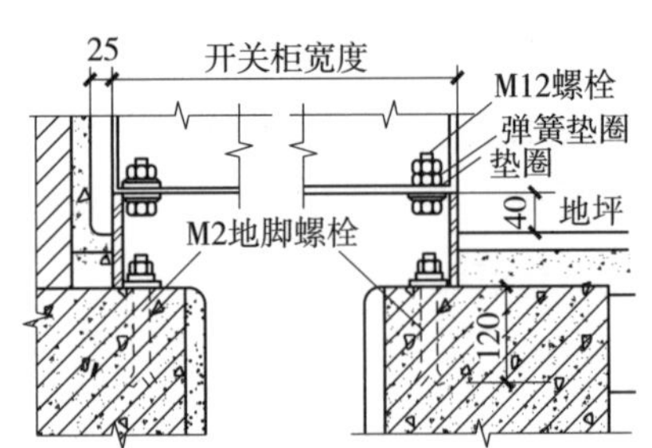

图 6–11　基础型钢安装（单位：mm）

配电柜基础型钢埋设允许偏差　　表 6–5

项目	允许偏差	
	mm/m	mm/ 全长（m）
不直度	<1	<5
水平度	<1	<5
位置误差及不平行度		<5

6.2.2 开箱检查、清扫与搬运

配电柜运到施工现场后，应及时进行开箱检查和清扫，查清并核对下列内容：

（1）规格、型号是否与设计图纸相符，通过检查，临时在配电柜上标明盘柜名称、安装编号和安装位置；

（2）配电柜上零件、备品、文件资料是否齐全；

（3）检查有无受潮和损坏等缺陷，并及时填写开箱单，受潮的部件应进行干燥；

（4）用电吹风机将盘柜内灰尘吹扫干净，仪表和继电器应送交试验部门进行检验和调校，配电柜安装固定完毕后再装回。

配电柜搬运应在较好的天气进行，拆去包装后运进室内。搬运时要防止盘柜倾倒，同时避免较大的振动。运输中应将盘柜立在汽车上，并用绳索捆牢在汽车上，防止倾倒。

由室外运至室内的方法很多，如人抬或用滚扛等，根据条件而定。

6.2.3 配电柜组立

按设计要求将配电柜搬放在安装位置上，当柜较少时，先从一端精确地调整好第一个柜，再以第一个柜为标准依次调整其他各柜，使其柜面一致、排列整齐、间隙均匀。当柜较多时，宜先安装中间一台，再调整安装两侧其余柜。调整时可在柜的下面加垫铁（同一处不宜超过 3 块），直到满足表 6-6 的要求，即可进行固定。安装在振动场所的配电柜，应采取防振措施，一般在柜下加装厚度约 10mm 的弹性垫。

盘、柜安装的允许偏差　　表 6-6

项次	项目		允许偏差（mm）
1	垂直度（每米）		<1.5
2	水平偏差	相邻两盘顶部	<2
		成列盘顶部	<5
3	盘面偏差	相邻两盘边	<1
		成列盘面	<5
4	盘间接缝		<2

配电柜多用螺栓固定或焊接固定。若采用焊接固定，每台柜的焊缝不应少于 4 处，每处焊缝长度约 100mm。为保持柜面美观，焊缝宜放在柜体的内侧。焊接时，应把

垫于柜下的垫铁也焊在基础型钢上。对于主控制盘、自动装置盘、继电保护盘，不宜与基础型钢焊死，以便迁移。

盘、柜的找平可用水平尺测量，垂直找正可用磁力线锤吊线法或用水平尺的立面进行测量。如果不平或不正，可加垫铁进行调整。调整时即要考虑单台盘、柜的误差，又要照顾到整排盘柜的误差。

配电装置的基础型钢应作良好接地，一般采用扁钢将其与接地网焊接，且接地不应少于两处，一般在基础型钢两端各焊一扁钢与接地网相连。基础型钢露出地面的部分应刷一层防锈漆。

6.2.4 配电柜上电器安装

配电柜上安装的电器应符合下列要求：

（1）规格、型号符合设计要求；

（2）所安装电器单独拆装，而不影响其他电器安装和配线；

（3）配电柜上所配导线应用铜芯绝缘导线；

（4）端子排应整齐无损，绝缘良好，螺钉及各种垫片齐全；

（5）连接板接触良好、可靠，切换相互不影响；

（6）配电柜上所有带电体与接地体之间应保持至少 6mm 的距离。

如果遇到设计修改需在盘上增加或更换电气元件，要在盘、柜面上开孔时，首先要选好位置，增加或更换的电器元件不应影响盘面的整齐美观。

钻孔时先测量孔的位置，打上定位孔。打定位孔时应在盘背面孔的位置处用手锤顶住，然后再打，以防止盘面变形或因振动损坏盘上其他电器元件。用手电钻钻孔时，应注意勿使铁屑漏入其他电器里。

开比较大的孔时，先测量准位置，然后用铅笔画出洞孔的四边线。在相对的两角内侧钻孔，用锉刀将孔锉大至两侧边线后，用钢锯条慢慢锯割，直至锯出方孔，再用锉刀将四周锉齐。不可用气焊切割，那样会使盘柜面严重变形。

由于更换电器元件或减少而留下的多余的孔洞，应进行修补。其方法是用相同厚度的铁板做成与孔洞相同的形状，但应略小于孔洞缝隙，只要能将其镶入即可。再在背面用电焊点焊固定，在四周点几点就可以，焊点多会使盘面变形。然后用腻子抹平缝隙，用细砂纸磨平后，喷漆即可。

对于小的孔洞可用线头塞入砸平，再用细锉找平，打上腻子用细砂纸磨平，喷漆。

6.3 照明施工

冰景及冰灯作品以内置灯光为主，局部可采用白炽灯、霓虹灯、LED 等进行点缀。雪雕、冰雕、冰浇景、冰花等艺术类景点一般采用投光灯（泛光灯及聚光灯）照明方式，同时也会布置激光灯、礼花灯、雷光灯、大功率聚光灯等环境效果灯具，采用自动程序控制，使特殊灯光明暗结合，动静结合，点、线、面相结合，烘托整个园区的节日气氛，冰灯景观如图 6–12 所示。

图 6–12 冰灯景观

6.3.1 照明施工的一般原则

（1）照明灯具应按设计要求进行安装。冰景内的照明灯具设置应与冰体砌筑施工同步进行。每个用电单元应根据工程进度进行通电检测。冰雪景观用电设施应采取绝缘措施，不得漏电。

（2）冰雪景观基础下配线应穿管保护。灯具配线宜采用耐低温绝缘等级为 0.45/0.75kV 的铜芯橡皮线或铜芯氯丁橡皮线。

（3）冰景内部设置效果灯时，应留有散热口。

（4）冰景内置灯具应便于安装、维护和拆除。

（5）冰景内照明宜采用一体化灯具，两灯之间的连接宜采用模块插口或软连接，电源电线连接处应做好防潮、密封处理。

（6）冰景内采用带散热孔、耐低温的电子镇流器时，应采用防水、防潮措施。

（7）冰景内置电感型镇流器时宜集中摆放，在镇流器底部时应采取隔热、绝缘措施。

（8）公共场所采用点光源照明方式时，宜采用紧凑型节能荧光灯。

（9）冰体内选用白炽灯泡照明时，应具有良好的通风散热空间，灯具功率不应大于 25W。

（10）白炽灯泡不应垂直向上安装，且灯泡与冰体的距离不得小于 100mm。

（11）高度大于 15m 或体积大于 500m^3 的冰景观建筑内部留有检修通道时，在底部或上部宜根据需要预留换灯检修口。

（12）采用投光灯或泛光灯作景观照明时，宜选用一体化灯具，并应安放在支架上。支架上的灯具应能上下自由转动，并应能调整投射角，如图 6–13 所示。

图 6–13 投光照明

（13）冰景观建筑外轮廓采用可塑 LED 灯时，明敷设固定间距不得大于 1.5m。

（14）气体放电光源无功功率过大时，在景区供电配电箱内应进行分散无功功率补偿。

（15）冰、雪景区照明控制，宜采用就地控制或集中在值班室、变电所统一联合控制方式。

（16）景区闭园后应保留值班和功能性照明。

（17）照明配电接线应符合下列规定：

1）保护接地导体（PE）应与接地干线相连接，且不得串联连接。金属构架、灯具的构件和金属软管应接地，且有标识。

2）采用多相供电的同一冰雪景观建筑内的电线绝缘层颜色应一致。保护导体（PE 线）应选用绿黄双色线；零线应选用淡蓝色；相导体选用：A 相为黄色，B 相为绿色，C 相为红色；不应采用绿黄双色线作负荷线。冰雪景观内照明回路应与配电箱（盘）回路标识一致，在配电箱（盘）内和断路器底部标明控制负荷名称。

3）在人行通道等人员来往密集场所安装的落地式灯具、支架上安装的灯具等，应采取防意外触电的保护措施。

（18）照明配电箱（盘）安装应符合下列规定：

1）箱（盘）内应配线整齐，无绞接现象。导线应连接紧密，不伤芯线，不断股。垫圈下螺栓两侧下压的导线截面积应相同，同一端子导线上连接不得多于 2 根，防松垫圈等零件应齐全。

2）箱（盘）内的开关动作应灵敏可靠，带有剩余电流动作漏电保护装置的额定漏电动作电流不应大于 30mA，额定漏电动作时间应小于 0.1s。

3）照明箱（盘）内，应分别设置零线（N）和中性导体（PE 线）汇流排，零线和保护导体应经汇流排配出。

（19）安装、调试、检验用的各类计量器具，电气设备上的计量仪表和相关电气保护仪表（设施），应检测合格，并应在有效期内使用。

6.3.2 照明灯具安装

1. 内部灯具

冰景一般是用冰块砌筑后才雕琢成型的，内部灯具是在砌筑过程中预留空间，或者使用冰钻在其中开洞，把灯具放置进去，如图 6–14 所示。

图 6–14 冰钻开洞

灯具一般使用的是彩色荧光灯或冰灯用 LED 灯，如图 6–15、图 6–16 所示。

2. 投光灯

投光灯是指被照面上的照度高于周围环境的灯具，又称聚光灯（图 6–17）。通常，它能够瞄准任何方向，并具备不受气候条件影响的结构，主要用于大面积作业场矿、建筑物轮廓、体育场、立交桥、纪念碑、公园和花坛等。因此，几乎所有室外使用的大面积照明灯具都可看作投光灯。投光灯的出射光束角度有宽有窄，变化范围在 0°~180° 之间，其中光束特别窄的称为探照灯。

图 6–15　荧光灯照明

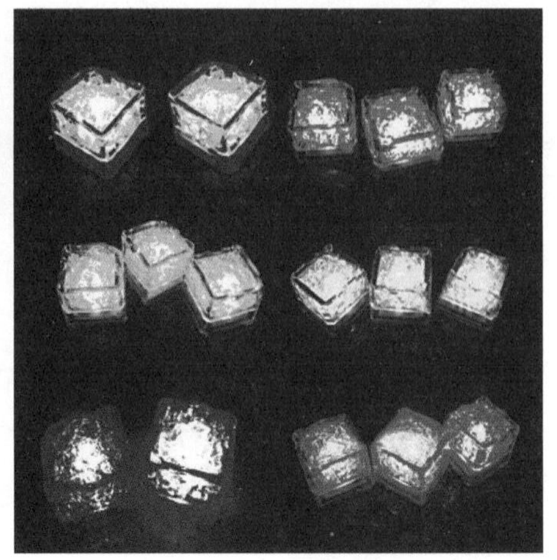

图 6–16　LED 灯

投光灯的安装步骤如下：

（1）根据预埋的铁架或支架制作固定灯具的底板。

1）如预埋铁件，应按投光灯底座的大小制作支架和底板。先用角钢（∟50×5）切割做成支架，用不小于30mm 厚的钢板切割成底板，并按投光灯底座固定螺孔将支架和底板划线，用电钻钻孔然后将支架采用焊接固定在预埋件上，再将底板采用焊接或螺栓固定在支架上；

图 6–17　投光灯

2）如原已将支架预埋好，可制作底板，将底板按投光灯底座固定螺孔划线，用电钻钻孔，然后将底板固定在支架上，底板可采用焊接或螺栓固定，去污除锈，涂刷二度防锈漆、二度面漆，色泽根据实际情况确定；

3）如采用镶锌钢材，螺栓连接可不涂刷油漆。

（2）底板固定好后，将投光灯用螺栓固定在底板上，然后从接线盒将电源线加保护管（金属软管或塑料软管）连接在灯的电源端子上，保护管应到位，管头应封闭好，灯具电源导线连接，应采用焊接或压接，包扎好绝缘带，两层橡皮胶带，两层黑胶布或塑料胶带。

（3）清擦灯具，调好灯的投光位置。

3. 泛光灯

泛光灯是一种可以向四面八方均匀照射的点光源，它的照射范围可以任意调整，且可应用多盏泛光灯，作高亮度的扩散光源使用。

（1）泛光灯的安装

泛光灯的安装比较简单，具体如下：

1）检查。在安装泛光灯之前必须检查泛光灯产品有无损坏，且不要尝试安装已经损坏的泛光灯。

2）打孔。根据泛光灯支架上孔的尺寸在想要安装的位置开孔，同时锁上螺钉。

3）调整。泛光灯的灯体是可以调节的，旋转灯体进行调整，使灯光对准自己想要强调的物体或空间。

4）接线。将泛光灯的火线、零线分别接在市电上，同时注意黄绿线要接地线。

5）试灯。当上述工作完成之后就可以接通电源进行测试。如果灯具亮了，就意味着泛光灯的安装过程结束。泛光灯的安装步骤都要在切断电源的情况下完成，安装过程中严禁带电操作，以免发生危险。

（2）注意事项

1）绝大多数情况下泛光灯的使用都是多盏安装，因而在安装泛光灯之前首先需要安装护栏。在墙上打孔，间距要考虑到实际的需求，这样才能获得良好的照射效果。

2）泛光灯的安装要注意密封性，密封性不好将直接影响后期泛光灯的寿命。

3）在泛光灯的安装中应注意接线长度小于25cm为宜，在变压器功率大的情况下接线可加长，否则十分影响泛光灯的亮度。

6.3.3 配电箱安装

照明配电箱有标准和非标准型两种，标准配电箱可向生产厂家直接订购或在市场上直接购买，非标准配电箱可自行制作。冰雪景观照明配电箱采用落地式安装，可直接安装在大型冰雕附近，如图6–18所示。

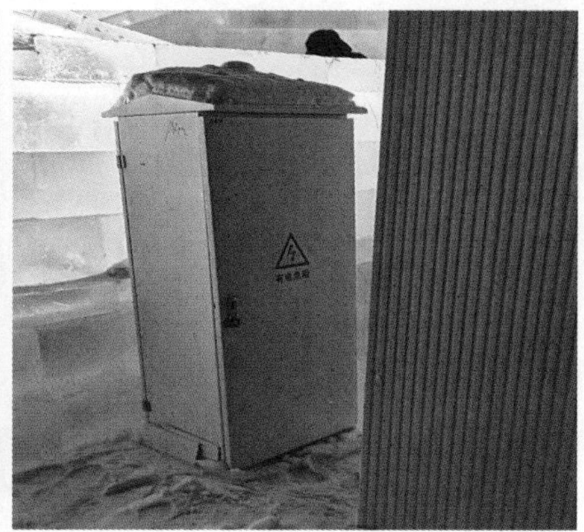

图6–18 室外配电箱

（1）照明配电箱安装要求

1）在配电箱内，有交、直流或不同电压时，应有明显的标志或分设在单独的板面上。

2）导线引出板面，均应套设绝缘管。

3）配电箱安装垂直偏差不应大于 3mm。暗设时，其面板四周边缘应紧贴墙面，箱体与建筑物接触的部分应刷防腐漆。

4）配电箱、开关箱应装设端正、牢固。固定式配电箱、开关箱的中心点与地面的垂直距离宜为 1.4~1.6m，移动式配电箱、开关箱的中心点与地面的垂直距离宜为 0.8~1.6m。

5）三相四线制供电的照明工程，其各相负荷应均匀分配。

6）配电箱内装设的螺旋式熔断器（RL1），其电源线应接在中间触点的端子上，负荷线接在螺纹的端子上。

7）配电箱上应标明用电回路名称。

（2）悬挂式配电箱的安装

悬挂式配电箱可安装在支架或柱子上。直接安装在支架上时，应先在支架角铁上固定螺栓，固定螺栓的规格和间距应根据配电箱的型号、质量以及安装尺寸决定。悬挂式配电箱安装如图 6–19 所示。

图 6–19　悬挂式配电箱

安装配电箱时，要将水平尺放在箱顶上，测量箱体是否水平。如果不平，可调整配电箱的位置以达到要求，同时在箱体的侧面用磁力线锤，测量配电箱上下端与吊线的距离，如果相等，说明配电箱已垂直安装，否则应查明原因，并进行调整。配电箱安装在支架上时，应先将支架加工好，然后将预埋支架固定在安装面上或用抱箍固定在柱子上，再用螺栓将配电箱安装在支架上，并进行水平和垂直调整，如

图 6-20 所示。应注意加工支架时，下料和钻孔严禁使用气割，支架焊接应平整，不能歪斜，并应除锈露出金属光泽，而后刷一道樟丹漆，两道灰色油漆。

配电箱安装高度遵循施工图纸要求。若无要求时，一般底边距地面为 1.5m，安装垂直偏差不应大于 3mm。配电箱上应根据设计图纸注明用电回路名称。

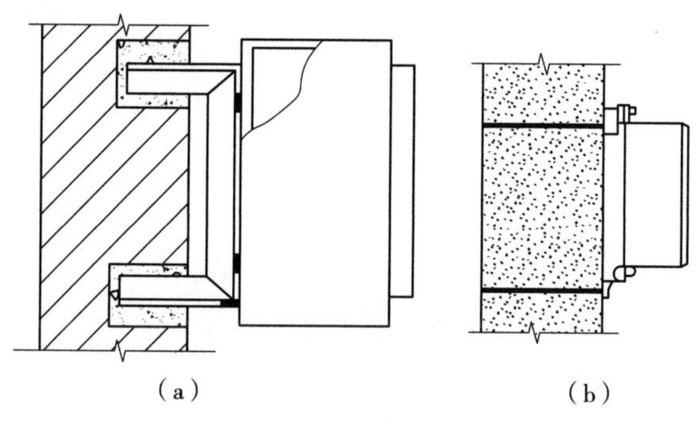

（a）　　（b）

图 6-20　支架固定配电箱

（a）用预埋支架固定；（b）用抱箍支架固定

07

CHAPTER

7 冰雪工程计量与计价

工程量计算规则

套用定额（综合单价）

工程造价计算（投标报价的编制）

工程量清单，是指建设工程的分部、分项工程项目，措施项目，其他项目，规费项目和税金项目的名称和相应数量等的明细清单。招标工程量清单，是指招标人依据国家标准、招标文件、设计文件以及施工现场实际情况编制的，随招标文件发布供投标报价的工程量清单。已标价工程量清单，是指构成合同文件组成部分的投标文件中已标明价格，经算术性错误修正（如有）且承包人已确认的工程量清单，包括对其的说明和表格。

工程量清单计价，是建设工程中招标人根据国家统一的工程量清单计价规则提供工程量清单，投标人根据工程量清单和综合单价进行自主报价的计价模式。

7.1 工程量计算规则

7.1.1 冰建工程量计算

1. 冰建工程计算说明

（1）冰建筑工程包括前期施工准备、熟悉施工图纸、冰建筑制作完毕后的自检、场地清理等。

（2）冰基座包括冰建筑、冰塔、冰花坛、冰雕塑等基座。

（3）定额内包括 250m 以内的场内水平运输。

（4）异形墙是指除直形墙以外的花式墙、圆弧形墙、锯齿形墙等。

（5）异形柱是指除矩形柱以外的多边形柱、圆形柱、半圆形柱等。

（6）单体冰建筑体积在 200m^3 以内，人工含量增加 15%。

（7）零星彩冰包括镶嵌在各冰体中 1m^3 以内的彩冰砌体。

2. 冰建工程工程量计算规则

（1）工程量除另有说明外均按图示尺寸以“m^3”计算，不扣除 0.3m^2 以内的孔洞及凹槽体积。

（2）冰弧璇长度按照璇的中心弧长计算，高度按 0.3m 计算。

（3）冰滑道、冰踏步工程量按其面层垂直地面下返 30cm 以“m^3”计算。

（4）欧式柱头的高度按突出柱身第一道线起计算至柱头顶面。

（5）欧式屋面按屋面体积以“m^3”计算。

1）弧形屋面：屋面高度大于屋面圆形半径的按球形屋面计算，屋面高度小于或等于屋面圆形半径的按弧形屋面计算。

2）棱台或棱锥形状的屋面均按锥形屋面计算。

3）其他形状的屋面按异形屋面计算。

（6）雕刻毛坯组砌不包括雕刻费用，发生时按实际计算。

3. 计算实例

【例 7–1】某冰建工程，形状、尺寸如图 7–1 所示。

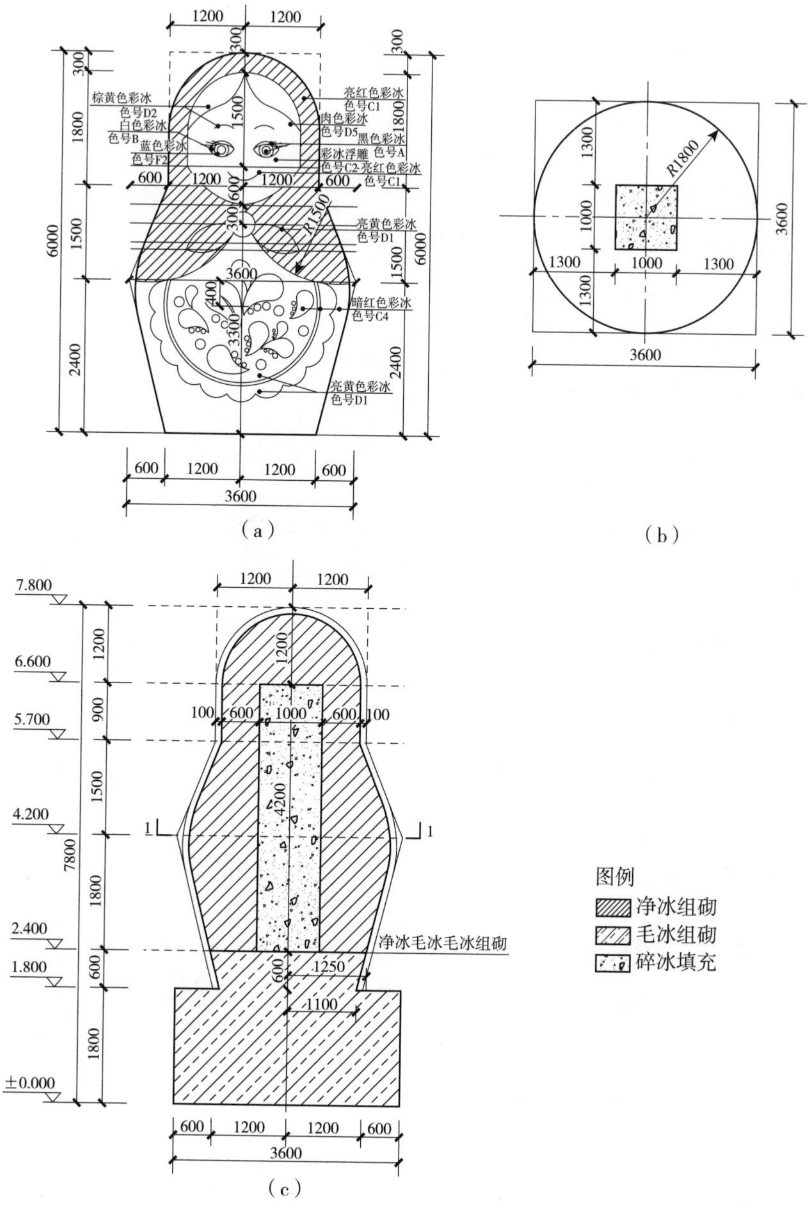

（a）

（b）

（c）

图 7–1 某冰建工程图（单位：mm）

（a）套娃一立面图；（b）1—1 剖面图；（c）套娃一剖面图

（1）计算套娃一冰基座工程量

（2）计算套娃一冰塔工程量

【解】

（1）套娃一冰基座工程量（标高 0.000~1.800m）

$V=3.6\times3.6\times1.8=23.33\text{m}^3$

（2）计算冰塔工程量

1）套娃一毛冰工程量：（标高 1.800~2.400m）

$V_{毛冰}=\frac{1}{3}h\pi(R^2+Rr+r^2)$

$=\frac{1}{3}\times0.6\times3.14\times(1.25^2+1.25\times1.1+1.1^2)=2.60\text{m}^3$

2）套娃一碎冰工程量：（标高 2.400~6.600m）

$V_{碎冰}=abh=1\times1\times4.2=4.2\text{m}^3$

3）套娃一净冰工程量

标高 2.400~4.200m：

$V_1=\frac{1}{3}h\pi(R^2+Rr+r^2)$

$=\frac{1}{3}\times1.8\times3.14\times(1.7^2+1.7\times1.25+1.25^2)=12.39\text{m}^3$

标高 4.200~5.700m：

$V_2=\frac{1}{3}h\pi(R^2+Rr+r^2)$

$=\frac{1}{3}\times1.5\times3.14\times(1.1^2+1.1\times1.7+1.7^2)=9.37\text{m}^3$

标高 5.700~6.600m：

$V_3=h\pi R^2=0.9\times3.14\times1.1^2=3.42\text{m}^3$

标高 6.600~7.800m：

$V_4=\frac{2}{3}\pi R^3=\frac{2}{3}\times3.14\times1.1^3=2.79\text{m}^3$

标高 2.400~7.800m：

$V=V_1+V_2+V_3+V_4=12.39+9.37+3.42+2.79=27.97\text{m}^3$

$V_{净冰}=V-V_{碎冰}=27.97-4.2=23.77\text{m}^3$

4）套娃一彩冰工程量

标高 1.800~4.200m：

$V_1=\frac{1}{3}h\pi(R^2+Rr+r^2)$

$=\frac{1}{3}1/3\times2.4\times3.14\times(1.8^2+1.8\times1.2+1.2^2)=17.18m^3$

标高 4.200~5.700m：

$V_2=\frac{1}{3}h\pi(R^2+Rr+r^2)$

$=\frac{1}{3}\times1.5\times3.14\times(1.2^2+1.2\times1.8+1.8^2)=10.74m^3$

标高 5.700~6.600m：

$V_3=h\pi R^2=0.9\times3.14\times1.2^2=4.07m^3$

标高 6.600~7.800m：

$V_4=\frac{2}{3}\pi R^3=\frac{2}{3}\times3.14\times1.2^3=3.62m^3$

标高 2.400~7.800m：

$V=V_1+V_2+V_3+V_4=17.18+10.74+4.07+3.62=35.61m^3$

$V_{彩冰}=35.61-27.97=7.64m^3$

7.1.2 雪建工程量计算

1. 雪建工程计算说明

（1）雪建筑工程包括前期施工准备工作、熟悉图纸、雪建筑制作完毕后的自检、场地清理等。

（2）雪基座包括雪建筑、雪塔、雪花坛、雪雕等基座。

（3）雪建筑外立面按普通雕塑考虑。

（4）雪建筑施工是在模板内进行堆雪、压实、成型，其模板费用根据不同的施工工艺、不同的材料，按实际计算。

2. 雪建工程工程量计算规则

（1）雪建筑除另有说明外均按压实体积以“m^3”计算。

（2）雪弧璇长度按璇的中心线弧长计算，高度按 0.5m 计算。

（3）雪滑道、雪踏步工程量按其面层垂直地面下返 50cm 以“m^3”计算。

（4）雪建筑高度超过 20m 的垂直运输执行冰建相应的垂直运输项目乘以系数 0.3。

（5）如发生现场制雪损耗增加 15%。

7.2 套用定额（综合单价）

综合单价，是指完成一个规定计量单位的分部、分项工程和措施清单项目所需的人工费、材料费和机械费和企业管理费、利润以及一定范围内的风险费用。

综合单价 = 人工费 + 材料费 + 机械费 + 企业管理费 + 利润 + 风险费用

其中：

人工费 = 定额人工消耗量 × 人工单价

材料费 = 某种材料定额消耗量 × 材料单价

机械费 = 某种机械定额消耗量 × 机械台班单价

企业管理费 = 计费基础 × 管理费率

利润 = 计费基础 × 利润率

7.2.1 冰景观定额套用

【例 7–2】根据表 7–1 确定冰基座的综合单价（其中企业管理费和利润分别取人工费的 20% 和 25%）。

分部、分项工程和单价措施项目清单与计价表　　　　表 7–1

工程名称：欢乐套娃冰建工程

序号	项目编码	项目名称	项目特征描述	计量单位	工程量	金额（元）		
						综合单价	综合合价	其中：暂估价
1	04B001	冰基座	1. 规格、体积：根据设计图纸综合考虑 2. 材质：毛冰组砌 3. 工作内容：包括清理地面、基座的放线、浇水、组砌及安装电气工程时所需留凿沟槽、钻孔洞等全部操作过程 4. 清理现场、材料场区内水平运输、残冰外运等	m^3	23.33			

【解】计算依据《建设工程工程量清单计价规范》GB 50500—2013、《哈尔滨市冰雪建设工程计价定额》（2018 年试用）。

（1）确定定额项目

定额编码：44；

定额名称：机械垂直运输 毛冰砌筑 矩形；

定额计量单位：$10m^3$；

定额基价：1417.06 元 /$10m^3$，其中，人工费：885.10 元 /$10m^3$，材料费：430.37 元 /$10m^3$，机械费 101.59 元 /$10m^3$。

（2）计算综合单价

1）计算人工费合价

定额人工综合工日单价为 53 元 / 工日，人工综合工日按 90 元 / 工日调整；单体冰建筑体积在 $200m^3$ 以内，人工含量增加 15%。

人工费单价 =（885.10/53）×90×（1+0.15）=1728.45 元 /$10m^3$

定额计量单位为 $10m^3$，清单计量单位为“m^3”

人工费合价 = 人工费单价 ×0.1=1728.45×0.1=172.85 元 /m^3

2）计算材料费合价

定额冰单价为 32.51 元 /m^3，市场冰单价为 60 元 /m^3。

材料费单价 =430.37+（60−32.51）×13.09=790.21 元 /$10m^3$

材料费合价 = 材料费单价 ×0.1=790.21×0.1=79.02 元 /m^3

3）计算机械费合价

机械费单价 =101.59 元 /$10m^3$

机械费合价 = 机械费单价 ×0.1=101.59×0.1=10.16 元 /m^3

4）计算企业管理费和利润合价

企业管理费和利润单价 = 人工费 ×（20%+25%）

=885.10×1.15×（20%+25%）=458.04 元 /$10m^3$

企业管理费和利润合价 = 企业管理费和利润单价 ×0.1

=458.04×0.1=45.80 元 /m^3

5）综合单价 = 人工费合价 + 材料费合价 + 机械费合价 + 企业管理和利润合价

=172.85+79.02+10.16+45.80=307.83 元 /m^3

（3）完成综合单价分析表（表 7−2）

综合单价分析表　　表 7-2

工程名称：欢乐套娃冰建工程

<table>
<tr><td colspan="2">项目编码</td><td colspan="2">04B001</td><td colspan="2">项目名称</td><td colspan="2">冰基座</td><td>计量单位</td><td>m^3</td><td>工程量</td><td>23.33</td></tr>
<tr><td colspan="12">清单综合单价组成明细</td></tr>
<tr><td rowspan="2">定额编号</td><td rowspan="2">定额项目名称</td><td rowspan="2">定额单位</td><td rowspan="2">数量</td><td colspan="4">单价（元）</td><td colspan="4">合价（元）</td></tr>
<tr><td>人工费</td><td>材料费</td><td>机械费</td><td>管理费和利润</td><td>人工费</td><td>材料费</td><td>机械费</td><td>管理费和利润</td></tr>
<tr><td>44 $R\times$ 1.15</td><td>机械垂直运输毛冰组砌异形每一基座体积在 $40m^3$ 以内，高度在 2m 以内</td><td>$10m^3$</td><td>0.1</td><td>1728.45</td><td>790.21</td><td>101.59</td><td>458.04</td><td>172.85</td><td>79.02</td><td>10.16</td><td>307.83</td></tr>
<tr><td colspan="2">人工单价</td><td colspan="6">小计</td><td>172.85</td><td>79.02</td><td>10.16</td><td>307.83</td></tr>
<tr><td colspan="2">综合工日 90 元 / 工日</td><td colspan="6">未计价材料费</td><td colspan="4"></td></tr>
<tr><td colspan="8">清单项目综合单价</td><td colspan="4">307.83</td></tr>
<tr><td rowspan="6">材料费明细</td><td colspan="5">主要材料名称、规格、型号</td><td>单位</td><td>数量</td><td>单价（元）</td><td>合价（元）</td><td>暂估单价（元）</td><td>暂估合价（元）</td></tr>
<tr><td colspan="5">其他材料费</td><td>元</td><td>0.398</td><td>1</td><td>0.40</td><td></td><td></td></tr>
<tr><td colspan="5">冰</td><td>m^3</td><td>1.309</td><td>60</td><td>78.54</td><td></td><td></td></tr>
<tr><td colspan="5">水</td><td>t</td><td>0.015</td><td>5.54</td><td>0.08</td><td></td><td></td></tr>
<tr><td colspan="7">材料费小计</td><td>—</td><td>79.02</td><td>—</td><td></td></tr>
<tr><td colspan="7"></td><td colspan="2"></td><td></td><td></td></tr>
</table>

7.2.2　雪景观定额套用

【例 7-3】根据表 7-3 确定雪塔的综合单价（其中企业管理费和利润分别取人工费的 20% 和 25%）。

分部、分项工程和单价措施项目清单与计价表　　表 7-3

工程名称：欢乐城堡雪建工程

<table>
<tr><td rowspan="2">序号</td><td rowspan="2">项目编码</td><td rowspan="2">项目名称</td><td rowspan="2">项目特征描述</td><td rowspan="2">计量单位</td><td rowspan="2">工程量</td><td colspan="3">金额（元）</td></tr>
<tr><td>综合单价</td><td>综合合价</td><td>其中：暂估价</td></tr>
<tr><td>1</td><td>04B001</td><td>雪塔制作</td><td>1. 规格、体积：根据设计图纸综合考虑
2. 材质：雪夯实
3. 工作内容：清理地面、堆雪、压实
4. 制雪全过程</td><td>m^3</td><td>1457.69</td><td></td><td></td><td></td></tr>
</table>

【解】计算依据：《建设工程工程量清单计价规范》GB 50500—2013、《哈尔滨市冰雪建设工程计价定额》（2018 年适用）。

分析：本例雪塔制作的清单项目工作内容中包括雪塔压实和制雪等施工过程，对应《哈尔滨市冰雪建设工程计价定额》（2018 年适用）中的定额名称为雪塔（定额编码 2–88）和制雪（定额编码 2–158）两个项目。

（1）雪塔定额项目

1）确定定额项目

定额编码：2–88；

定额名称：雪塔 高度 10m 以外，底面积在 35m^2 以上；

定额计量单位：10m^3；

定额基价：617.41 元 /10m^3，其中，人工费：577.17 元 /10m^3，材料费：2.69 元 /10m^3，机械费 37.55 元 /10m^3。

2）计算综合单价

①计算人工费合价

定额人工综合工日单价为 53 元 / 工日，人工综合工日按 90 元 / 工日调整。

人工费单价 =（577.17/53）×90=980.10 元 /10m^3

定额计量单位为 10m^3；清单计量单位为“m^3”

人工费合价 = 人工费单价 ×0.1=980.10×0.1=98.01 元 /m^3

②计算材料费合价

材料费单价 =2.69 元 /10m^3

材料费合价 = 材料费单价 ×0.1=2.69×0.1=0.27 元 /m^3

③计算机械费合价

机械费单价 =37.55 元 /10m^3

机械费合价 = 机械费单价 ×0.1=37.55×0.1=3.76 元 /m^3

④计算企业管理费和利润合价

企业管理费和利润单价 = 人工费 ×（20%+25%）

=577.17×（20%+25%）=259.73 元 /10m^3

企业管理费和利润合价 = 企业管理费和利润单价 ×0.1

=259.73×0.1=25.97 元 /m^3

⑤雪塔的综合单价

雪塔综合单价 = 人工费合价 + 材料费合价 + 机械费合价 + 企业管理和利润合价

=98.01+0.27+3.76+25.97=128.01 元 /m^3

（2）制雪定额项目

1）确定定额项目

定额编码：2–158；

定额名称：制雪 租用制雪机 体积 2000m^3 以内；

定额计量单位：10m^3；

定额基价：137.27 元 /10m^3，其中，人工费：12.19 元 /10m^3，材料费：25.08 元 /10m^3，机械费 100.00 元 /10m^3。

2）计算综合单价

①计算人工费合价

定额人工综合工日单价为 53 元 / 工日，人工综合工日按 90 元 / 工日调整。

人工费单价 =（12.19/53）×90=20.7 元 /10m^3

定额计量单位为 10m^3；清单计量单位为“m^3”

人工费合价 = 人工费单价 ×0.1=20.7×0.1=2.07 元 /m^3

②计算材料费合价

材料费单价 =25.08 元 /10m^3

材料费合价 = 材料费单价 ×0.1=25.08×0.1=2.51 元 /m^3

③计算机械费合价

机械费单价 =100.00 元 /10m^3

机械费合价 = 机械费单价 ×0.1=100.00×0.1=10.00 元 /m^3

④计算企业管理费和利润合价

企业管理费和利润单价 = 人工费 ×（20%+25%）

=12.19×（20%+25%）=5.49 元 /10m^3

企业管理费和利润合价 = 企业管理费和利润单价 ×0.1

=5.49×0.1=0.55 元 /m^3

⑤制雪的综合单价

制雪综合单价 = 人工费合价 + 材料费合价 + 机械费合价 + 企业管理和利润合价

=2.07+2.51+10.00+0.55=15.13 元 /m^3

（3）雪塔制作的综合单价

雪塔制作的综合单价 = 雪塔的综合单价 + 制雪的综合单价

=128.01+15.13=143.14 元 /m^3

（4）完成综合单价分析表（表 7–4）

综合单价分析表　　表 7-4

工程名称：欢乐城堡雪建工程

<table>
<tr><td colspan="2">项目编码</td><td colspan="2">04B001</td><td colspan="2">项目名称</td><td colspan="2">冰基座</td><td>计量单位</td><td>m^3</td><td>工程量</td><td>1457.69</td></tr>
<tr><td colspan="12">清单综合单价组成明细</td></tr>
<tr><td rowspan="2">定额编号</td><td rowspan="2">定额项目名称</td><td rowspan="2">定额单位</td><td rowspan="2">数量</td><td colspan="4">单价（元）</td><td colspan="4">合价（元）</td></tr>
<tr><td>人工费</td><td>材料费</td><td>机械费</td><td>管理费和利润</td><td>人工费</td><td>材料费</td><td>机械费</td><td>管理费和利润</td></tr>
<tr><td>2-88</td><td>雪塔高在 10m 以外，底面积在 $35m^2$ 以内</td><td>$10m^3$</td><td>0.1</td><td>980.10</td><td>2.69</td><td>37.55</td><td>259.72</td><td>98.01</td><td>0.27</td><td>3.76</td><td>25.97</td></tr>
<tr><td>2-158</td><td>制雪租用制雪机体积在 $2000m^3$ 以内</td><td>$10m^3$</td><td>0.1</td><td>20.70</td><td>25.08</td><td>100.00</td><td>5.49</td><td>2.07</td><td>2.51</td><td>10.00</td><td>0.55</td></tr>
<tr><td colspan="2">人工单价</td><td colspan="6">小计</td><td>100.08</td><td>2.78</td><td>13.76</td><td>26.52</td></tr>
<tr><td colspan="2">综合工日 90 元 / 工日</td><td colspan="6">未计价材料费</td><td colspan="4"></td></tr>
<tr><td colspan="8">清单项目综合单价</td><td colspan="4">143.13</td></tr>
<tr><td rowspan="5">材料费明细</td><td colspan="5">主要材料名称、规格、型号</td><td>单位</td><td>数量</td><td>单价（元）</td><td>合价（元）</td><td>暂估单价（元）</td><td>暂估合价（元）</td></tr>
<tr><td colspan="5">其他材料费</td><td>元</td><td>1.358</td><td>1</td><td>1.36</td><td></td><td></td></tr>
<tr><td colspan="5">水</td><td>m^3</td><td>0.257</td><td>5.54</td><td>1.42</td><td></td><td></td></tr>
<tr><td colspan="7">材料费小计</td><td>—</td><td>2.78</td><td>—</td><td></td></tr>
<tr><td colspan="7"></td><td colspan="2"></td><td></td><td></td></tr>
</table>

7.3 工程造价计算（投标报价的编制）

投标报价是投标人参与工程项目投标时报出的工程造价。投标报价是在工程招标过程中，由投标人或其委托具有相应资质的工程造价咨询人按照招标文件的要求以及有关规定，依据发包人提供的工程量清单、施工图图纸，结合工程特点、施工现场情况及企业自身的施工技术、装备和管理水平等，自主确定的工程造价，由分部、分项工程费，措施项目费，其他项目费，规费和税金组成。

投标报价是投标人希望达成工程承包交易的期望价格，但不能高于招标人设定的招标控制价。投标报价的编制是投标人对拟建工程项目所要发生的各种费用的计算过程。

7.3.1 冰景观工程造价计算示例

【例 7–4】根据图 7–2 编制本项目的投标报价文件。

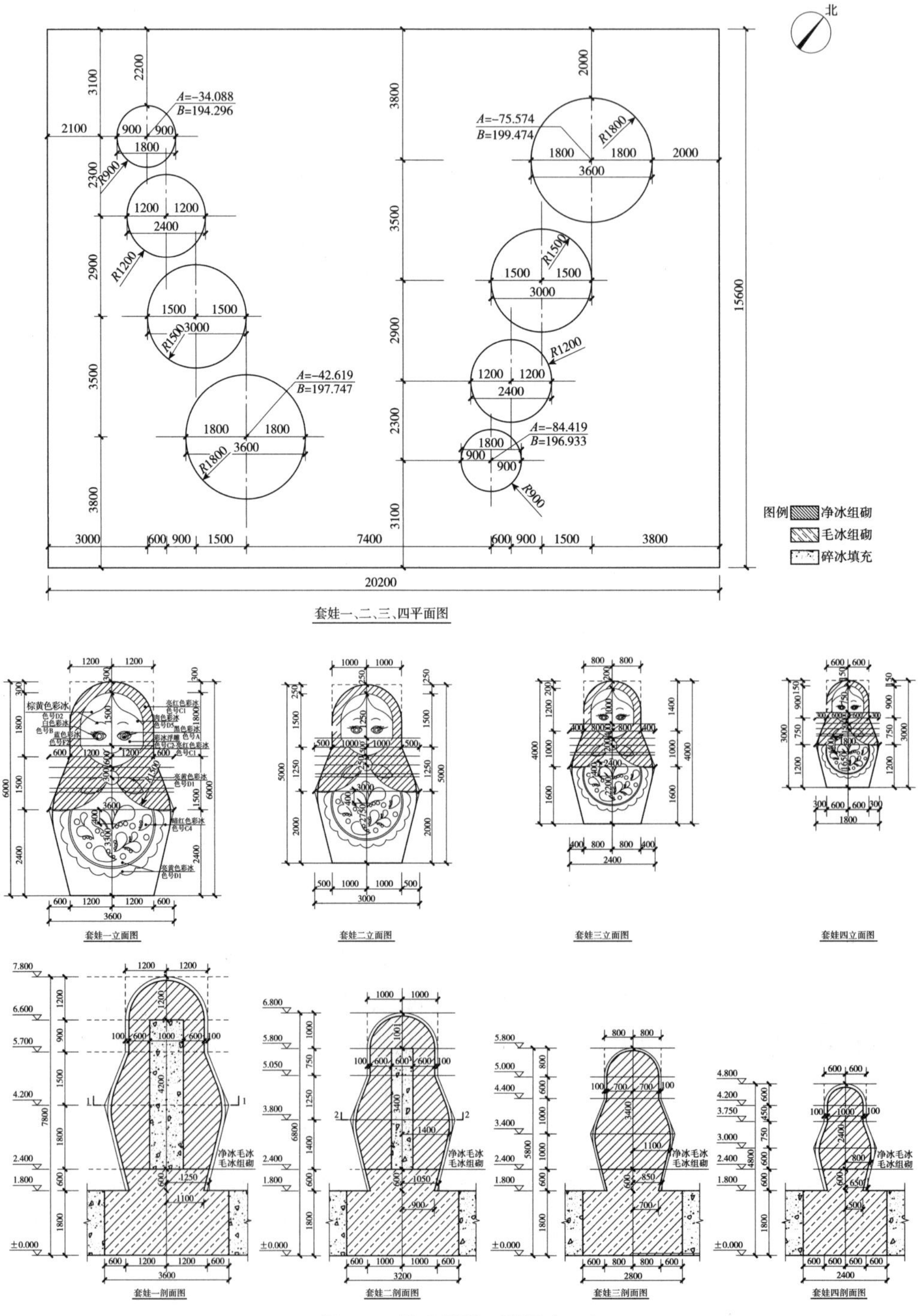

图 7–2 某冰景观工程图（一）

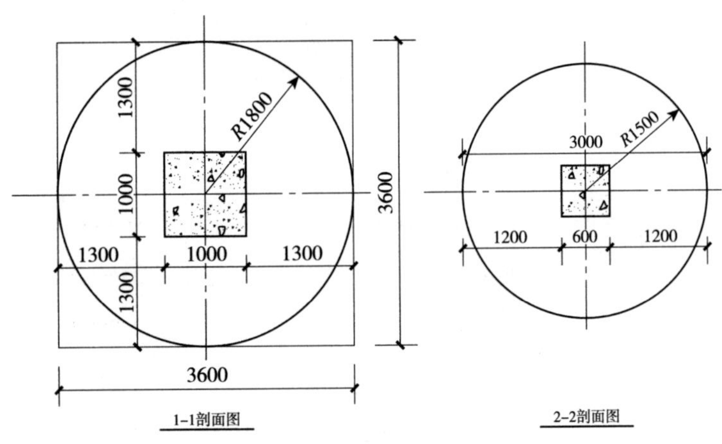

图 7–2 某冰景观工程图（二）

【解】具体计算过程及结果见表 7–5~ 表 7–16。

投标总价

招标人：

工程名称：欢乐套娃冰建工程

投标总价（小写）：339942.66

（大写）：叁拾叁万玖仟玖佰肆拾贰元陆角陆分

投标人：

（单位盖章）

法定代表人
或其授权人：

（签字或盖章）

编 制 人：

（造价人员签字盖专用章）

编制时间：年 月 日

单位工程投标报价汇总表　　表 7-5

工程名称：欢乐套娃冰建工程

序号	汇总内容	金额（元）	其中：暂估价（元）
（一）	分部、分项工程费	243885.27	
（二）	措施项目费	35999.32	
（1）	单价措施项目费	28889.14	
（2）	总价措施项目费	7110.18	
①	安全文明施工费	6191.88	
②	其他措施项目费	918.20	
③	专业工程措施项目费	—	
（三）	其他项目费	—	
（3）	暂列金额	—	
（4）	专业工程暂估价	—	
（5）	计日工	—	
（6）	总承包服务费	—	
（四）	规费	55726.96	
（7）	养老保险费	28874.07	
（8）	医疗保险费	10827.78	
（9）	失业保险费	2165.56	
（10）	工伤保险费	1443.70	
（11）	生育保险费	866.22	
（12）	住房公积金	11549.63	
（13）	工程排污费	—	
（五）	税金	4331.11	
投标报价合计 =（一）+（二）+（三）+（四）+（五）		339942.66	

表 7–6

分部、分项工程和单价措施项目清单与计价表

工程名称：欢乐套娃冰建工程　　　　第 1 页　共 2 页

序号	项目编码	项目名称	项目特征描述	计量单位	工程量	金额（元）		
						综合单价	综合合价	其中：暂估价
1	04B001	冰基座	1. 规格、体积：根据设计图纸综合考虑； 2. 材质：毛冰组砌； 3. 工作内容：包括清理地面、基座的放线、浇水、组砌及安装电气工程时所需留凿沟槽、钻孔洞等全部操作过程； 4. 清理现场、材料场区内水平运输、残冰外运等	m^3	567.22	288.87	163852.84	
2	04B002	冰塔砌筑毛冰	1. 高度、厚度、形状：根据设计图纸综合考虑； 2. 材质：毛冰组砌； 3. 工作内容：包括清理地面、基座的放线、浇水、组砌及安装电气工程时所需留凿沟槽、钻孔洞等全部操作过程； 4. 包括出檐、柱墩、柱帽、各种线条及装饰； 5. 清理现场、材料场区内水平运输、残冰外运等； 6. 非冰预埋钢管、钢板网等	m^3	12.38	495.35	6132.43	
3	04B003	冰塔砌筑净冰	1. 高度、厚度、形状：根据设计图纸综合考虑； 2. 材质：净冰组砌； 3. 工作内容：包括清理地面、基座的放线、浇水、组砌及安装电气工程时所需留凿沟槽、钻孔洞等全部操作过程； 4. 包括出檐、柱墩、柱帽、各种线条及装饰； 5. 清理现场、材料场区内水平运输、残冰外运等； 6. 非冰预埋钢管、钢板网等	m^3	93.30	495.35	46216.16	
本页小计							216201.43	

分部、分项工程和单价措施项目清单与计价表

表 7–7

工程名称：欢乐套娃冰建工程　　　　第 2 页　共 2 页

序号	项目编码	项目名称	项目特征描述	计量单位	工程量	金额（元）		
						综合单价	综合合价	其中：暂估价
4	04B004	碎冰填充	1. 规格、体积：根据设计图纸综合考虑； 2. 材质：碎冰	m^3	10.84	114.99	1246.49	
5	04B005	彩冰	1. 规格、体积：根据设计图纸综合考虑； 2. 材质：彩冰； 3. 工作内容：包括清理地面、基座的放线、浇水、组砌及安装电气工程时所需留凿沟槽、钻孔洞等全部操作过程； 4. 清理现场、材料场区内水平运输、残冰外运等	m^3	38.32	689.91	26437.35	
		分部小计					243885.27	
		措施项目						
6	011701001001	脚手架	1. 高度、形状、规格：根据设计图纸综合考虑； 2. 施工单位根据施工方案自行考虑； 3. 包括：脚手架、垂直封闭、上下斜道等	项	1	6317.64	6317.64	
7	011703001001	垂直运输	1. 高度、形状、规格：根据设计图纸综合考虑； 2. 施工单位根据施工方案自行考虑； 3. 包括：垂直运输、大型机械进出厂、超高降效费用	项	1	22571.50	22571.50	
		分部小计					28889.14	
本页小计							56572.98	
合计							272774.41	

综合单价分析表

表 7–8

工程名称：欢乐套娃冰建工程

第 1 页　共 7 页

项目编码		04B001		项目名称		冰基座		计量单位	m^3	工程量	567.22
清单综合单价组成明细											
定额编号	定额项目名称	定额单位	数量	单价				合价			
				人工费	材料费	机械费	管理费和利润	人工费	材料费	机械费	管理费和利润
45	机械垂直运输 毛冰组砌 异形每一基座体积在 $40m^3$ 以内，高度在 2m 以内	$10m^3$	0.1	1578.60	790.21	101.59	418.33	157.86	79.02	10.16	41.83
人工单价		小计						157.86	79.02	10.16	41.83
综合工日 90 元 / 工日		未计价材料费									
清单项目综合单价								288.87			
材料费明细	主要材料名称、规格、型号					单位	数量	单价（元）	合价（元）	暂估单价（元）	暂估合价（元）
	其他材料费					元	0.398	1	0.40		
	冰					m^3	1.309	60	78.54		
	水					t	0.015	5.54	0.08		
	材料费小计							—	79.02	—	

综合单价分析表

表 7-9

工程名称：欢乐套娃冰建工程 第 2 页 共 7 页

项目编码		04B002		项目名称		冰塔砌筑 毛冰		计量单位	m^3	工程量	12.38
清单综合单价组成明细											
定额编号	定额项目名称	定额单位	数量	单价				合价			
				人工费	材料费	机械费	管理费和利润	人工费	材料费	机械费	管理费和利润
1-590	机械垂直运输 冰塔组砌 塔组砌 塔高在 8m 以内，塔底面积在 $35m^2$ 以内	$10m^3$	0.1	3183.30	825.01	101.59	843.57	318.33	82.50	10.16	84.36
人工单价		小计						318.33	82.50	10.16	84.36
综合工日 90 元 / 工日		未计价材料费									
清单项目综合单价								495.35			
材料费明细	主要材料名称、规格、型号					单位	数量	单价（元）	合价（元）	暂估单价（元）	暂估合价（元）
	其他材料费					元	0.398	1	0.40		
	冰					m^3	1.367	60	82.02		
	水					t	0.015	5.54	0.08		
	材料费小计							—	82.50	—	

综合单价分析表

表 7-10

工程名称：欢乐套娃冰建工程　　　　第 3 页　共 7 页

项目编码		04B003		项目名称		冰塔砌筑净冰		计量单位	m^3	工程量	93.3
清单综合单价组成明细											
定额编号	定额项目名称	定额单位	数量	单价				合价			
				人工费	材料费	机械费	管理费和利润	人工费	材料费	机械费	管理费和利润
1-590	机械垂直运输 冰塔组砌 塔组砌 塔高在 8m 以内，塔底面积在 $35m^2$ 以内	$10m^3$	0.1	3183.30	825.01	101.59	843.57	318.33	82.50	10.16	84.36
人工单价		小计						318.33	82.50	10.16	84.36
综合工日 90 元 / 工日		未计价材料费									
清单项目综合单价								495.35			
材料费明细	主要材料名称、规格、型号					单位	数量	单价（元）	合价（元）	暂估单价（元）	暂估合价（元）
	其他材料费					元	0.398	1	0.40		
	冰					m^3	1.367	60	82.02		
	水					t	0.015	5.54	0.08		
	材料费小计							—	82.50	—	

综合单价分析表

表 7-11

工程名称：欢乐套娃冰建工程　　　　第 4 页　共 7 页

项目编码		04B003		项目名称		彩冰		计量单位	m³	工程量	38.32
清单综合单价组成明细											
定额编号	定额项目名称	定额单位	数量	单价				合价			
				人工费	材料费	机械费	管理费和利润	人工费	材料费	机械费	管理费和利润
1-612	塔、零星组砌 零星彩冰	10m³	0.1	4662.90	927.16	73.42	1235.67	466.29	92.72	7.34	123.57
人工单价		小计						466.29	92.72	7.34	123.57
综合工日 90 元 / 工日		未计价材料费						92.24			
清单项目综合单价								689.91			
材料费明细	主要材料名称、规格、型号					单位	数量	单价（元）	合价（元）	暂估单价（元）	暂估合价（元）
	其他材料费					元	0.398	1	0.40		
	水					t	0.015	5.54	0.08		
	彩色冰					m³	1.419	65	92.24		
	材料费小计							—	92.72	—	

综合单价分析表

表 7-12

工程名称：欢乐套娃冰建工程　　　　第 5 页　共 7 页

项目编码		04B004		项目名称		碎冰填充		计量单位	m^3	工程量	10.84
清单综合单价组成明细											
定额编号	定额项目名称	定额单位	数量	单价				合价			
				人工费	材料费	机械费	管理费和利润	人工费	材料费	机械费	管理费和利润
1-633	碎冰填充 回填高度在8m以内	$10m^3$	0.1	282.60	613.81	178.58	74.89	28.26	61.38	17.86	7.49
人工单价		小计						28.26	61.38	17.86	7.49
综合工日 90 元 / 工日		未计价材料费									
清单项目综合单价								114.99			
材料费明细	主要材料名称、规格、型号					单位	数量	单价（元）	合价（元）	暂估单价（元）	暂估合价（元）
	其他材料费					元	0.398	1	0.40		
	冰					m^3	1.015	60	60.90		
	水					t	0.015	5.54	0.08		
	材料费小计							—	61.38	—	

综合单价分析表

表 7-13

工程名称：欢乐套娃冰建工程　　　　第 6 页　共 7 页

项目编码		011701001001		项目名称		脚手架		计量单位	项	工程量	1
清单综合单价组成明细											
定额编号	定额项目名称	定额单位	数量	单价				合价			
				人工费	材料费	机械费	管理费和利润	人工费	材料费	机械费	管理费和利润
3-1	脚手架 双排钢制脚手架（高度）10m 以内	$100m^2$	3.1512	616.50	549.95	54.74		1942.71	1733.00	172.50	
3-19	安全网、垂直防护、封闭 垂直封闭	$100m^2$	5.5848	191.7	250.49			1070.61	1398.94		
人工单价		小计						3013.32	3131.94	172.50	
综合工日 90 元 / 工日		未计价材料费									
清单项目综合单价								6317.64			

材料费明细	主要材料名称、规格、型号	单位	数量	单价（元）	合价（元）	暂估单价（元）	暂估合价（元）
	钢管 $\phi48\times3.5$	t	0.1954	4241.25	828.74		
	直角扣件	个	38.7093	7.76	300.38		
	对接扣件	个	5.4484	4.13	22.50		
	回转扣件	个	1.5567	8.84	13.76		
	底座	个	1.1092	15.69	17.40		
	木脚手板	m^3	0.2773	909.32	252.15		
	铁线 8 号	kg	68.3381	3.96	270.62		
	铁钉（综合）	kg	1.6481	6.42	10.58		
	防锈漆	kg	16.7644	13.03	218.44		

续表

	主要材料名称、规格、型号	单位	数量	单价（元）	合价（元）	暂估单价（元）	暂估合价（元）
材料费明细	油漆溶剂油	kg	1.8876	3.65	6.89		
	钢丝绳 8mm	kg	0.75	7.92	5.94		
	五彩布	m^2	586.404	2.02	1184.54		
	材料费小计			—	3131.94	—	

第 7 页　共 7 页

工程名称：欢乐套娃冰建工程

综合单价分析表

表 7–14

项目编码		011703001001		项目名称		垂直运输		计量单位	项	工程量	1
清单综合单价组成明细											
定额编号	定额项目名称	定额单位	数量	单价				合价			
				人工费	材料费	机械费	管理费和利润	人工费	材料费	机械费	管理费和利润
3-30	垂直运输 塔式起重机 24m 以内	座	1			22571.50				22571.50	
人工单价		小计								22571.50	
		未计价材料费									
清单项目综合单价								22571.50			
材料费明细	主要材料名称、规格、型号					单位	数量	单价（元）	合价（元）	暂估单价（元）	暂估合价（元）

总价措施项目清单与计价表　　　　表 7-15

工程名称：欢乐套娃冰建　　　　第 1 页　共 1 页

序号	项目编码	项目名称	基数说明	费率（%）	金额（元）	备注
一		安全文明施工费			6191.98	
1	041109001001	安全文明施工费	分部、分项合计 + 单价措施项目费 - 分部、分项设备费 - 技术措施项目设备费	2.27	6191.98	
二		其他措施项目费			918.20	
2	041109002001	夜间施工费	分部、分项预算价人工费 + 单价措施计费人工费	0.11	93.52	
3	041109003001	二次搬运费	分部、分项预算价人工费 + 单价措施计费人工费	0.14	119.03	
4	041109004001	雨期施工费	分部、分项预算价人工费 + 单价措施计费人工费	0		
5	041109004002	冬期施工费	分部、分项预算价人工费 + 单价措施计费人工费	0.66	561.12	
6	041109007001	已完工程及设备保护费	分部、分项预算价人工费 + 单价措施计费人工费	0.11	93.52	
7	04B006	工程定位复测费	分部、分项预算价人工费 + 单价措施计费人工费	0.06	51.01	
合计					7110.18	

规费、税金项目清单与计价表　　　　表 7-16

工程名称：欢乐套娃冰建工程　　　　第 1 页　共 1 页

序号	项目名称	计算基础	计算基数	计算费率（%）	金额（元）
1	规费	[（A）+（B）+ 人工费价差]× 费率			55726.96
1.1	养老保险费	计费人工费 + 人工价差	144370.36	20	28874.07
1.2	医疗保险费	计费人工费 + 人工价差	144370.36	7.5	10827.78
1.3	失业保险费	计费人工费 + 人工价差	144370.36	1.5	2165.56
1.4	工伤保险费	计费人工费 + 人工价差	144370.36	1	1443.70
1.5	生育保险费	计费人工费 + 人工价差	144370.36	0.6	866.22
1.6	住房公积金	计费人工费 + 人工价差	144370.36	8	11549.63
1.7	工程排污费	按实际发生计算			
2	税金	（1.1+1.2+1.3+1.4）× 税率	43311.11	10	4331.11
合计					60058.07

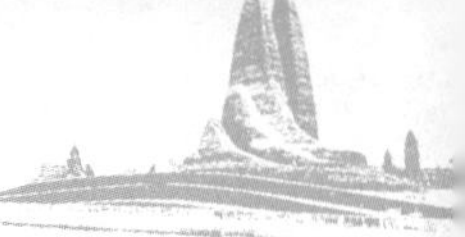

7.3.2 雪景观工程造价计算示例

【例 7-5】根据图 7-3 编制欢乐城堡雪建工程的投标报价文件。

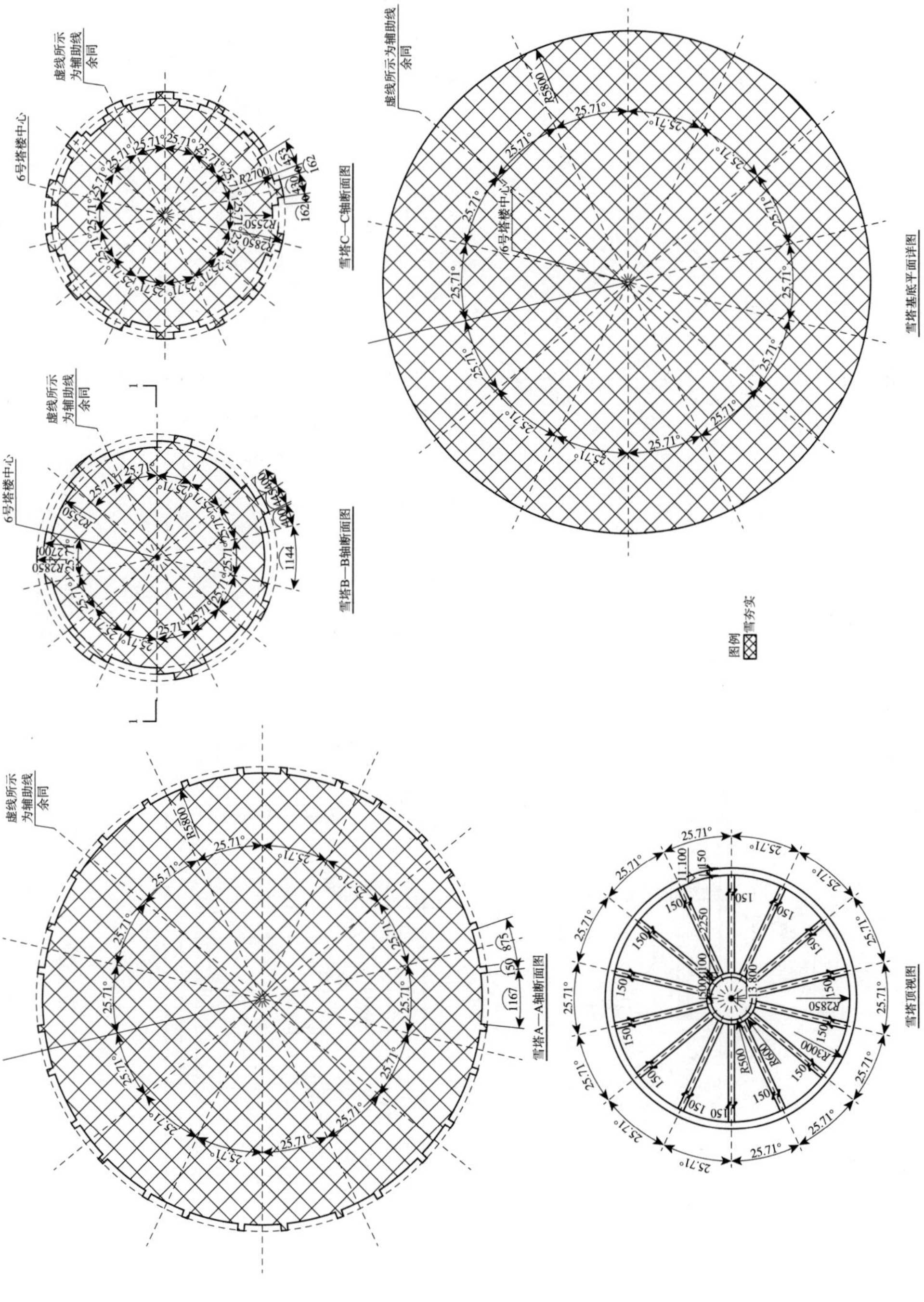

虚线所示为辅助线
余同
6号塔楼中心
雪塔C—C轴断面图
雪塔B—B轴断面图
雪塔A—A轴断面图
雪塔基底平面详图
雪塔顶视图
图例
雪夯实
R5800
R2850
R3000
25.71°

图 7-3 雪塔工程图（一）

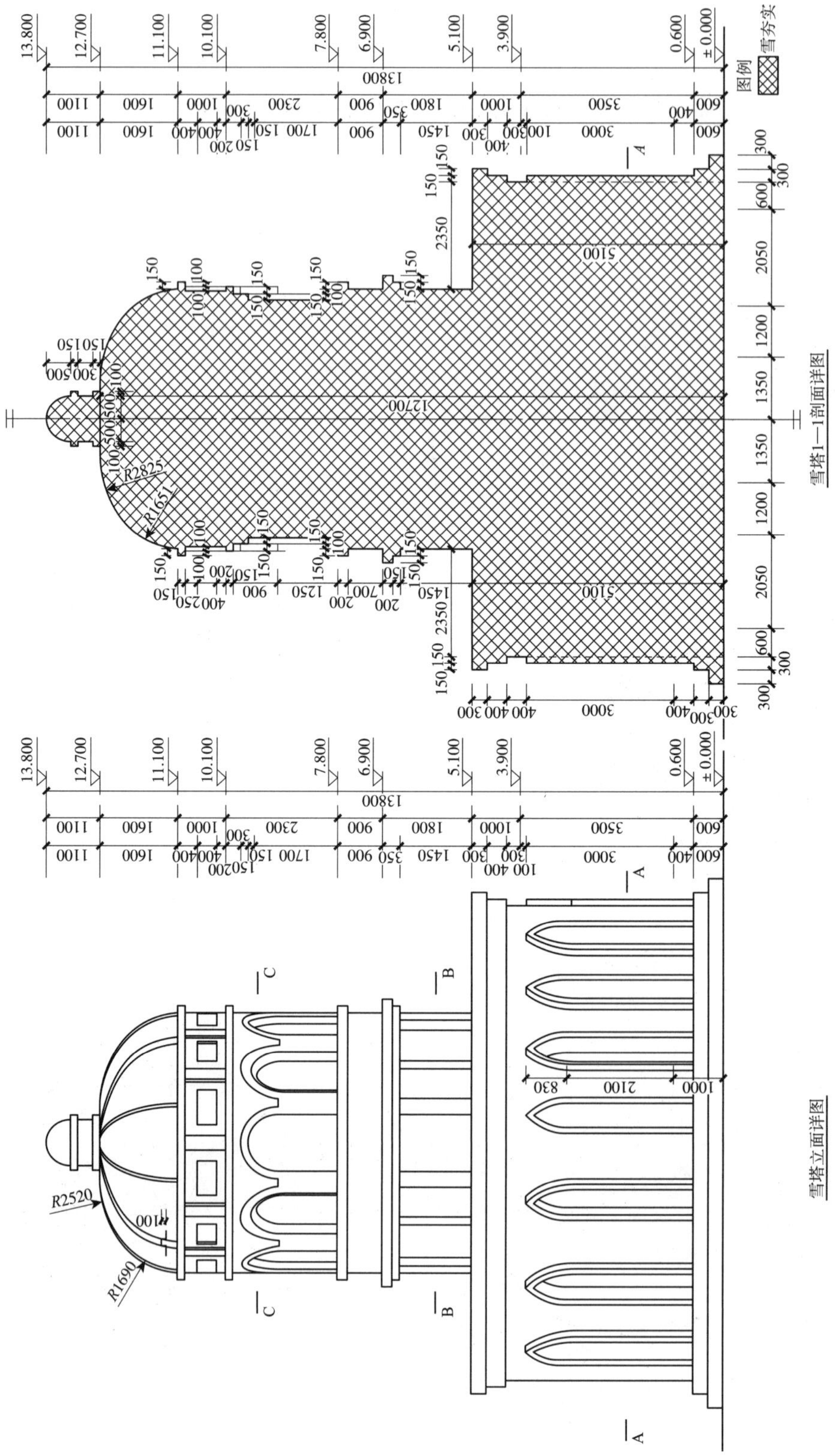

雪塔立面详图

雪塔1—1剖面详图

图例 雪夯实

图 7-3 雪塔工程图（二）

【解】具体计算过程及结果见表 7–17~ 表 7–24。

投标总价

招标人：

工程名称：欢乐城堡雪建工程

投标总价 （小写）：323347.90

（大写）：叁拾贰万叁仟叁佰肆拾柒元玖角

投标人：

（单位盖章）

法定代表人
或其授权人：

（签字或盖章）

编 制 人：

（造价人员签字盖专用章）

编制时间： 年 月 日

单位工程投标报价汇总表　　表 7-17

工程名称：欢乐城堡雪建工程　　第 1 页　共 1 页

序号	汇总内容	金额（元）	其中：暂估价（元）
（一）	分部、分项工程费	208639.17	
（二）	措施项目费	49093.26	
（1）	单价措施项目费	42391.71	
（2）	总价措施项目费	6701.55	
①	安全文明施工费	5698.40	
②	其他措施项目费	1003.15	
③	专业工程措施项目费	—	
（三）	其他项目费	—	
（3）	暂列金额	—	
（4）	专业工程暂估价	—	
（5）	计日工	—	
（6）	总承包服务费	—	
（四）	规费	60883.58	
（7）	养老保险费	31545.90	
（8）	医疗保险费	11829.71	
（9）	失业保险费	2365.94	
（10）	工伤保险费	1577.29	
（11）	生育保险费	946.38	
（12）	住房公积金	12618.36	
（13）	工程排污费	—	
（五）	税金	4731.89	
投标报价合计 =（一）+（二）+（三）+（四）+（五）		323347.90	

分部、分项工程和单价措施项目清单与计价表　　表 7–18

工程名称：欢乐城堡雪建工程　　第 1 页　共 1 页

序号	项目编码	项目名称	项目特征描述	计量单位	工程量	金额（元）		
						综合单价	综合合价	其中：暂估价
		整个项目						
1	04B001	雪塔	1. 规格、体积：根据设计图纸综合考虑； 2. 材质：雪夯实； 3. 工作内容：清理地面、堆雪、压实； 4. 清理现场、材料场区内水平运输、残雪外运等	m^3	1457.69	143.13	208639.17	
		分部小计					208639.17	
		措施项目						
2	011701001001	综合脚手架	1. 高度、形状、规格：根据设计图纸综合考虑； 2. 施工单位根据施工方案自行考虑； 3. 包括：脚手架、垂直封闭、上下斜道等	项	1	3574.56	3574.56	
3	011703001001	垂直运输	1. 施工单位根据施工方案自行考虑； 2. 包括：垂直运输、大型机械进出场、超高降效费用	项	1	22571.50	22571.50	
4	04B002	模板	1. 高度、形状、规格：根据设计图纸综合考虑； 2. 材料：木模板； 3. 包括：材料整理、堆放及场内外运输；木模板的制作、安装、拆除；草帘铺装、拆除	m^2	502.65	32.32	16245.65	
		分部小计					42391.71	
本页小计							251030.88	
合计							251030.88	

综合单价　　表 7-19

工程名称：欢乐城堡雪建工程　　第 1 页　共 4 页

项目编码		04B001		项目名称		雪塔		计量单位	m^3	工程量	145.69
定额编码	定额项目名称	定额单位	数量	单价（元）				合价（元）			
				人工费	材料费	机械费	管理费和利润	人工费	材料费	机械费	管理费和利润
2-88	雪塔 高在 10m 以外，底面积在 $35m^2$ 以内	$10m^3$	0.1	980.10	2.69	37.55	259.72	98.01	0.27	3.76	25.97
2-158	制雪 租用制雪机 体积在 $2000m^3$ 以内	$10m^3$	0.1	20.70	25.08	100.00	5.49	2.07	2.51	10.00	0.55
人工单价		小计						100.08	2.78	13.76	26.52
综合工日 90 元 / 工日		未计价材料费									
清单项目综合单价								143.13			
材料费明细	主要材料名称、规格、型号					单位	数量	单价（元）	合价（元）	暂估单价（元）	暂估合价（元）
	其他材料费					元	1.358	1	1.36		
	水					m^3	0.257	5.54	1.42		
	材料小计							—	2.78	—	

综合单价　　表 7-20

工程名称：欢乐城堡雪建工程　　第 2 页　共 4 页

项目编码		011701001001		项目名称		综合脚手架		计量单位	项	工程量	1
定额编码	定额项目名称	定额单位	数量	单价（元）				合价（元）			
				人工费	材料费	机械费	管理费和利润	人工费	材料费	机械费	管理费和利润
3-3	脚手架 双排钢制脚手架（高度）在 15m 以内	$100m^2$	1.0563	647.10	578.09	54.74		683.53	610.64	57.82	
3-19	安全网、垂直防护、封闭	$100m^2$	5.02651	191.70	250.50			963.58	1259.15		
人工单价		小计						1647.11	1869.79	57.82	
综合工日 90 元 / 工日		未计价材料费									
清单项目综合单价								143.13			

续表

	主要材料名称、规格、型号	单位	数量	单价（元）	合价（元）	暂估单价（元）	暂估合价（元）
材料费明细	钢管 $\phi 48\times3.5$	t	0.0687	4241.25	291.37		
	直角扣件	个	13.658	7.76	105.99		
	对接扣件	个	1.9225	4.13	7.94		
	回转扣件	个	0.5493	8.84	4.86		
	底座	个	0.3908	15.69	6.13		
	木脚手板	m^3	0.0982	909.32	89.30		
	铁线 8 号	kg	53.7243	3.96	212.75		
	铁钉（综合）	kg	0.581	6.42	3.73		
	防锈漆	kg	5.9153	13.03	77.08		
	油漆溶剂油	kg	0.6655	3.65	2.43		
	钢丝绳 8mm	kg	0.2641	7.92	2.09		
	五彩布	m^2	527.7836	2.02	1066.12		
	材料费小计				1869.79		

综合单价　　表 7-21

工程名称：欢乐城堡雪建工程　　第 3 页　共 4 页

项目编码		011703001001		项目名称		垂直运输		计量单位	项	工程量	1
定额编码	定额项目名称	定额单位	数量	单价（元）				合价（元）			
				人工费	材料费	机械费	管理费和利润	人工费	材料费	机械费	管理费和利润
3-30	垂直运输塔式起重机 24m 以内	座	1			22571.50				22571.50	
人工单价		小计								22571.50	
综合工日 90 元 / 工日		未计价材料费									
清单项目综合单价								22571.5			

	主要材料名称、规格、型号	单位	数量	单价（元）	合价（元）	暂估单价（元）	暂估合价（元）
材料费明细							

综合单价　　表 7–22

工程名称：欢乐城堡雪建工程　　第 4 页　共 4 页

项目编码		04B002		项目名称		模板		计量单位	m^2	工程量	502.65
定额编码	定额项目名称	定额单位	数量	单价（元）				合价（元）			
				人工费	材料费	机械费	管理费和利润	人工费	材料费	机械费	管理费和利润
3-80	模板、铺板、铺草帘堆雪木模板	$100m^2$	0.01	2028.60	572.68	93.49	537.58	20.29	5.73	0.93	5.38
人工单价		小计						20.29	5.73	0.93	5.38
综合工日 90 元 / 工日		未计价材料费									
清单项目综合单价								32.32			

	主要材料名称、规格、型号	单位	数量	单价（元）	合价（元）	暂估单价（元）	暂估合价（元）
材料费明细	复合木模板	m^2	0.0206	49.88	1.03		
	模板板方材	m^3	0.0014	335.94	0.47		
	支撑方木	m^3	0.0061	519.18	3.17		
	铁钉	kg	0.2177	4.84	1.05		
	镀锌铁丝 22 号	kg	0.0018	3.94	0.01		
	材料小计				5.73		

总价措施项目清单与计价表　　表 7–23

工程名称：欢乐城堡雪建工程　　第 1 页　共 1 页

序号	项目编码	项目名称	基数说明	费率（%）	金额（元）	备注
一		安全文明施工费			5698.40	
1	041109001001	安全文明施工费	分部、分项合计 + 单价措施项目费 – 分部、分项设备费 – 技术措施项目设备费	2.27	5698.40	
二		其他措施项目费			1003.15	
2	041109002001	夜间施工费	分部、分项预算价人工费 + 单价措施计费人工费	0.11	102.17	
3	041109003001	二次搬运费	分部、分项预算价人工费 + 单价措施计费人工费	0.14	130.04	
4	041109004001	雨期施工费	分部、分项预算价人工费 + 单价措施计费人工费	0		
5	041109004002	冬期施工费	分部、分项预算价人工费 + 单价措施计费人工费	0.66	613.04	

续表

序号	项目编码	项目名称	基数说明	费率（%）	金额（元）	备注
6	041109007001	已完工程及设备保护费	分部、分项预算价人工费 + 单价措施计费人工费	0.11	102.17	
7	04B003	工程定位复测费	分部、分项预算价人工费 + 单价措施计费人工费	0.06	55.73	
合计					6701.55	

规费、税金项目清单与计价表 表 7-24

工程名称：欢乐城堡雪建　　第 1 页　共 1 页

序号	项目名称	计算基础	计算基数	计算费率（%）	金额（元）
1	规费	[（A）+（B）+ 人工费价差]× 费率			60883.58
1.1	养老保险费	计费人工费 + 人工价差	157729.48	20	31545.90
1.2	医疗保险费	计费人工费 + 人工价差	157729.48	7.5	11829.71
1.3	失业保险费	计费人工费 + 人工价差	157729.48	1.5	2365.94
1.4	工伤保险费	计费人工费 + 人工价差	157729.48	1	1577.29
1.5	生育保险费	计费人工费 + 人工价差	157729.48	0.6	946.38
1.6	住房公积金	计费人工费 + 人工价差	157729.48	8	12618.36
1.7	工程排污费	按实际发生计算			
2	税金	（1.1+1.2+1.3+1.4）× 税率	47318.84	10	4731.89
合计					65615.4

CHAPTER 08

8 工程质量验收

冰雪景观建筑工程的施工质量控制规定

冰砌体项目工程质量验收

雪体工程主控项目与一般项目质量验收

配电照明工程质量验收

8.1 冰雪景观建筑工程的施工质量控制规定

（1）工程采用的主要材料、半成品、成品、建筑构配件、器具和设备应进行检验。凡涉及安全、节能、环境保护和主要使用功能的重要材料、产品，应按各专业工程施工规范、验收规范和设计文件等规定进行复验，并应经监理工程师检查认可。

（2）各施工工序应按施工技术标准进行质量控制，每道施工工序完成后，经施工单位自检符合规定后，才能进行下道工序施工。各专业工种之间的相关工序应进行交接检验，并记录。

（3）对于监理单位提出检查要求的重要工序，应经监理工程师检查认可，才能进行下道工序施工。

（4）当专业验收规范对工程中的验收项目未作出相应规定时，应由建设单位组织监理、设计、施工等相关单位制定专项验收要求。涉及安全、节能、环境保护等项目的专项验收应由建设单位组织相关人员论证。

（5）冰雪景观建筑工程施工质量应按下列要求进行验收：

1）工程质量验收均应在施工单位自检合格的基础上进行；

2）参加工程施工质量验收的各方人员应具备相应的资格；

3）检验批的质量应按主控项目和一般项目验收；

4）对涉及结构安全、节能、环境保护和主要使用功能的试块、试件及材料，应在进场时或施工中按规定进行见证检验；

5）隐蔽工程在隐蔽前应由施工单位通知监理单位进行验收，并应形成验收文件，验收合格后方可继续施工；

6）对涉及结构安全、节能、环保和使用功能的重要分部工程，应在验收前按规定进行抽样检验；

7）工程的观感质量应由验收人员现场检查，并应共同确认；

8）冰雪景观建筑工程的分部工程、分项工程应按表 8-1 规定采用；

9）主控项目的质量经抽样检验均应合格，一般项目的质量经抽样检验合格，当采用计数抽样时，合格点率应符合相关专业验收规范的规定，且不得存在严重缺陷。

雪景观建筑分部分项工程划分　　表 8-1

序号	分部工程		分项工程
1	地基、基础		水浇冻土地基、砂石地基、组砌冰基础、木桩基础、钢基础、强夯基础、其他
2	冰砌体景观建筑主体结构		冰砌体、配筋冰砌体、钢结构、碎冰填充、冰拱碹、悬挑
3	雪体景观建筑主体结构		模板、雪坯、填充雪体、镶嵌物
4	建筑电气	室外电气	变压器、箱式变电所安装，成套配电柜、控制柜（屏、台）和动力、照明配电箱（盘）及控制柜安装，梯架、支架、托盘和槽盒安装，导管敷设，电缆敷设，管内穿线和槽盒内敷线，电缆头制作、导线连接和线路绝缘测试，普通灯具安装，专用灯具安装，建筑照明通电试运行，接地装置安装
5		变配电室	变压器、箱式变电所安装，成套配电柜、控制柜（屏、台）和动力、照明配电箱（盘）安装，母线槽安装，梯架、支架、托盘和槽盒安装，电缆敷设，电缆头制作、导线连接和线路绝缘测试，接地装置安装，接地干线敷设
6		供电干线	电气设备试验和试运行，母线槽安装，梯架、支架、托盘和槽盒安装，导管敷设，电缆敷设，管内穿线和槽盒内敷线，电缆头制作、导线连接和线路绝缘测试，接地干线敷设
7		电气动力	成套配电柜、控制柜（屏、台）和动力配电箱（盘）安装，电动机、电加热器及电动执行机构检查接线，电气设备试验和试运行，梯架、支架、托盘和槽盒安装，导管敷设，电缆敷设，管内穿线和槽盒内敷线，电缆头制作、导线连接和线路绝缘测试
8		电气照明	成套配电柜、控制柜（屏、台）和动力配电箱（盘）安装，梯架、支架、托盘和槽盒安装，管内穿线和槽盒内敷线，塑料保护套线直敷布线，钢索配线，电缆头制作，导线连接和线路绝缘测试，普通灯具安装，专用灯具安装，开关、插座、风扇安装，建筑照明通电试运行
9		备用和不间断电源	成套配电柜、控制柜（屏、台）和动力、照明配电箱（盘）安装，柴油发电机组安装，不间断电源装置及应急电源装置安装，母槽线安装，导管敷设，电缆敷设，管内穿线和槽盒内敷线，电缆头制作、导线连接和线路绝缘测试，接地装置安装
10		防雷及接地	接地装置安装，防雷引下线及接闪器安装，建筑物等电位连接，浪涌保护器安装

8.2 冰砌体项目工程质量验收

冰砌体项目工程质量验收分为主控项目和一般项目，通过全方位质量验收，保证工程质量。

8.2.1 主控项目

（1）冰砌块的强度要求

对冰砌体的抗压、抗拉和抗剪强度进行检验，检验方法为检查冰砌块强度试验报告。冰砌体的抗压、抗拉和抗剪强度应满足表 2–2 的要求。

（2）砌筑冻结用水

冻结用水采用天然水或自来水。检验方法为观察检查和检查验收记录。其浊度、色度等指标符合《生活饮用水卫生标准》GB 5749—2006 的相关要求。

（3）冰砌体结构收分或阶梯式处理

冰砌体结构收分或阶梯式处理应满足设计要求，检验方法为观察检查和检查验收记录。

（4）冰砌墙体伸缩缝设置

冰砌墙体伸缩缝设置应满足设计要求，检验方法为观察检查和检查验收记录。

（5）过梁设置

过梁设置应满足设计要求。当设计无要求时，满足表 4–18 的要求。检验方法为检查验收记录。

（6）冰缝注水冻结面积

冰缝注水冻结面积不应小于 80%。检验方法为检查验收记录。

（7）外部冰砌块质量

冰景观建筑外部应选用透明度高、无杂质、无裂纹的冰砌块。冰砌块尺寸应根据冰砌体（墙）设计厚度和冰料尺寸确定，各砌筑面应平整且每皮冰块高度的允许误差为 ±5mm，冰块长度和宽度的允许误差为 ±10mm。检验方法为观察检查和检查验收记录。

（8）外冰墙厚度

外冰墙厚度应满足设计要求，检验方法为用尺检查，其检查数量为每检验批抽 10%，每个墙面不应少于 2 处。

（9）斜槎留置

单体冰景观建筑内同一标高的冰砌体（墙）应连续同步砌筑；当不能同步砌筑时，应错缝留斜槎，留槎部位高差不应大于 1.5m。检验方法为检查验收记录。

（10）冰砌体水平缝和垂直缝宽度

冰砌体水平缝和垂直缝宽度不应大于 2mm。检验方法为观察检查和检查验收记录。

（11）碎冰填充

大体量冰景观建筑内允许填充碎冰时，所用的碎冰应密实，颗粒级配合理，最大粒径不应大于 300mm，并应分层填充，每层厚度不应大于 1.5m，且应注水冻实，但不得溢出冰景外立面；透过主立面冰体不应观察到碎冰。检验方法为观察检查和检查验收记录。

（12）冰碹施工

冰碹采用的冰块应根据设计要求确定，楔形冰块的边长误差不应大于 2mm。冰碹中的各楔形冰块间的竖向冰缝宽度不应大于 1mm 并注满水冻实。

采用圆拱形冰碹过梁的楔形冰碹高度不应小于洞口宽度的 1/10，当冰碹高度大于 550mm 时，应分两层砌筑。冰碹矢高度按《冰雪景观建筑技术标准》GB 51202—2016 的表 4.4.17-2 取值。冰碹洞口长度大于楔形冰块底边长度时，每层冰碹应错缝砌筑，错缝长度应为楔形冰块底边长的 1/2。

检验方法为观察检查和检查验收记录。

（13）冰砌体内配置钢筋施工

冰砌体内配置钢筋施工时，竖向钢筋搭接长度不应小于 60*d* 且不小于 1200mm；钢筋锚固长度不应小于 80*d* 且不小于 1500mm（其中 *d* 为钢筋直径）。

检验方法为检查验收记录。

（14）冰砌体组砌方法

冰砌体组砌冰块应上下错缝，内外搭砌；错缝、搭砌长度应为冰砌块长度的 1/2，且不应小于 120mm。

每皮冰块砌筑高度应一致，表面用刀锯划出注水线；冰砌体的水平缝及垂直缝宽度不应大于 2mm，且应横平竖直，砌体表面光滑、平整。

检验方法为观察检查和检查验收记录。

（15）型钢过梁支承长度

型钢过梁支承长度应满足设计要求，当设计无要求时，不应小于 300mm。

检验方法为检查验收记录。

（16）钢筋、型钢与冰块缝隙

对配有竖向钢筋和箍筋的冰建筑，竖向钢筋与冰块间的缝隙应采用冰沫拌水分层塞填冻实，水平箍筋应在冰砌体上凿出水平冰槽放置并注水冻实，不得高出冰面或放置在冰缝内。同时，水平钢筋位置设置应满足设计要求。

型钢过梁、型钢骨架与冰砌块的缝隙，应采用注水或冰沫拌水塞填。预埋件与冰砌体应注水冻实，不得有缝隙。

检验方法为检查验收记录。

（17）水平钢筋位置设置

水平钢筋位置设置应满足设计要求。检验方法为检查验收记录。

8.2.2 一般项目工程质量验收

冰砌体工程外形尺寸允许偏差符合表 8-2 的规定。

冰砌体工程外形尺寸允许偏差　　表 8-2

序号	项目		允许偏差（mm）	检验方法	抽样数量
1	层高		± 15	用水平仪和尺检查	不应少于 4 处
2	总高		± 30		
3	表面平整度		5	用 2m 靠尺和楔形塞尺检查	检查全部自然墙面，每个墙面不应少于 2 处
4	门窗洞口高度、宽度		± 5	用尺检查	每检验批抽 50%，且不应少于 5 处
5	外墙上下窗口偏移		20	以底层窗口为准，用经纬仪或吊线检查	每检验批抽 50%，且不应少于 5 处
6	水平缝平直度		7	拉 10m 线和尺检查	检查全部外墙面，每个墙面不应少于 2 处
7	垂直缝游丁走缝		20	吊线和尺检查，以每层第一皮为准	检查全部外墙面，每个墙面不应少于 2 处
8	踏步		外高里低，不超过 10	用拉线、尺检查	每检验批抽 30%，每处取 3 点，且不应少于 5 处
9	拦板高度、厚度		± 10		
10	垂直度（m）	$H \leqslant 15$	± 20	用经纬仪、吊线和尺检查	外墙、柱查阳角，且不少于 4 处；内墙每 20m 长查 1 处，且不应少于 4 处
		$H>15$	$H/750$ 且 $\leqslant 50$		
11	外廓线（轴线）长度 L、宽度 B（m）	$L(B) \leqslant 30$	± 20	用经纬仪、吊线和尺检查或其他测量仪器检查	全部外墙和内承重墙
		$L(B)>30$	± 30		

8.3 雪体工程主控项目与一般项目质量验收

雪体工程项目工程质量验收分为主控项目和一般项目，通过全方位质量验收，保证工程质量。

8.3.1 雪体工程主控项目

（1）强度

雪体强度应满足设计要求。检验方法：检查雪体强度试验报告。

（2）雪体工程墙体厚度

雪体工程墙体厚度应满足设计要求。当设计无要求时，对高度不大于 6m 的墙体，厚度不应小于 800mm；对高度大于 6m 且小于 10m 的墙体，厚度不应小于 1000mm。

检查数量：每检验批抽 10%，每个墙面不应少于 2 处。

检验方法：用尺检查。

（3）雪柱截面尺寸

雪柱截面尺寸应满足设计要求。

检查数量：每检验批抽 10%，每个墙面不应少于 2 处。

检验方法：用尺检查。

（4）平拱洞口型钢过梁设置

平拱洞口型钢过梁设置应满足设计要求，当设计无要求时，应符合表 8–3 的规定。

检验方法：观察检查和检查验收记录。

（5）型钢过梁上部砌体错缝长度

型钢过梁上部砌体错缝长度应为雪块长度的 1/2。

检验方法：观察检查和检查验收记录。

（6）型钢过梁支承长度

型钢过梁支承长度不应小于 400mm。

检验数量：每检验批抽 10%，每个墙面不应少于 2 处。

检验方法：用尺检查。

（7）圆拱形雪碹施工

圆拱形雪块施工应满足设计要求。当设计无要求时，应符合表 8–3 的规定。

检验方法：观察检查和检查验收记录。

（8）型钢挑梁设置

型钢挑梁设置应满足设计要求。当设计无要求且雪体构件的悬挑长度大于 0. 4m 时，应采用型钢挑梁。雪体墙中型钢挑梁的抗倾覆应按现行国家标准《砌体结构设计规范》GB 50003—2011 的规定进行验算。

检验方法：检查验收记录。

雪体碹尺寸、矢高　　表 8–3

雪体洞口宽度 L_n（mm）	楔形雪体碹高度 d（mm）	矢高 f_0（mm）
$L_n \leqslant 3000$	$d \leqslant 500$	$f_0 \leqslant 1500$
$3000<L_n \leqslant 6000$	$500 < d \leqslant 800$	$1500 < f_0 \leqslant 3000$
$6000<L_n \leqslant 9000$	$800 < d \leqslant 1100$	$3000 < f_0 \leqslant 4500$

注：①表中楔形雪体碹为圆弧形拱洞口，当雪体碹高度大于 550mm 时，分两层砌筑，其高度为两层楔形雪体碹块的高度之和；
②雪体碹过梁上部洞宽范围的雪体分皮错缝搭砌，上下皮搭砌长度为雪体碹长度的 1/2；
③雪体碹高度不应小于洞口宽度的 1/10，雪体碹矢高不应小于洞口宽度的 1/2。

（9）雪填充质量、雪密度值

雪填充质量、雪密度值应满足设计要求。当设计无要求时，雪景观建筑雪坯模板应搭建牢固，并应根据填雪进度分层安装；填充用雪应干净，不应有较大雪块和杂质；雪坯应压制均匀、密实，密度值应符合表 2–3 的规定。

检验方法：检查验收记录。

（10）雪景观镶嵌物施工

雪景观镶嵌物施工应满足雪景观上镶嵌其他材质装饰物应牢固，并应考虑承重和风化因素；较大型的镶嵌物宜设置独立基础，或采取加固措施。

检验方法：检查验收记录。

（11）雪活动类设施的施工

1）冰雪景观建筑景区出入口、主要道路和服务设施应无障碍设施；交通流量大，易出现人员拥挤、滑倒情况的平台、道路、台阶坡道应设置防滑地毯、栏杆、扶手等防滑和安全防护设施；

2）商业、餐饮、卫生间、休息、活动等服务性用房，配电室、雪机房等设备用房，客服中心、售票、管理中心等管理用房应根据功能、景观等要求合理布局；房屋设施应具有保温功能，造型和材质应与周围环境相协调；使用下滑器具的冰雪活动项目，宜设置游人和器具牵引装置；

3）商业用房服务半径可取 100~150m，公厕服务半径可取 50~100m。

4）以雪为材料的活动类建筑，应满足结构要求、保证安全和方便维护。

检验方法：检查验收记录。

8.3.2　雪体工程一般项目

雪体工程一般项目按照表 8–4 的内容检验，其检验方法和抽样数量应满足允许偏差的要求。

雪体工程外形尺寸允许偏差　　表 8-4

序号	项目		允许偏差（mm）	检验方法	抽样数量
1	层高		±15	用水平仪和尺检查	不应少于 4 处
2	总高		±30		
3	表面平整度		5	用 2m 靠尺和楔形塞尺检查	检查全部自然墙面，每个墙面不应少于 2 处
4	洞口高度、宽度		±5	用尺检查	每检验批抽 50%，且不应少于 5 处
5	外墙上下窗口偏移		20	以底层窗口为准，用经纬仪或吊线检查	每检验批抽 50%，且不应少于 5 处
6	拦板高度、厚度		±10	用拉线、尺检查	检查总量的 30%，每处取 3 点，且不应少于 5 处
7	垂直度（m）	$H \leqslant 15$	±20	用经纬仪、吊线和尺检查	外墙、柱查阳角，且不少于 4 处；内墙每 20m 长查 1 处，且不应少于 4 处
		$H>15$	$H/750$ 且 $\leqslant 50$		
8	外廓线（轴线）长度 L、宽度 B（m）	$L(B) \leqslant 30$	±20	用经纬仪、吊线和尺检查或其他测量仪器检查	全部外墙和内承重墙
		$L(B)>30$	±30		

8.4 配电照明工程质量验收

8.4.1 配电照明工程质量验收

（1）配电照明工程的验收应由建设单位会同监理、设计、施工单位（含分包单位）、成套设备供应厂家等，在施工单位自检的基础上进行。

（2）配电照明工程施工，应符合规范对电力电缆施工、照明工程施工、防雷和接地的规定，并应填写验收记录。

（3）配电照明工程中对室外电气、变配电室、供电干线、电气动力、备用和不间断电源等子分部工程的分项工程验收，结合冰雪景区的具体情况和相关专业的验收标准进行验收，分项工程相关项目应按照现行国家标准《建筑工程施工质量验收统一标准》GB 50300—2013 的规定执行，并填写验收记录。

（4）配电照明工程分项验收时应全数进行验收和核准。

8.4.2 配电照明设备、材料、成品和半成品验收

冰雪景观建筑配电照明设备、材料、成品和半成品进场时，应提供产品质量合格证明资料。新电气设备、器具和材料等进场时，尚应提供安装、采用、维修和试验要求等技术资料。

8.4.3 配电照明工程测试验收

（1）动力和照明的漏电保护装置，应进行模拟动作试验，并做好试验记录。

（2）冰雪景区内大型建筑照明系统满负荷通电连续试运行时间不得少于 24h；冰雪景区内照明系统满负荷通电连续试运行时间不得少于 12h，且应无故障。

（3）满负荷试运行的所有照明灯具均应开启，每间隔 2h 记录 1 次运行情况。

（4）灯具、断路器、启动器、控制器、频闪器及灯光控制设备投入运行前，应进行耐低温运行试验，反复启动不得低于 1 次，通电连续试运行时间大于 24h。气体放电灯启动试验每次启停间隔应不少于 15min，反复启动不低于 5 次，上述运行试验不得出现过热、漏电、闪烁、功率降低和超过启动时间或启动不正常等现象。

（5）电压降正常运行情况下，照明和电动机等用电设备端电压的偏差允许值（以额定电压的百分数表示）应为 ±5%，并应随时进行监测记录。

验收记录表应认真填写，并及时归档。

09

CHAPTER

9 环保与维护管理

环保与监测

安全与维护

冰雪景观拆除

9.1 环保与监测

冰雪景观项目施工全面实施施工环境管理体系，建立项目经理责任制，制定施工现场环境保护责任保证体系，实现施工环境管理的系统化、规范化。

9.1.1 环境保护管理体系

成立以项目经理为组长的环境保护领导小组，全面负责施工环保工作。施工中随时接受建设单位、环保部门、环保监督部门的管理与监督。环境保护体系如图 9–1 所示。

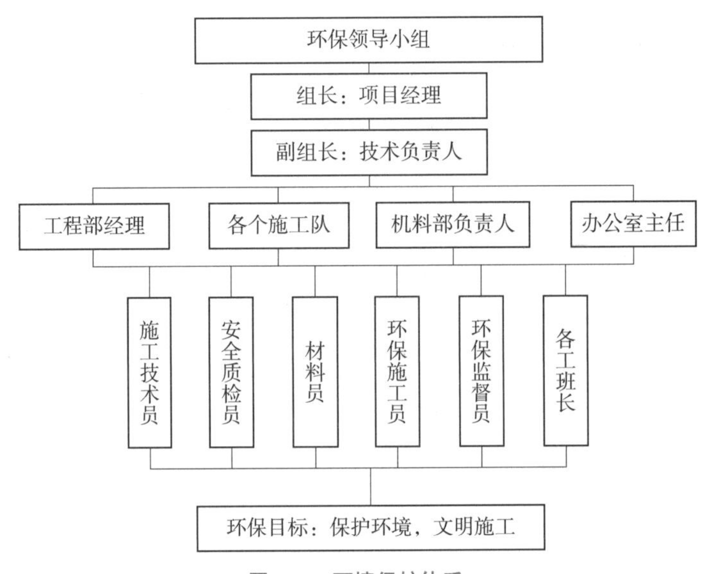

图 9–1　环境保护体系

9.1.2 环境保护管理措施

（1）根据现场实际情况，核实、确定环境敏感点、环境保护目标和对应的环保法规定及其他要求。

（2）对工程施工过程中各施工阶段的环境因素进行分析与预测，找出影响环境的重大因素，制定可行的环保工作方案，并向建设单位报审，在施工过程中，若

因工程内容、环境要求发生变化，则要相应调整环保方案，并重新报审。

（3）根据环保工作方案和施工内容，制订本工程的环保培训计划，增强环保意识。

（4）施工现场设环保负责人，负责日常的环境保护管理工作。组织环保负责人每周对施工现场的环保工作进行一次检查并填写环保周报，对检查中发现的问题及时通知有关部门整改，重大问题报告项目经理。环保周报定期在现场公告栏进行公布，并开展文明施工、环保施工劳动竞赛，建立奖罚制度，用经济手段推动施工期环境管理的深入开展。

（5）施工过程中若发生污染事故，应视情况立即采取有效措施减少或消除污染影响。

（6）建立施工环保档案，将环保日常管理工作的自查记录和各主管部门的检查、审核记录一并归档，工程完工后作为竣工环境审核的资料移交给甲方。

（7）对分部、分项工程衔接处的环保工作要明确分工，各作业工区的环保工作分工和交接要有记录，每个工序（作业）结束后由环保负责人进行评定，相应资料应归档管理。

（8）在工地门口设置公众投诉信箱，并公布投诉电话，主动接受群众的监督，对群众投诉要及时处理并在三天内给予答复。

（9）积极配合建设单位环境审核组在现场进行审核，并提交相关资料和证明文件。对审核中提出的问题及时做出整改计划，内容包括纠正措施、方案、负责人、完成时间、要达到的环境标准等。整改计划经审核组审查批准后实施，对整改计划和措施的落实情况进行跟踪检查及做好登记。

（10）工程完成后在合同规定的时限内清理场地，恢复市政设施和绿化，并对环保工作进行全面总结和资料整理，向有关单位申请环保工作完工审定，并按审定意见整改直至合格。

9.1.3 减少扰民噪声、降低环境污染技术措施

1. 防尘、防噪及减少对行人的干扰方案

（1）严格遵守夜间施工管理办法。

（2）本方案在施工组织安排时，只考虑机械白天作业，晚上机械停机，另外，晚上尽量少安排施工作业，只安排如人工平整场地等类似的工序。

（3）设立专门人员处理协调解决“机械噪声与居民生活的影响”等问题，尽量满足居民的要求。

（4）施工前由专人在工地及附近张贴安民告示，请市民理解工地白天机械施工给居民带来的影响。尽量让他们理解、支持，特别应取得街道办事处的支持，通过他们为工地做一些宣传工作。

（5）尽量采用低噪声的施工机械。

（6）安排工人每天在工地范围内洒水 2~3 遍以防尘。

（7）每天派专人对场地周边的花草树及巷道和门面墙等进行定期清洗。施工现场不能及时清运的弃土应集中堆放，并使用彩条布或防尘密目网覆盖。

（8）对现场使用的微细颗粒材料如水泥、石灰等采取防尘措施。

2. 环境保护措施

（1）噪声控制

将施工作业时间安排在上午 8：00~12：00 和下午 2：00~6：00 之间，以免对周围居民产生过大影响。

①尽量采用低噪声的施工工艺和方法。

②当施工作业噪声可能超过施工现场的噪声限值时，应在开工前向建设行政主管部门和环保部门申请，核准后才能开工。

③施工时，应对司机进行环保教育，不得喧哗，禁止按喇叭，挖土机、自卸车、铲车装车时应轻装慢放，减少散料冲出车厢发出声响。

④施工现场提倡文明施工，建立健全人为噪声的控制管理制度。尽量减少人为的大声喧哗，增强全体施工人员的防噪声扰民的自觉意识。

⑤尽量选用低噪声或有消声降噪设备的施工机械。临时发电房应加装隔声障和消声器。电锯、电刨、砂轮机等要设置封闭的机械棚，以减少强噪声扩散。

（2）污水的处理和排放

①所有的生活或其他污水必须分别处理后才能排入市政排水管道。杜绝运输中泥浆、散体、流体物料撒漏。车辆出工地前，轮胎、车身必须冲洗干净，并防止掉土污染路面。

②如有施工产生的泥浆，未经沉淀不得排入市政管网。废浆和淤泥应使用封闭的专用车辆进行运输。

（3）路面卫生

①对施工中产生的弃土和余泥渣土应及时清运，选择有资质的运输单位并建立登记制度，防止中途倾倒事件发生并做到运输途中不散落。

②选择对外部环境影响小的出土口、运输路线和运输时间。

③车辆出场前必须冲洗车轮和车厢，严禁携土污染城市道路。

9.2 安全与维护

冰雪景观的安全维护内容主要包括冰雪砌体结构安全和用电设备安全两个方面。

9.2.1 安全要求

冰雪景观建筑安全要求主要有以下几点：

（1）专项检查内容应包括冰雪砌体结构安全状况和用电设备安全运行状态，用电检查及用电设备维修时，必须将上一级相应的电源隔离开关断电；

（2）冰雪砌体结构安全状况检查，在景区运行初期应以变形监测为重点，在景区运行后期应以砌体温度监测为重点，对监测点的主要结构部位砌体温度和变形进行监控；

（3）用电设备安全检查应以各类仪表运行状况和记录为重点；

（4）巡回检查内容应包括冰雪景观建筑观感质量，防滑设施，安全防护措施，供配电线路、变配电室内各种设备及配电箱、各类灯具运行状况；

（5）项目运行前和停止运行后各检查一次，出现环境温度异常变化时应增加检查频次；

（6）发现问题后，应根据相关数据和标准的相关规定制定维护方案，并及时进行维修。

9.2.2 维护制度

冰雪景观建筑使用期间出现下列情况应及时维护：

（1）表面被积雪、灰尘等污染；

（2）内置灯具造成冰体融化产生孔洞；

（3）雪景观建筑出现蜂窝、麻面、空洞，影响观赏效果；

（4）风化严重，局部融化变形，冰体表面出现裂缝，冰块黏结缝出现融蚀、风蚀，局部松动、塌陷；

（5）冰砌体、雪体与结构构件产生缝隙；

（6）基础变形；

（7）其他影响观感质量的局部缺损等现象；

（8）需要随时进行维护的冰雪景观建筑。

9.2.3 维护方法

冰雪景观维护方法主要包括以下几点：

（1）景区使用期间，应组织相关专业技术人员对冰雪景观建筑进行专项巡回检查；

（2）冰雪娱乐活动设施的防护设施、防滑设施及警示标识应随时进行维护、加固或更换；

（3）水浇冰景施工完成后，每5d宜维护一次，在低温天气下应补充喷水，保持景观完好；

（4）当冰雪景观建筑连续5d达到设计温度取值，应采取禁止人员进入上部、内部活动或停止使用等措施。

9.3 冰雪景观拆除

冰雪景观具有非常鲜明的季节性特征，过了季节，应及时拆除，否则，就会存在一定的安全隐患。冰雪景观建筑拆除时，可重复使用的设备、材料应在拆除前及时回收。拆除冰雪景观建筑时，应采取环境保护措施，不得污染景区环境。冰雪景观拆除应根据实际情况，采取机械、人工、爆破、自然融化等方式。总结多年实践经验，通过对冰雪景观建筑实地测温和监测变形，规定了冰雪景观建筑拆除的具体要求。

9.3.1 景观拆除原则

具体说来，当具备下列情况之一时，冰雪景观建筑应及时拆除：

（1）日最高气温连续5天不低于0℃时（含0℃）时；

（2）冰雪景观建筑出现明显位移或倾斜，存在安全隐患时；

（3）冰雪景观建筑表面或局部融化，失去观赏价值时。

9.3.2 冰雪运输与堆放

冰雪景观拆除过程中，对可重复利用的材料及设备应进行回收和保管。人工拆除冰雪景观建筑应自上而下逐层拆除，对于具有倒塌危险的冰雪景观建筑不得实施人工拆除作业。爆破和机械拆除前宜先拆除非冰雪设施，拆除和运输作业宜分别进行。大型和密集型冰雪景观建筑可采取分阶段定向爆破拆除方法，爆破作业应符合《爆破安全规程》GB 6722—2014 规定的要求。残冰、残雪内的垃圾、杂物应清除干净，运送至指定区域融化。冰雪景观建筑拆除现场应封闭管理并设警示标志，由专职安全生产管理人员现场监督，严禁无关人员进入。

9.3.3 现场恢复

冰雪景观拆除后，需要对现场进行恢复。要将场地内的残冰、残雪、垃圾、杂物等全部清理干净。可重复使用的设备、材料应在拆除前进行回收，同时应采取措施满足环保要求。

（1）恢复地面，把破坏的混凝土地面清理干净，没有松动的碎块，洒水湿润，采用比原混凝土高一强度等级的混凝土浇筑、抹平、养护。

（2）恢复草坪，清理杂物，清理基层，填 15~20cm 的腐殖土，铺设草坪或种上草籽。

CHAPTER 10

10 雪景观施工工程实例

工程概况
施工部署
分项工程施工方法
工程质量
安全生产的技术组织措施
文明施工及环境保护措施
确保工期的技术组织措施
其他措施
安全事故应急救援预案
安全防火制度
控制工程造价的技术措施
设备及成品保护措施
季节施工措施
施工时不影响交通顺畅的措施
降低噪声、环境污染技术措施

10.1 工程概况

某工程共计建造 2019 个形态各异的雪人（雪雕），最大体量 25m（高）×6m（宽）×10m（长）1 个；中型体量 15m（高）×8m（宽）×8m（长）1 个，其他综合类型 5m（高）×3m（宽）×3m（长）体量，2017 个。

雪量：大于 3 万 m^3；

材料：人造雪；

雪坯制作方式：木模板堆积方式；

脚手架：落地双排脚手架；

垂直运输：吊车；

水平运输：叉车；

监测：由于该工程有一个雪建筑高度超过 20m，施工期间仅对高度超过 20m 的雪建筑进行沉降及变形监测。

10.2 施工部署

为了确保本工程的施工质量，缩短施工工期，应按照 ISO9002 标准对工程进行全过程，全方位的科学管理，全面实行项目经理责任制度，运行系统工程等现代科学管理方法指导施工，加强目标管理，根据各工艺的特点进行优化配置和动态科学管理，狠抓工程质量、工程进度、安全生产和文明施工。

10.2.1 工程管理目标

（1）质量目标：优良。

（2）工期目标：确保在 20d 内完成施工任务。

（3）安全生产目标：确保施工过程中无人身伤亡事故，无设备、火灾事故。

（4）文明施工目标：确保本工程成为市政工程施工现场综合考核优良工程。

10.2.2 施工准备

1. 组建项目部

在工程施工中实行项目经理负责制，采用项目成本核算制的项目法施工模式。以项目经理和主要管理、技术、质安、物资供应等主管人员为中心，组织精干、高效的项目经理部，对工程质量、工期目标、施工安全、文明施工、项目核算及施工全过程负责。对管理成员、施工机械、物资供应、施工技术管理等方面都做到充分保证。以优质、高速、安全、文明为主轴，不断优化生产要素，加强动态管理，科学组织、精心施工，大力推广先进技术，有效推广全面质量管理，强化质量、安全两个保证体系，在保证质量达到优良的同时，力争工期提前。

2. 技术准备

（1）认真阅读施工图纸，会同施工、设计、建设、监理进行图纸会审，并做好图纸会审记录。

（2）按实际工程需要配备各专业工程师。做好施工组织设计、施工方案和工程技术、安全交底工作。

（3）工程量的计算：根据施工图纸，结合预算项目，统计各项施工项目工程数量表。

（4）开工前实地勘察，了解施工现场环境、交通、运输等情况，核对施工空间与设计图纸有无误差。

（5）抓好自身管理，协调施工、设计、建设、监理各方关系，确保工程管理。

3. 施工现场准备

电源：本工程所用电源由政府协调解决；

水源：本工程所用水源由政府协调解决。

4. 协调工作

（1）工程开工后，每天召开工作协调会，及时解决施工中产生的矛盾；上报建设单位计划完成情况；汇报工程作业计划；阐明对建设单位和协作单位的配合要求。

（2）在建设单位与监理单位召开的工程协调会上由项目经理及施工负责人协商解决重大问题，使工程顺利进行。

（3）施工工程中自觉配合、服从建设单位、监理单位对工程施工的监督，共同把好质量关。

5. 部署原则

为了保质、保量、如期完成施工任务，应充分酝酿任务、人力、资源、时间、

空间的总体布局。

（1）时间上：连续作业，在人力资源配备上保证工程需要，确保工程按期竣工。

（2）空间上：实行流水施工方式，为了保证各工序合理有序地进行施工，达到均衡生产的目的，采取分段流水施工方式。根据本工程的结构特点及利于施工的原则，将该工程划分为 3 个施工段。将最大体量及中型体量划分为 2 个施工段，将剩余部分划为第 3 施工段，施工时按施工段组织平行流水作业，雪人装饰工程与雪人主体穿插施工。

（3）作业部署：分区施工，工艺流程如下：

①施工场地处理；②定点放线；③脚手架搭建；④雪坯制作；⑤大体量雪建筑施工监测；⑥综合类型雪坯运输及雪坯拆模；⑦雪建筑表面雕刻及磨光；⑧清理现场；⑨垃圾外运；⑩资料整理；⑪ 验收。

6. 施工难点及重点

（1）雪雕数量较大，工期紧。

（2）施工环境温度低，影响施工进度。

（3）雪坯施工完成后，雪雕制作应由上而下，逐级完成，不宜反复调整。

10.3 分项工程施工方法

10.3.1 测量工程

1. 测量施工准备

施工测量准备工作是保证施工测量全过程顺利进行的重要环节，包括图纸的审核，测量定位依据点的交接与校核，测量仪器的检定与校核，测量方案的编制与数据准备，施工场地测量等。

（1）检查各专业图的平面位置、标高是否矛盾，预留洞口是否冲突，发现问题，向有关人员反应，及时解决。

（2）对所有进场的仪器设备及人员进行初步调配，并对所有进场的仪器设备重新进行检定。

（3）复印预定人员的上岗证书，由主任工程师进行技术交底。

（4）根据图纸条件及工程结构特征确定轴线控制网形式。

2. 场区平面控制网的测设

（1）场区平面控制网布设原则及要求

1）平面控制应先从整体考虑，遵循“先整体、后局部，高精度控制低精度”的原则。

2）轴线控制网的布设要根据设计总平面图及现场条件等合理布设。

3）控制点应选在通视条件良好、安全、易保护的地方。

4）轴线控制桩是工程施工过程中测量放线的依据，必须进行保护。

（2）平面控制网的布设

根据本工程的结构形式和特点，建立二级平面控制网来控制工程的整体施工。

首级控制采用建筑方格网；再根据建筑方格网加密成各单体的建筑物平面控制网，作为二级控制。两控制网等级均确定为二级。

1）建筑物定位桩测设

本工程建筑物定位桩由建设单位委托测绘院测定，现场共测设 11 个点。经测量人员对建筑物定位桩的角度、距离关系进行复测，精度符合规范要求。

2）主轴线控制网测设

以建筑物定位桩为基准，测量人员使用全站仪以极坐标法测设本工程主轴线控制网。

（3）圆弧控制线放样

圆弧线放样根据纵横轴线控制线进行，首先计算圆弧弦点与纵、横轴线的间距和垂距，然后以纵横轴线为依据放样弦点，最后将弦点连成弦线组成近似圆弧。

（4）平面控制网精度

平面控制网的精度技术指标应符合表 10–1 的规定。

平面控制网的精度技术指标　　表 10–1

等级	测角中误差（″）	边长相对中误差
二级	± 12	1/15000

3. 高程控制网的建立

（1）高程控制网的布设

为保证工程施工的竖向精度，每一工程应至少布设 3 个高程控制点组成高程控制网。测绘院已测设了 3 个高程控制点，因此施工单位不必再测设高程控制网。

（2）加密轴线控制网测设

为满足现场施工进度及施工过程中方便使用，在场区内测设 3 个 ±0.00 标高控制点，作为施工高程的控制依据。

（3）测设方法

根据设计总图给定的 ±0.00 标高的绝对高程，以测绘院已测设的高程控制点为依据，首先用 S3 型水准仪对高程控制点进行联测，高程无误后采用附合水准路线测定 ±0.00 标高控制点，并根据需要定期进行复测。

4. 大体量雪人监测

（1）布点原则

1）按照监测方案，在现场布设测点，原则上以监测方案中的设计位置布置。根据现场情况可在靠近设计测点位置设置测点，但以能达到监测目的为原则。

2）监测测点的类型、数量应结合工程特点等因素综合考虑，但必须以保证安全为原则。

3）建筑物变形测点的位置既要考虑反映对象的变形特征，又要便于采用仪器进行观测，还要有利于测点的保护。

4）深埋测点不能影响和妨碍结构的正常受力，不能削弱结构的变形、刚度和密度。

5）各类监测测点的布置在时间和空间上有机结合，力求同一监测部位能同时反映不同的物理变化量，以便找出其内在的联系和变化规律。

6）测点应提前埋设，并及早进行初始状态量测。

7）一旦测点在观测过程中被破坏，尽快在原位置处补设监测点，以保证该测点观测数据的连续性。

（2）基准点布设

沉降监测基准点是沉降监测工作的基本控制点。

计划布设沉降监测控制点 2 个，编号为 *BM*1~*BM*2。在建筑物周围较安全的地方布设。

埋设方法：在布点处用洛阳铲打孔，然后用混凝土将圆钢埋入，使其牢固，用红油漆在保护套管上做醒目标志，设立监测基准点标牌，防止被破坏，或将基准点选取在其他沉降稳定的楼体或物体上。

（3）监测点布设及监测方法

1）测点埋设

在大体量雪人的布点处采用植入的方式，将监测点埋件植入雪人中。如现场

条件不适宜采用植入式监测点，则采取固定沉降观测条码尺的方式进行布设。监测点必须牢固，应设有监测点保护盒，或用红色油漆做醒目标志，防止测点被破坏，待其稳固后方可使用。沉降监测点的埋设特别注意保证在点上垂直置尺和良好的通视条件。

2）沉降观测方法

测量时采用电子精密水准仪按二等水准的精度进行量测。

沉降观测时应注意：

①观测时充分考虑影响因素，避免在外界振动影响范围之内。

②观测在水准尺成像清晰时进行，避免视线穿过玻璃、烟雾和热源上空。

③观测时前后视距尽可能相等，视距一般不超过 20m，前视各点观测完后，回视后视点，最后闭合于水准点。

3）倾斜观测方法

测量时采用全站仪通过观测楼体顶点坐标及与其对应的底部坐标，计算坐标差值获得倾斜值。

（4）技术指标

1）高程控制网技术要求（表 10–2、表 10–3）

水准观测的视线长度、前后视距差和视线高度（m）　　表 10–2

级别	视线长度	前后视距差	前后视距差累积	视线高度
二级	≤ 50.0	≤ 2.0	≤ 3.0	≥ 0.2

水准观测的限差（mm）　　表 10–3

级别	基辅分划读数之差	基辅分划所测高差之差	往返较差及附合或环线闭合差	单程双测站所测高差较差	检测已测测段高差之差
二级	0.5	0.7	$\leqslant 1.0\sqrt{n}$	$\leqslant 0.7\sqrt{n}$	$\leqslant 1.5\sqrt{n}$

注：n 为水准路线测站数。

2）变形监测点观测精度

变形监测精度应根据其报警值确定，其报警值按设计要求确定。

（5）监测报警值

监测报警值应根据主管部门的要求确定，如主管部门无具体规定，其变形控制指标可按表 10–4 确定。

建筑物的地基变形允许值 表 10-4

变形特征		允许值	备注
砌体承重结构基础的局部倾斜（°）		0.002	
连续两个月沉降速度		<2mm/ 月	
多层和高层建筑的整体倾斜（°）	H_g=24	0.004	
体型简单的高层建筑基础的平均沉降量（mm）		200	

注：H_g 为自室外地面起算的建筑物高度（m）。

变形值接近允许值 80%时，测量技术负责人要与项目管理人员通报。

（6）监测频率

1）沉降监测：监测时长共计 30d，前 10d 每天测 1 次，测 10 次，然后频率变更为 2d/ 次，测 10 次，共计监测 20 次。

2）倾斜监测：监测时长共计 30d，前 10d 每天测 1 次，测 10 次，然后频率变更为 2d/ 次，测 10 次，共计监测 20 次。

10.3.2 脚手架工程

1. 概况

（1）钢管落地脚手架，钢管外径 48mm，壁厚 3.50mm，钢材强度等级为 Q235，钢管表面应平直光滑，不应有裂纹、分层、压痕、划道和硬弯，新的钢管要有出厂合格证。脚手架施工前必须将入场钢管取样，送有相关国家资质的试验单位，进行钢管抗弯、抗拉等力学试验，试验结果满足设计要求后，方可在施工中使用。

（2）本工程钢管脚手架的搭设使用可锻铸造扣件，由有扣件生产许可证的生产厂家提供，不得有裂纹、气孔、缩松、砂眼等锻造缺陷，扣件的规格应与钢管相匹配，贴和面应完整，活动部位灵活，夹紧钢管时开口处最小距离不小于 5mm。钢管螺栓拧紧力矩达 70N · m 时不得破坏。如使用旧扣件时，扣件必须取样送有相关国家资质的试验单位，进行扣件抗滑力等试验，试验结果满足设计要求后方可在施工中使用。

（3）搭设架子前应进行保养，除锈并统一涂色，颜色力求环境美观。

（4）脚手板、脚手片采用符合有关要求。

（5）安全网采用密目式安全网，网目应满足 2000 目 /100cm^2，做耐贯穿试验不穿透，1.6m × 1.8m 的单张网质量在 3kg 以上，颜色应满足环境效果要求，选用绿色，要求阻燃，使用的安全网必须有产品生产许可证和质量合格证。

（6）连墙件采用钢管。

2. 基本参数

（1）脚手架参数

双排脚手架搭设高度为 26.0m，立杆采用单立管；

搭设尺寸：立杆的纵距为 1.50m，立杆的横距为 1.00m，大小横杆的步距为 1.80m；

大横杆在上，搭接在小横杆上的大横杆根数为 2 根；

采用的钢管类型为 $\Phi 48 \times 3.5$；

横杆与立杆连接方式为单扣件连接；取扣件抗滑承载力系数为 0.80；

连墙件采用两步两跨，竖向间距 3.60m，水平间距 3.00m，采用扣件连接；

连墙件连接方式为双扣件连接。

（2）活荷载参数

施工均布活荷载标准值：3.000kN/m^2；

脚手架用途：结构脚手架；

同时施工层数：2 层。

（3）风荷载参数

基本风压为 0.45kN/m^2；

脚手架计算中考虑风荷载作用。

（4）静荷载参数

每平方米立杆承受的结构自重标准值：0.1248kN/m^2；

脚手板自重标准值：0.300kN/m^2；

栏杆挡脚板自重标准值：0.150kN/m^2；

安全设施与安全网自重标准值：0.005kN/m^2；

脚手板铺设层数：4。

（5）地基参数

地基土类型：硬化路面；

地基承载力标准值：200.00kN/m^2；

立杆基础底面面积：0.09m^2；

地面广截力调整系数：0.40。

3. 搭设工程

（1）钢管架应设置避雷针，分置于主楼外架四角立杆之上，并连通大横杆，形成避雷网络，并检测接地电阻，其不大于 30Ω。

（2）外脚手架不得搭设在距离外电架空线路的安全距离内，并做好可靠的安全接地处理。

（3）定期检查脚手架，发现问题和隐患，在施工作业前及时维修加固，以达到坚固稳定，确保施工安全。

（4）外脚手架严禁钢竹、钢木混搭，禁止扣件、绳索、铁丝、竹篾、塑料篾混用。

（5）外脚手架搭设人员必须持证上岗，并正确使用安全帽、安全带，穿防滑鞋。

（6）脚手板严禁存在探头板，铺设脚手板以及多层作业时，应尽量使施工荷载内、外平衡。

（7）保证脚手架体的整体性，不得与井架、升降机一并拉结，不得截断架体。

（8）结构外脚手架每支搭一层，经项目部安全员验收合格后方可使用。不得任意拆除脚手架部件。

（9）严格控制施工荷载，脚手板不得集中堆料施加荷载，施工荷载不得大于3kN/m^2，确保较大的安全储备。

（10）结构施工时不允许多层同时作业，装修施工时同时作业层数不超过两层，临时性的悬挑架的同时作业层数不超过重层。

（11）当作业层高出其下连墙件3.6m以上且其上无连墙件时，应采取适当的临时撑拉措施。

（12）各作业层之间设置可靠的防护栅栏，防止坠落物体伤人。

（13）脚手架立杆基础外侧应挖排水沟，以防雨水浸泡地基。

4. 安全网支挂

（1）认真执行安全操作规程，操作人员持证上岗，严禁酒后作业，高处作业必须系安全带。

（2）安全网必须有产品质量检查合格证，且必须有检验记录。

（3）外脚手架一律采用2000目密目网立网，内设兜网，从两层楼面起支挂兜网，往上每隔两层设置一道，安全网必须完好无损、牢固可靠。

（4）网与网之间拼接紧密，拉结必须牢靠，防护安全网不得任意拆除。

（5）安装立网时，操作人员必须确定架子牢固后，方可攀登立网。

（6）安全网架设完后，必须由工程负责人组织验收，验收合格后方可使用。

（7）使用中的安全网每周检查一次，使用前必须进行试验。

（8）支挂安全网及拆除安全网设施时，操作人员必须系好安全带，挂点必须安全可靠。

（9）安全网的绑扎必须采用尼龙绳，严禁使用22号铁线替代，脚手架工程必须有专人维护检查，发现网、绳等破损或老化时必须及时更换。

5. 脚手架拆除工程

（1）拆架前，全面检查拟拆脚手架，根据检查结果，拟订出作业计划，报请批准，进行技术交底后才批准工作。作业计划一般包括：拆架的步骤和方法、安全措施、材料堆放地点、劳动组织安排等。

（2）拆架时应划分作业区，周围设绳绑围栏或竖立警戒标志，地面应设专人指挥，禁止非作业人员进入。

（3）拆架的高处作业人员应戴安全帽、系安全带、扎裹腿、穿软底防滑鞋。

（4）拆架应遵守由上而下、先搭后拆的原则，即先拆拉杆、脚手板、剪刀撑、斜撑，而后拆小横杆、大横杆、立杆等，并按一步一清原则依次进行。严禁上下同时进行拆架作业。

（5）拆立杆时，要先抱住立杆再拆开最后两个扣，拆除大横杆、斜撑、剪刀撑时，应先拆中间扣件，然后托住中间，再解端头扣。

（6）连墙杆（拉结点）应随拆除进度逐层拆除，拆抛撑时，应用临时撑支住，然后才能拆除。

（7）拆除时要统一指挥，上下呼应，动作协调，当解开与另一人有关的结扣时，应先通知对方，以防坠落。

（8）拆架时严禁碰撞脚手架附近电源线，以防触电事故。

（9）在拆架时，不得中途换人，如必须换人时，应将拆除情况交代清楚后方可离开。

（10）拆下的材料要徐徐下运，严禁抛掷。运至地面的材料应按指定地点随拆随运，分类堆放，当天拆当天清，拆下的扣件要集中回收处理。

（11）高层建筑脚手架拆除，应配备良好的通信装置。

（12）输送至地面的杆件，应及时按类堆放，整理保养。

（13）当天离岗时，应及时加固尚未拆除部分，防止留存隐患造成复岗后的人为事故。

（14）如遇强风、雨、雪等特殊气候，不应进行脚手架拆除，严禁夜间拆除。

（15）翻、掀、垫、铺竹笆应注意站立位置，并应自外向里翻起竖立，防止外翻使竹笆内未清除的残留物从高处坠落伤人。

10.3.3 模板工程

1. 模板安装前的准备工作

（1）模板安装前由项目技术负责人向作业班组长做书面安全技术交底，再由作业班组长向操作人员进行安全技术交底和安全教育，有关施工及操作人员应熟悉施工图及模板工程的施工设计。

（2）施工现场设能满足模板安装和检查需要的测量控制点。

（3）现场使用的模板要完好、齐整。

（4）模板的支柱支设在土壤地面时，应将地面事先整平夯实，并准备柱底垫板。

（5）竖向模板的安装底面应平整坚实，并采取可靠的定位措施。

2. 模板安装技术措施

（1）模板的安装必须按模板的施工设计进行，严禁任意变动。

（2）支柱和斜撑下的支承面应平整垫实，并有足够的受力面积，基础模板必须支拉牢固，防止变形，侧模斜撑的底部应加设垫木。

（3）模板及其支撑系统在安装过程中，必须设置临时固定设施，严防倾覆，支柱全部安装完毕后，应及时沿横向和纵向加设水平撑和垂直剪刀撑，并与支柱固定牢靠，当支柱高度小于4m时，水平撑应设上下两道，两道水平撑之间，在纵、横向加设剪刀撑，然后支柱每增高2m再增加一道水平撑，水平撑之间还需增加剪刀撑一道，支撑杆接长使用时，接头不能超过两个，且应采用辅助支柱来保证接头稳定。

（4）模板及其支撑系统在安装过程中，必须设置临时固定设施，严防倾覆。

（5）支模应按施工工序进行，模板没有固定前，不得进行下道工序。

（6）支设立柱模板和梁模板时，必须搭设施工层。脚手板铺严，外侧设防护栏杆，不准站在柱模板上操作和在梁模板上行走，更不允许利用拉杆支撑上下。

（7）楼板模板安装就位时，要在支架搭设稳固，板下横楞与支架连接牢固后进行。

（8）遇5级（含5级）以上大风时，必须停止模板安装工作。

（9）模板安装完毕，进行检查验收后，方可分层填雪，验收单内容要量化。

3. 模板安装顺序

模板定位、垂直度调整、模板加固、验收、填雪、拆除模板。

4. 模板拆除技术措施

在雪能保证其表面及棱角不因拆除模板而受损坏时，方可拆除模板。在拆除模

板过程中，如发现有影响雪结构安全的质量问题时，应暂停拆除。经过处理后，方可继续拆除。

（1）模板拆除前必须确认雪坯达到规定强度，并经拆模申请批准后方可进行模板拆除。

（2）模板拆除前应向操作班组进行安全技术交底，在作业范围内设安全警戒线并悬挂警示牌，拆除时派专人（监护人）看守。

（3）模板拆除的顺序和方法：按先支的后拆，后支的先拆，先拆不承重部分，后拆承重部分，自上而下拆除。

（4）在拆模板时，要有专人指挥和切实的安全措施，并在相应的部位设置工作区，严禁非操作人员进入作业区。

（5）工作时思想要集中，防止钉子扎脚和滑落的模板伤人。

（6）遇5级（含5级）以上大风时，要暂停室外的高处作业。

（7）拆除模板要用长撬杠，严禁操作人员站在正拆除的模板上。

（8）拆模间隙时，要将活动的模板、拉杆、支撑等固定牢固，严防突然掉落，倒塌伤人。

10.3.4 雪料填压施工

雪景观建筑雪坯模板搭建牢固后，按设计文件进行分层装填；填充用雪应干净，不应有较大雪块和杂质；雪坯应压制均匀、密实，密度、强度应符合表2–3、表2–4、表10–5~表10–7的规定。

人造雪体抗折强度极限值、抗折强度标准值和抗折强度设计值（MPa） 表10–5

雪型	密度（kg/m^3）	抗折强度取值类别	温度分级				
			−10℃	−15℃	−20℃	−25℃	−30℃
人造雪	510	极限值	0.150	0.248	0.346	0.386	0.426
		标准值	0.076	0.125	0.175	0.196	0.216
		设计值	0.040	0.066	0.092	0.103	0.114
	530	极限值	0.288	0.436	0.584	0.632	0.680
		标准值	0.146	0.221	0.296	0.320	0.345
		设计值	0.077	0.116	0.156	0.169	0.181
	550	极限值	0.426	0.624	0.822	0.878	0.934
		标准值	0.216	0.316	0.416	0.445	0.473
		设计值	0.113	0.166	0.219	0.234	0.249

人造雪体抗劈拉强度极限值、抗劈拉强度标准值和抗劈拉强度设计值（MPa） 表 10-6

雪型	密度（kg/m³）	抗劈拉强度取值类别	温度分级				
			-10℃	-15℃	-20℃	-25℃	-30℃
人造雪	510	极限值	0.093	0.106	0.113	0.120	0.121
		标准值	0.047	0.054	0.057	0.061	0.061
		设计值	0.025	0.028	0.030	0.032	0.032
	530	极限值	0.146	0.160	0.170	0.182	0.185
		标准值	0.074	0.081	0.086	0.092	0.094
		设计值	0.039	0.043	0.045	0.049	0.049
	550	极限值	0.194	0.205	0.216	0.228	0.231
		标准值	0.098	0.104	0.109	0.115	0.117
		设计值	0.052	0.055	0.058	0.061	0.062

人造雪体抗剪强度极限值、抗剪强度标准值和抗剪强度设计值（MPa） 表 10-7

雪型	密度（kg/m³）	抗剪强度取值类别	温度分级				
			-10℃	-15℃	-20℃	-25℃	-30℃
人造雪	510	极限值	0.268	0.336	0.404	0.472	0.540
		标准值	0.131	0.165	0.198	0.231	0.265
		设计值	0.066	0.083	0.099	0.116	0.133
	530	极限值	0.362	0.439	0.515	0.587	0.659
		标准值	0.177	0.215	0.525	0.288	0.323
		设计值	0.089	0.108	0.126	0.144	0.162
	550	极限值	0.515	0.573	0.630	0.688	0.745
		标准值	0.252	0.281	0.309	0.337	0.365
		设计值	0.162	0.141	0.155	0.169	0.183

10.3.5 雪坯运输及雕刻

（1）雪坯运输：综合类型雪坯采用叉车水平运输到定点位置，运输过程中保持低速、平稳，防止雪坯破损。

（2）雪雕制作由上而下，逐级完成，专业美工、雕刻人员直接在雪坯上放大样，采用抽象手法利用几何形体，表现主题与形体特质，最后采用雪锥、雪铲、电钻等工具磨光其表面，使其雪体表面光洁。

10.4 工程质量

10.4.1 质量保证体系

对工程进行全程质量管理，并严格按照质量管理要求进行控制，成立质量小组，进行 TQC 质量督查。

10.4.2 质量管理措施

（1）组织措施方面

1）从组织上保证，成立以总工为组长的质检组，质检组有专职技术人员 3~5 名。各部门有关人员参加全面质量管理小组，应用全面质量管理方法进行管理。

2）加强对全体职工的质量教育，提高质量意识，树立“质量是企业的生命”的思想，做到精心组织，精心施工，达到“质量第一，用户满意，信誉第一”的目的。

3）制定奖惩制度，质量与工资挂钩，质量、责任层层落实。

4）坚持自检、互检、专检相结合的工程质量检查制度，项目经理组织有关人员定期进行检查。

（2）技术措施方面

1）对设计图纸、技术、资料应全面会审和复查；检查机械、设备等，做好施工准备。

2）测量定位、水准点应由公司组织施工人员、测量人员、质检员参加复检，做到放线准确无误。

3）施工人员严格按照操作规程及质量标准进行施工，及时做好自检，并填写自检记录，工序完毕后专职质检员按照质量标准正确填写质量评定标准。

4）在施工过程中，随时接受建设单位或现场工程师对工程质量的监督和检查，对有问题的地方及时进行修正。

5）内业资料严格按照相关要求跟随工程进度整理，做到表格齐全、统一，字迹清楚，项目齐全，真实准确。

10.4.3 组织保证措施

（1）施工的每一道工序及全标段的所有工程，都将严格按照规范和建设单位的

要求和质量标准施工，按照“尊重科学、注重实效、稳中求进、质量第一”的质量工作方针，精心组织、精心施工，严格管理、严格要求，使竣工工程在施工、管理、质量各方面达到一流的水平。

（2）建立并健全质量保证体系，质量体系遵循“计划—实施—检查—总结（纠正计划）”的质量运行机制，根据质量形成的流程图，规定全过程的质量保证体系，各职能人员按各自的质量职能，履行实施质量目标的义务，从而保证工程质量目标得以实现，达到优良的信誉，树立企业形象，实现企业发展的真正目的。

（3）尊重设计，尊重监理。在施工过程中，每位施工人员都必须尊重设计代表及监理工程师的意见，为他们创造有利的工作条件，每道工序、每个隐蔽工程部位都必须遵守监理规程与技术规范的要求，必须由监理工程师到场检查，并签署合格意见，然后进行下道工序的施工，否则不准进行下道工序的施工。

10.4.4 责任期的养护管理

（1）加强巡视，责任落实到人，对缺损的成品及时进行修复。项目部领导加强监督，确保完成各项养护任务。

（2）对已完成雕刻的冰景，每天按 2 队 3 人组成的班组进行 24h 巡视，发现缺失、破损处及时进行补救，巡视时间自 ×××× 年 12 月 27 日至 ×××× 年 2 月 31 日。

（3）主雕及中雕建成后，对主雕及中雕实施每天 2 次的风化和倾斜检测，如发现连续 3 天 3mm 以上变形，应及时通知建设单位，进行安全措施围护或拆除。

10.5 安全生产的技术组织措施

10.5.1 安全管理目标

按照有关安全施工的各项要求，执行《建设工程安全生产管理条例》，以保持良好的施工环境、文明施工、安全施工。

（1）设专职安全员，做到任何分项工程的施工都有专人负责安全工作。

（2）为了确保工程进度和质量，在施工过程中坚决做到“安全第一，预防为主”的安全施工方针。设二级安全员管理，一级安全员由企业法人直属管辖。项目经理派专人做二级安全员。项目经理抓管理、抓安全、抓技术三位一体，企业法人对工

程施工实行安全工作一票否决权。施工现场禁止吸烟和明火作业，严禁施工中酗酒作业，轻者警示教育、重者辞退。车辆和施工工具提前检修，不带病作业，夜间行车配备 2 名司机轮流驾驶，机械设备做到专人保管使用。

10.5.2 施工现场“四牌一图”

“四牌一图”为工程概况牌、安全生产标语牌、安全生产纪律牌、工地主要负责人名称牌及工地总平面布置图。现场周转材料、设备堆放必须按总平面布置图所示位置堆放，并且堆放整齐，堆放高度不超过 1.8m。所有进场材料必须进行标识，注明名称、品种、规格及检验和试验情况。

10.5.3 安全用电措施

（1）临时用电按规范的要求进行施工组织设计（方案），建立必要内业档案资料，对现场的线路及设施定期检查，并将检查记录存档备查，按规定使用与维护各种供电设施及用电设施。

（2）临时配电线路按规范架设整齐。架空线采用绝缘导线，不采用塑料软线，不能成束架空敷设或沿地面明显敷设，施工机具、车辆及人员应与线路保持安全距离，如达不到规范规定的最小距离时，需采用可靠防护措施。变压器、配电箱均搭设防护棚等。

（3）施工现场内设配电系统，实行分级配电，各类配电箱、开关箱的安装和内部设置均应符合有关规定，箱内电器完好可靠，其选型定位符合规定。配电箱、开关箱外观完整、牢固，箱体外涂安全色标，统一编号，箱内无杂物，停止使用的配电箱切断电源，箱门上锁。

（4）独立的配电系统按标准采用三相五线制的接地、接零保护系统，非独立系统根据现场实际情况，采取相应的接零或接地保护方式。各种设备和电力施工机械的金属外壳、金属支架和底座按规定采取可靠的接地、接零保护。在采用接地和接零保护方式的同时，设两级漏电保护装置，实行分级保护，形成完整的保护系统，漏电保护装置的选择符合规定，吊车等高大设施按规定装设避雷装置。

（5）手持电动工具的使用符合国家标准的有关规定。工具的电源线插头和插座完好，电源线不任意接长和调换，工具的外接线完好无损，维修和保管由专人负责。

（6）施工现场所用的220V电源照明，按规定布线和装设灯具，并在电源一侧加装漏电保护器，灯体与手柄坚固、绝缘良好，电源线使用橡套电缆线，不准使用塑胶线。

（7）安装、维修或拆除临时用电工程，必须由专业电工完成，电工等级必须同工程的难易程度和技术复杂性相适应，各类用电人员必须掌握安全用电基本知识和所用设备的性能，使用设备必须按规定穿戴和备好相应的劳动防护用品，并检查电气装置和保护设施是否完好，严禁设备带病运转，停用的设备必须拉闸断电，锁好开关箱，负责保护所用设备的负荷线、保护零线和开关箱。发现问题及时报告解决，搬迁或移动用电设备，必须经电工切断电源并妥善处理后进行。

（8）在施工现场专用的中性点直接接地的电力线路中心必须采用TN-S接零保护系统，电气设备的金属外壳必须与专用保护零线连接。专用保护零线应由接地线、配电室的零线或第一级漏电保护器电源侧的零线引出。

（9）电机、电器、照明器具，手持电动工具的金属外壳，电气设备传动装置的金属部件必须做保护接零。

（10）施工用电线路尽量设在道路一旁，不得妨碍交通和施工机械的装卸运载，架空线必须采用绝缘铜线或绝缘铝线。

（11）维护电工对施工现场的电器设备、线路应及时检查、维护、调整，保证现场施工用电在施工期间处于安全、可靠的状态。

10.5.4 其他安全保证措施

（1）所有机械设备一律采用接地保护和现场重复接地保护，无关人员一律不得操作各种机械设备，机械手不准酒后操作，驾驶员不得疲劳驾驶。

（2）设置专门负责交通的安全员，具体负责施工过程中的一切交通问题。

（3）施工中的安全管理、监理、劳动保护和防滑、防火应符合现行有关标准、规程的规定。

（4）脚手架上不得堆放大量冰体，应随用随运。

（5）脚手架下和施工作业现场禁止通行。

（6）对加工下来的碎屑等垃圾及时清理，做到日产日清。

（7）展出期间应根据天气变化情况，随时对冰景进行检查。

（8）在施工、经营期间，应经常对冰景进行检查、维修和养护，对于破损严重、可能给游人造成危险的冰景，应立即拆除。

10.6 文明施工及环境保护措施

10.6.1 文明施工的技术组织措施

为了确保文明施工，我们将严格执行文明施工相关规定，制定现场各项管理制度，建立项目经理负责、各施工班组落实的管理网络。加强施工人员的文明意识，组织学习文明施工条例及有关常识，进行上岗教育，讲职业道德，树行业新风。

（1）要对所有施工人员进行文明施工教育，制定文明施工管理制度。

（2）现场材料要堆放整齐，废料要及时运走，做到工完场清、道路畅通、施工井然有序。机械设备要停放整齐。

（3）落实卫生专职管理人员和保洁人员，落实门前岗位责任制，工地设清洁工，生产、垃圾及时清理，保持施工和生活区的整洁。

（4）采用有效措施解决生产、生活排水，确保施工现场无积水、结冰现象。

（5）现场布局合理，材料、物品、机具堆放符合要求。

（6）临时设施区域内按规定配备足够的消防器材，派专人管理定期检查。

（7）开工前做好管理人员、工人的综合管理、消防教育等工作。

（8）在施工中确保无治安案件，无刑事案件和无火灾。

（9）遵守环境规定。

（10）生产区的环境管理：对生产区域进行控制，并将垃圾按资源化、无害化的原则采取相应的措施进行控制，重点是纸张的使用、废灯泡的处理、节水节电等。

（11）在施工期间及交工验收前，对周边环境及设施予以保护，未经建设单位同意不得拆除和移动。在交工验收前，对已完工程负责维修保养，使建设单位满意。

10.6.2 施工环境保护措施

（1）成立专门的环境保护领导小组，由项目经理任组长。

（2）节约用纸，废纸送到指定地点进行再利用，废灯管、废电池送到指定地点做无害处理；采取相应的节水节电措施加以控制。

（3）制定出详细的环境保护规章制度，把责任层层落实，有错必纠，奖罚结合。对职工进行保护意识教育，使环境保护意识深入人心。

（4）施工现场做到工完场清，及时清除现场垃圾等，做到文明施工，委派专职环保员进行现场跟踪检查，发现违规行为的记入个人档案及处以相应罚款。

10.7 确保工期的技术组织措施

10.7.1 确保工期组织管理措施

（1）制定科学、高质、高效的施工管理计划和编制工程进度表，用于指导工程的实施，并在实施中检查计划和进度完成情况，及时做出纠正和改善。

（2）施工调度着重在劳动力及机械设备的调配，为此要对劳动力技术水平、操作能力，机械性能，效率等准确把握。

（3）施工调度时要确保关键工序的施工按时间节点完成，不得抽调关键线路的施工力量。如不能按时完成，采用相应的赶工措施将工期抢回。

（4）施工时要密切配合时间进度，结合具体的施工条件，因地、因时制宜，做到时间与空间的优化组合。

（5）合理分配劳动力，能够进行交叉流水的作业段尽可能提前实施。作业段分3个施工段，平行交叉流水作业。

（6）开展每日例会制，将每天生产完成情况及生产计划相对照，做到按计划施工，落实计划的制定措施，以最短的时间赶超生产计划，确保提前完成生产任务。

（7）根据本工程的特点，为每个分项工程制定严格的技术措施、质量安全措施和避免发生质量事故，影响工期。根据该工程的结构特点，抓好各专业、各工种的穿插、配合，精心组织，统筹安排。

（8）加强施工技术管理工作，做好图纸审核、技术准备工作，把问题消灭在图纸上，不能因技术问题影响工程进度。在施工之前按施工方案做好准备工作。

（9）抓好各专业，各工种的协调工作，确保总的进度安排，建立工期奖罚制度，对分项、分段工程中没有完成计划的施工人员给予处罚，对完成得好的给予奖励。

（10）本工程实行分段承包责任制，充分调动职工的积极性，开展双增双节活动，使用弹性与固定职工相结合的队伍，提高劳动效率。

10.7.2 内部管理缩短工期措施

（1）项目部安排好工地的工作。

（2）采购部根据清单及时提供材料。

（3）施工队根据工程量及进度及时调整人数。

（4）机械部及时供应运输车辆等机械设备。

（5）质量技术部协助相关部门做好施工质量的检查与监督工作，需对设计作出变动和调整时，及时出修改通知单，并同建设单位、设计单位达成一致。

10.8 其他措施

（1）施工通道设置安全警示标志。

（2）施工设置警示标志并照明。采用红灯作为夜间警示灯。

10.9 安全事故应急救援预案

根据《建设工程安全生产管理条例》（国务院令第 393 号）第六章要求的规定和施工现场危险源的预测，确定需重点防护部位的特点，特制定施工现场安全事故应急救援预案。

10.9.1 指导思想

以预防为主、安全第一、综合治理的方针和指导，迅速应对和处理现场突发的安全事故。工作中坚持以人为本，力求将事故造成的损失降到最低。

10.9.2 危险源处所

（1）雕刻操作现场

（2）垂直运雪起重设备

1）设备固定的天梁。

2）预留接雪口的设置。

3）装雪装置挂钩的防护。

4）运雪装置的材质。

（3）人员交叉作业现场的指挥防护

（4）高处作业的安全防护

10.9.3 应急救援抢救预案

（1）现场安全事故发生时应立即启动临时救护组织的职能（抢救办法另列），同时迅速拨打 120 及联系相关机构到现场组织急救工作，力争将事故的损失降到最低。

（2）事故发生后，应根据管辖权限的规定及事故的性质及时通知建设主管部门，在由上述部门逐级通报到市，相关机构的负责人到现场进行事故调查和处理。

（3）对已发生安全事故的现场，保护组应迅速组织人员和设施，用固定物或警戒拉线对事故现场进行维护，禁止无关人员进入现场或挪动事故物证。需抢救的被害人在划定倒地位置及头部朝向的情况下，迅速送医疗机构抢救。

（4）雕刻操作现场应清理平整、无障碍，周边设专职 1~2 名安全员，进行现场安全监护，防止伤害事故发生。

（5）技工、力工及运冰车辆交叉作业的现场由力工负责人和安全员统一协调指挥。

（6）垂直起降设备采用捯链，移动天梁用双脚手管或槽钢加固，接冰处设由专人看护的移动式预留口，用后锁紧封闭，架底挂钩人员必须佩戴安全帽并和上方接冰者设定专用起降信号，装冰使用软质防滑的麻袋，防止高空坠物造成伤害打击。

（7）现场的用火、用电、文明施工等方面的实施，严格按照指挥部发布的安全条例执行。

（8）因电器线路或高压对地短路造成触电时，其抢救方法是：迅速切断电源，如找不到或无法切断电源时，可用干燥木棒或多层棉质衣物抓裹将触电者拉开，防止抢救时发生二次或多次触电事故。高压对地产生跨步电压的自救方法是：双脚并拢或单脚着地蹦离放电体中心点 20m 以外即可，且不可因受惊吓而快速奔跑造成触电死亡。

（9）因触电而造成的休克或假死亡应及时进行现场人工呼吸抢救，其方法是：首先将被抢救者放平伸直，面部向上，颈部后仰，扭住鼻子对嘴吹气，反复三次以上，然后实施胸部心脏挤压法，上手平摆对着胸部一压一起，直至救护医疗人员到来为止。

（10）施工现场物体打击、机械伤害、高处坠落等伤害者，要及时使用现场急救箱，做好创口临时处理，然后送就近的医疗部门救治。

（11）交通事故发生时做好现场处置，同时拨打 122 报交警部门到场处理。

（12）火灾事故以保证人身安全为主、抢救物资为辅的原则，同时拨打 119 报警。

10.10 安全防火制度

（1）建立健全安全防火组织机构，制定安全防火措施，加强防火教育，提高防火意识。

（2）做好宣传工作，定期召开安全会议，对上级的批示要及时传达并贯彻执行。

（3）按操作程序使用电器设备，注意安全用电。

（4）对于防火防盗工具及电器设备及时检查、修理，并有专人负责。

（5）对易燃、易爆物品派专人负责，安全保管。

（6）注意节约用电，做到人走灯灭，并及时切断所有电源。

（7）不得在易燃品处吸烟、使用明火或放鞭炮。

（8）凡在室外动用明火时，必须制定安全施工措施，经领导批准后方可动火，并设专人负责现场管理。

（9）发挥安全小组的领导作用，加强对安全工作的监督和检查。负责安全的领导，每日要组织有关人员检查一次，发现隐患时及时处理，出现重大火情要及时报警并组织抢险灭火。

10.11 控制工程造价的技术措施

（1）认真审查图纸，积极提出修改意见

在项目的实施过程中，施工单位应当按照工程项目的设计图纸进行施工建设。但由于设计单位在设计中考虑不周到，按设计的图纸施工会给施工带来不便。因此，施工单位在认真审查设计图纸和材料、工艺说明书的基础上，在保证工程质量和满足用户使用功能要求的前提下，结合项目施工的具体条件，提出积极的修改意见。施工单位提出的意见应该有利于加快工程进度和保证工程质量，同时还能降低能源消耗、增加工程收入。在取得建设单位和施工单位的许可后，进行设计图纸修改。

（2）制定技术先进、经济合理的施工方案

施工方案的制定应该以合同工期为依据，结合冰景建设工程项目的规模、性质、复杂程度、现场条件、装备情况、员工素质等因素综合考虑。施工方案主要包括施工方法的确定、施工机具的选择、施工顺序的安排和流水施工的组织四项内容。施工方案应该具有先进性和可行性。

（3）落实技术组织措施

通过加强技术质量检验制度，减少返工带来的成本支出，有效降低成本。为了保证技术组织措施的落实，并取得预期效益，必须实行以项目经理为负责人的责任制。由工程技术人员制定措施，材料负责人员供应材料，现场管理人员和生产班组负责执行，财务人员结算节约效果，最后由项目经理根据措施执行情况和节约效果对有关人员进行奖惩。

（4）组织均衡施工，加快施工进度

凡是按时间计算的成本费用，如项目管理人员的工资和办公费，现场临时设施费和水电费，以及施工机械和周转设备的租赁费等，在施工周期缩短的情况下，会有明显降低。但由于施工进度的加快，资源使用的相对集中，将会增加一定的成本支出，同时，容易造成工作效率降低。因此，在加快施工进度的同时，必须根据实际情况，组织均衡施工，做到快而不乱，以免发生不必要的损失。

（5）加强劳动力管理，提高劳动生产率

改善劳动组织，优化劳动力的配置，合理使用劳动力，减少窝工；加强技术培训，提高工人的劳动技能、劳动熟练程度；严格劳动纪律，提高工人的工作效率，压缩非生产用工和辅助用工时间。

（6）加强材料管理，节约材料费用

材料成本在冰景建设工程项目成本中所占的比例很大。在成本控制中应该通过加强材料采购、运输、收发、保管、回收等，来达到减少材料费用、节约成本的目的。

（7）加强机具管理，提高机具利用率

结合施工方案，从机具性能、操作运行和台班成本等因素综合考虑，选择最适合项目特点的施工机具；做好工种机具施工的组织工作，最大限度地发挥机具效能；做好机具的平时保养、维修工作，使机具始终保持完好状态，随时都能正常运转。

（8）加强费用管理，减少不必要开支

根据项目需要，配备精干高效的项目管理班子；在项目管理中，积极采用本利分析、价值工程、全面质量管理等降低成本的新管理技术；严格控制各项费用支出和非生产性开支。

（9）充分利用激励机制，调动职工增产节约的积极性

从冰景建设工程项目的实际情况出发，树立成本意识，划分成本控制目标，用活、用好奖惩机制。通过责、权、利的结合，对员工执行劳动定额考核，实行合理的工资和奖励制度，能够大大提高全体员工工作积极性，提高劳动效率，减少浪费，从而有效地控制工程成本。

10.12 设备及成品保护措施

（1）项目经理：组织对完工的工程成品进行保护。

（2）项目生产负责人：制定成品保护措施或方案，对保护不当的方法制定纠正措施，督促有关人员落实保护措施。

（3）材料员：对进场的原材料，构、配件，成品进行保护。

（4）班组负责人：对上道工序产品进行保护，在本道工序产品交付前进行保护。

10.13 季节施工措施

工程工期较短，季节施工将会受到地方材料供应紧张、劳动力短缺等各种因素的影响，因此，要制定有效的保证措施，确保工程顺利施工。

（1）施工单位加大对工程的资金投入，确保工程正常施工。

（2）项目部制定劳力用工计划，确保冬期施工人员充足。

（3）有计划地调整施工顺序，使工程施工有计划、不间断地进行。

10.14 施工时不影响交通顺畅的措施

（1）工程不封闭施工，运输车辆作业时由现场安全员进行交通疏导工作，保证正常行驶的车辆通行。牵引车和叉车是在行驶状态下作业，不必进行交通疏导。施

工操作人员在人行道内作业，不影响交通。做好施工人员的管理工作，不与他人发生冲突。

（2）如遇到必须封闭施工时，将指定工作人员对所封闭范围进行巡逻，并设置明显的隔离带（桩），使车辆、人员安全能行。

10.15 降低噪声、环境污染技术措施

（1）尽量减少现场噪声，减少夜间施工。

（2）现场材料必须有序堆放，经常清扫车辆出入的市政路面。

（3）进出施工现场的运输车辆必须覆盖，以免杂物和垃圾遗撒市政道路上。

（4）出场车辆必须清洗轮胎，以免污染市政道路。

附录 工程质量验收记录

______检验批质量验收记录　　编号：　　　　　附表 1

<table>
<tr><td colspan="2">单位（子单位）
工程名称</td><td></td><td>分部（子分部）
工程名称</td><td colspan="2"></td><td>分项工程名称</td><td></td></tr>
<tr><td colspan="2">施工单位</td><td></td><td>项目负责人</td><td colspan="2"></td><td>检验批容量</td><td></td></tr>
<tr><td colspan="2">分包单位</td><td></td><td>分包单位
项目负责人</td><td colspan="2"></td><td>检验批部位</td><td></td></tr>
<tr><td colspan="2">施工依据</td><td colspan="2"></td><td colspan="2">验收依据</td><td colspan="2"></td></tr>
<tr><td colspan="3">验收项目</td><td>设计要求及规范
规定</td><td colspan="2">最小 / 实际
抽样数量</td><td>检查记录</td><td>检查
结果</td></tr>
<tr><td rowspan="7">主控
项目</td><td>1</td><td></td><td></td><td></td><td></td><td></td><td></td></tr>
<tr><td>2</td><td></td><td></td><td></td><td></td><td></td><td></td></tr>
<tr><td>3</td><td></td><td></td><td></td><td></td><td></td><td></td></tr>
<tr><td>4</td><td></td><td></td><td></td><td></td><td></td><td></td></tr>
<tr><td>5</td><td></td><td></td><td></td><td></td><td></td><td></td></tr>
<tr><td>6</td><td></td><td></td><td></td><td></td><td></td><td></td></tr>
<tr><td>7</td><td></td><td></td><td></td><td></td><td></td><td></td></tr>
<tr><td rowspan="5">一般
项目</td><td>1</td><td></td><td></td><td></td><td></td><td></td><td></td></tr>
<tr><td>2</td><td></td><td></td><td></td><td></td><td></td><td></td></tr>
<tr><td>3</td><td></td><td></td><td></td><td></td><td></td><td></td></tr>
<tr><td>4</td><td></td><td></td><td></td><td></td><td></td><td></td></tr>
<tr><td>5</td><td></td><td></td><td></td><td></td><td></td><td></td></tr>
<tr><td colspan="2">施工单位
检查结果</td><td colspan="6">专业工长：
项目专业质量检查员：
年　月　日</td></tr>
<tr><td colspan="2">监理单位
验收结论</td><td colspan="6">专业监理工程师：
年　月　日</td></tr>
</table>

注：验收记录由施工单位填写，验收结论由监理单位填写。综合验收结论经参加验收的各方共同商定，由建设单位填写，应对工程质量是否符合设计文件和相关标准的规定及总体质量水平作出评价。

________分项工程质量验收记录　编号：　　　　　　附表 2

单位（子单位）工程名称		分部（子分部）工程名称			
分项工程工程量		检验批数量			
施工单位		项目负责人		项目技术负责人	
分包单位		分包单位项目负责人		分包内容	

序号	检验批名称	检验批容量	部位 / 区段	施工单位检查结果	监理单位验收结论

说明：

施工单位检查结果	项目专业技术负责人： 年　　月　　日
监理单位验收结论	专业监理工程师： 年　　月　　日

注：本表由监理工程师（建设单位项目专业技术负责人）组织专业技术负责人等进行验收，并做好记录。

________分部工程验收记录　　编号：　　　　　　附表 3

<table>
<tr><td>单位（子单位）工程名称</td><td colspan="2"></td><td>子分部工程数量</td><td></td><td>分项工程数量</td><td></td></tr>
<tr><td>施工单位</td><td colspan="2"></td><td>项目负责人</td><td></td><td>技术（质量）负责人</td><td></td></tr>
<tr><td>分包单位</td><td colspan="2"></td><td>分包单位负责人</td><td></td><td>分包内容</td><td></td></tr>
<tr><td>序号</td><td>分部工程名称</td><td>分项工程名称</td><td>检验批数量</td><td>施工单位检查结果</td><td colspan="2">监理单位验收结论</td></tr>
<tr><td></td><td></td><td></td><td></td><td></td><td colspan="2"></td></tr>
<tr><td></td><td></td><td></td><td></td><td></td><td colspan="2"></td></tr>
<tr><td></td><td></td><td></td><td></td><td></td><td colspan="2"></td></tr>
<tr><td></td><td></td><td></td><td></td><td></td><td colspan="2"></td></tr>
<tr><td></td><td></td><td></td><td></td><td></td><td colspan="2"></td></tr>
<tr><td></td><td></td><td></td><td></td><td></td><td colspan="2"></td></tr>
<tr><td></td><td></td><td></td><td></td><td></td><td colspan="2"></td></tr>
<tr><td></td><td></td><td></td><td></td><td></td><td colspan="2"></td></tr>
<tr><td></td><td></td><td></td><td></td><td></td><td colspan="2"></td></tr>
<tr><td></td><td></td><td></td><td></td><td></td><td colspan="2"></td></tr>
<tr><td colspan="3">质量控制资料</td><td colspan="4"></td></tr>
<tr><td colspan="3">安全和功能检验结果</td><td colspan="4"></td></tr>
<tr><td colspan="3">观感质量检验结果</td><td colspan="4"></td></tr>
<tr><td>综合验收结论</td><td colspan="6"></td></tr>
<tr><td colspan="2">施工单位
项目负责人：
年　月　日</td><td colspan="2">勘察单位
项目负责人：
年　月　日</td><td colspan="2">设计单位
项目负责人：
年　月　日</td><td>监理单位
总监理工程师：
年　月　日</td></tr>
</table>

注：1. 地基与基础分部工程的验收应由施工、勘察、设计单位项目负责人和总监理工程师参加并签字；

2. 主体结构的验收应由施工、设计单位项目负责人和总监理工程师参加并签字。

单位工程质量竣工验收记录　　　　附表 4

<table>
<tr><td>工程名称</td><td></td><td>结构类型</td><td></td><td>层数 / 建筑面积</td><td></td></tr>
<tr><td>施工单位</td><td></td><td>技术负责人</td><td></td><td>开工日期</td><td></td></tr>
<tr><td>项目负责人</td><td></td><td>项目技术
负责人</td><td></td><td>完工日期</td><td></td></tr>
<tr><td>序号</td><td>项 目</td><td colspan="2">验收记录</td><td colspan="2">验收结论</td></tr>
<tr><td>1</td><td>分部工程验收</td><td colspan="2">共　　分部
经查符合设计及标准规定　　分部</td><td colspan="2"></td></tr>
<tr><td>2</td><td>质量控制
资料核查</td><td colspan="2">共核查　　项
经核查符合规定　　项</td><td colspan="2"></td></tr>
<tr><td rowspan="3">3</td><td rowspan="3">安全和使用功能核查及抽查结果</td><td colspan="2">共核查　　项
经查符合规定　　项</td><td colspan="2" rowspan="3"></td></tr>
<tr><td colspan="2">共抽查　　项
经查符合规定　　项</td></tr>
<tr><td colspan="2">经返工处理符合规定　　项</td></tr>
<tr><td>4</td><td>观感质量验收</td><td colspan="2">共抽查　　项
达到“好”和“一般”的　　项
经返修处理符合要求的　　项</td><td colspan="2"></td></tr>
<tr><td colspan="2">综合验收结论</td><td colspan="4"></td></tr>
<tr><td rowspan="2">参加
验收
单位</td><td>建设单位</td><td>监理单位</td><td>施工单位</td><td>设计单位</td><td>勘察单位</td></tr>
<tr><td>（公章）
项目负责人：
年　月　日</td><td>（公章）
总监理工程师：
年　月　日</td><td>（公章）
项目负责人：
年　月　日</td><td>（公章）
项目负责人：
年　月　日</td><td>（公章）
项目负责人：
年　月　日</td></tr>
</table>

注：单位工程验收时，验收签字人员应由相应单位法人代表书面授权。

单位工程质量控制资料核查记录

附表 5

工程名称				施工单位			
序号	项目	资料名称	份数	施工单位		监理单位	
				核查意见	核查人	核查意见	核查人
1	建筑与结构	图纸会审记录、设计变更通知单、工程洽商记录					
2		原材料出厂合格证书及进场检（试）验报告					
3		隐蔽工程验收记录					
4		施工记录					
5		系统功能测定及设备调试记录					
6		系统技术、操作和维护手册					
7		系统管理、操作人员培训记录					
8		系统检测报告					
9		分项、分部工程质量验收记录					
10		新技术论证、备案及施工记录					
1	配电照明	图纸会审记录、设计变更通知单、工程洽商记录					
2		原材料出厂合格证书及进场检（试）验报告					
3		设备调试记录					
4		接地、绝缘电阻测试记录					
5		隐蔽工程验收记录					
6		施工记录					
7		分项、分部工程质量验收记录					
8		新技术论证、备案及施工记录					

结论：

施工单位项目负责人：　　　　　　　　　　总监理工程师：

年　月　日　　　　　　　　　　年　月　日

单位工程安全和功能检验资料核查及主要功能抽查记录　　附表 6

<table>
<tr><td colspan="2">工程名称</td><td></td><td colspan="2">施工单位</td><td colspan="3"></td></tr>
<tr><td>序号</td><td>项目</td><td colspan="2">安全和功能检查项目</td><td>份数</td><td>核查意见</td><td>抽查结果</td><td>核查人</td></tr>
<tr><td>1</td><td rowspan="7">建筑与结构</td><td colspan="2">地基承载力检验报告</td><td></td><td></td><td></td><td rowspan="7"></td></tr>
<tr><td>2</td><td colspan="2">桩基承载力检验报告</td><td></td><td></td><td></td></tr>
<tr><td>3</td><td colspan="2">混凝土强度试验报告</td><td></td><td></td><td></td></tr>
<tr><td>4</td><td colspan="2">主体结构尺寸、位置抽查记录</td><td></td><td></td><td></td></tr>
<tr><td>5</td><td colspan="2">建筑物垂直度、标高、全高测量记录</td><td></td><td></td><td></td></tr>
<tr><td>6</td><td colspan="2">建筑物沉降观测测量记录</td><td></td><td></td><td></td></tr>
<tr><td>7</td><td colspan="2">活动、娱乐工程试用记录</td><td></td><td></td><td></td></tr>
<tr><td>1</td><td rowspan="9">建筑电气</td><td colspan="2">建筑照明通电试运行记录</td><td></td><td></td><td></td><td rowspan="9"></td></tr>
<tr><td>2</td><td colspan="2">灯具固定装置及悬吊装置的载荷强度试验记录</td><td></td><td></td><td></td></tr>
<tr><td>3</td><td colspan="2">绝缘电阻测试记录</td><td></td><td></td><td></td></tr>
<tr><td>4</td><td colspan="2">剩余电流动作保护器测试记录</td><td></td><td></td><td></td></tr>
<tr><td>5</td><td colspan="2">应急电源装置应急持续供电时间记录</td><td></td><td></td><td></td></tr>
<tr><td>6</td><td colspan="2">接地电阻测试记录</td><td></td><td></td><td></td></tr>
<tr><td>7</td><td colspan="2">人行过道等人流密集场所灯具防触电措施检查记录</td><td></td><td></td><td></td></tr>
<tr><td>8</td><td colspan="2">漏电保护装置动作电流和时间测试记录</td><td></td><td></td><td></td></tr>
<tr><td>9</td><td colspan="2">电器保护计量仪表灵敏度测试记录</td><td></td><td></td><td></td></tr>
</table>

结论：

施工单位项目负责人：　　　　　　　　　　　　　　总监理工程师：

年　月　日　　　　　　　　　　　　　　　　　　　年　月　日

注：抽查项目由验收组协商确定。

单位工程观感质量检查记录　　附表 7

工程名称			施工单位	
序号	项 目		抽查质量状况	质量评价
1	建筑与结构	主体结构外观	共查　点，好　点，一般　点，差　点	
2		外墙面	共查　点，好　点，一般　点，差　点	
3		变形缝	共查　点，好　点，一般　点，差　点	
4		屋面	共查　点，好　点，一般　点，差　点	
5		内墙面	共查　点，好　点，一般　点，差　点	
6		内顶棚	共查　点，好　点，一般　点，差　点	
7		内地面	共查　点，好　点，一般　点，差　点	
8		楼梯、踏步、护栏	共查　点，好　点，一般　点，差　点	
9		门窗	共查　点，好　点，一般　点，差　点	
10		台阶、坡道	共查　点，好　点，一般　点，差　点	
…				
1	建筑电气	配电箱、盘、板、接线盒	共查　点，好　点，一般　点，差　点	
2		设备器具、开关、插座	共查　点，好　点，一般　点，差　点	
3		防雷、接地、防火	共查　点，好　点，一般　点，差　点	
4		配电箱（盘）漏电保护装置	共查　点，好　点，一般　点，差　点	
5		配电箱（盘）内 N 线与 PE 线配置	共查　点，好　点，一般　点，差　点	
6		照明质量、照度水平及效果	共查　点，好　点，一般　点，差　点	
…				
观感质量综合评价				

结论：

施工单位项目负责人：　　　　　　　　　　　　总监理工程师：

年　月　日　　　　　　　　　　　　　　　　年　月　日

注：①对质量评价为差的项目应进行返修；
②观感质量现场检查原始记录应作为本表附表。

主要参考文献

[1] 中华人民共和国住房和城乡建设部．建筑变形测量规范：JGJ 8—2016 [S]. 北京：中国建筑工业出版社，2016.

[2] 中华人民共和国住房和城乡建设部．建筑电气工程施工质量验收规范：GB 50303—2015 [S]. 北京：中国建筑工业出版社，2016.

[3] 中华人民共和国住房和城乡建设部．冰雪景观建筑技术标准：GB 51202—2016 [S]. 北京：中国建筑工业出版社，2017.

[4] 中华人民共和国住房和城乡建设部．砌体结构设计规范：GB 50003—2011 [S]. 北京：中国计划出版社，2012.

[5] 中华人民共和国住房和城乡建设部．建筑工程施工质量验收统一标准：GB 50300—2013 [S]. 北京：中国建筑工业出版社，2014.